高等院校机械类创新型应用人才培养规划教材

机械 CAD 基础

主　编　徐云杰
副主编　钱孟波　张雪芬　杨俊凯
参　编　郑慧萌　方明辉

内 容 简 介

本书系统地介绍了机械CAD的基本原理以及常用二维、三维软件的主要功能及其使用技巧，通过丰富的机械设计案例，以机械设计过程为主线，引导读者快速掌握计算机辅助机械设计技术。

全书共分8章，包括：绪论、机械CAD系统的基本原理、AutoCAD软件及其应用、Unigraphics NX软件及其应用、Creo软件及其应用、CAD二次开发、综合工程案例、机械CAD及其相关领域的发展。

本书结构严谨，内容翔实，实例针对性强，步骤讲解细致，特别适用于初学者自学。本书适用于普通工科院校机械类、自动化类专业的学生和大专院校软件教学专用，也适用于各类成人高校及从事机械设计工作的工程技术人员参考。

图书在版编目(CIP)数据

机械CAD基础/徐云杰主编. —北京：北京大学出版社，2012.2
高等院校机械类创新型应用人才培养规划教材
ISBN 978-7-301-20023-0

Ⅰ. ①机… Ⅱ. ①徐… Ⅲ. ①机械设计：计算机辅助设计—AutoCAD软件—高等学校—教材 Ⅳ. ①TH122

中国版本图书馆CIP数据核字(2011)第281181号

书　　　　名：	机械CAD基础
著作责任者：	徐云杰　主编
策 划 编 辑：	童君鑫
责 任 编 辑：	陈　庆
标 准 书 号：	ISBN 978-7-301-20023-0/TH·0284
出　 版　 者：	北京大学出版社
地　　　　址：	北京市海淀区成府路205号　100871
网　　　　址：	http://www.pup.cn　http://www.pup6.cn
电　　　　话：	邮购部 010-62752015　发行部 010-62750672　编辑部 010-62750667
电 子 邮 箱：	pup_6@163.com
印　 刷　 者：	北京虎彩文化传播有限公司
发　 行　 者：	北京大学出版社
经　 销　 者：	新华书店
	787毫米×1092毫米　16开本　16.75印张　393千字
	2012年2月第1版　2023年1月第4次印刷
定　　　　价：	34.00元

未经许可，不得以任何方式复制或抄袭本书之部分或全部内容。
版权所有　侵权必究　　举报电话：010-62752024
　　　　　　　　　　　电子邮箱：fd@pup.pku.edu.cn

前　　言

机械产品的设计不只是单纯追求某项性能指标的先进和高低，而是应注重综合考虑质量、市场、价格、安全、美学、资源、环境等方面的影响。随着设计手段的计算机化和数字化，CAD 软件系统得到了广泛的使用，促进了机械产品的创新设计、快速设计、虚拟设计、绿色产品设计等现代设计理论和技术方法的不断发展。计算机辅助设计已经成为工科类学生和工程技术人员必须掌握的设计技术之一，本书也正是为适应这一需要而编写的。

本书的编者均是长期工作在教学一线的教学人员，深知软件类教学中教与学的特点。全书内容贯穿了相应的机械 CAD 原理内涵和理论知识，重点讲述了应用目前常用的三大软件 AutoCAD、Unigraphics NX（UG）、Creo 进行实际机械产品设计和开发的过程，因此在本书的编排上力求做到如下几点。

(1) 侧重对工程技术应用方面的人才培养，适当淡化了纯理论分析，加强了学生创新能力的培养。

(2) 力求贯彻少而精、理论与实践相结合的原则，紧密结合机械设计过程，应用实例尽量与机械设计制造方面的知识相结合，具有较强的针对性和实用性。

(3) 对机械 CAD 基础课程内容进行整合、优化，把先修及后续课程有关的内容穿插到各章，知识的连贯性突出，每章后配有习题，方便学生自学。

本书由浙江农林大学徐云杰担任主编；浙江农林大学钱孟波、张雪芬，湖州师范学院杨俊凯担任副主编；参编人员有湖州师范学院郑慧萌、方明辉。具体写作分工如下：第 1 章、4.3 节、4.4 节、5.1 节、5.2 节和第 7 章由徐云杰编写，第 2 章由郑慧萌编写，第 3 章由张雪芬编写，4.1 节、4.2 节由钱孟波编写，5.3 节、5.4 节由杨俊凯编写，第 8 章由方明辉编写，浙江农林大学的宿晨骏、刘俊杰、陈涵三位同学参与了第 7 章的编写。

由于编者水平有限，本书在编写过程中难免存在疏漏和不妥之处，恳请广大读者批评指正，以便再版时修正，联系邮箱 xyj9000@163.com。

编　者

2011 年 9 月

目　　录

第1章　绪论 1
 1.1　机械 CAD 系统概述 2
 1.2　机械 CAD 系统的硬件和软件组成 3
  1.2.1　机械 CAD 系统的硬件 3
  1.2.2　机械 CAD 系统的软件 4
 1.3　常用的二维和三维机械 CAD 系统简介 5
 1.4　机械 CAD 系统的作用 7
 1.5　机械 CAD 系统的发展趋势 7
 本章小结 9
 习题 9

第2章　机械 CAD 系统的基本原理 10
 2.1　坐标变换 11
 2.2　几何变换 13
 2.3　图形的开窗和裁剪 17
 2.4　图形的消隐 20
 本章小结 22
 习题 22

第3章　AutoCAD 软件及其应用 23
 3.1　AutoCAD 设置及基本操作 24
  3.1.1　AutoCAD 界面简介 24
  3.1.2　设置绘图环境 25
  3.1.3　基本操作 26
 3.2　基本图形的绘制与编辑 31
  3.2.1　基本图形的绘制 31
  3.2.2　基本图形的编辑 39
 3.3　尺寸标注 45
  3.3.1　文本输入 45
  3.3.2　利用表格创建标题栏和明细表 50
  3.3.3　尺寸的标注 53
  3.3.4　图层的定义 62
  3.3.5　图块的定义 63
 3.4　零件图 67
  3.4.1　零件图的绘制过程 67
  3.4.2　样板文件的创建与使用 69
 3.5　装配图 71
  3.5.1　由零件图组合成装配图 71
  3.5.2　标注零件序号 72
 本章小结 74
 习题 74

第4章　Unigraphics NX 软件及其应用 79
 4.1　UG 设置及基本操作 80
  4.1.1　常用功能模块 80
  4.1.2　操作环境 80
 4.2　UG 零件实体建模 84
  4.2.1　实体建模综述 84
  4.2.2　创建草图 88
  4.2.3　扫描特征 96
  4.2.4　成型特征 98
  4.2.5　特征操作 100
  4.2.6　特征编辑 105
 4.3　UG 装配 107
  4.3.1　装配综述 107
  4.3.2　装配导航器 108
  4.3.3　引用集 109
  4.3.4　自底向上装配 110
  4.3.5　自顶向下装配 111
  4.3.6　装配爆炸图 111
  4.3.7　装配实例 113
 4.4　UG 工程图 117
  4.4.1　工程图概述 117
  4.4.2　工程图参数 118
  4.4.3　工程图管理 119

4.4.4 图幅管理 121
　　　4.4.5 视图管理 122
　　　4.4.6 工程图标注和符号 127
　本章小结 131
　习题 131

第5章　Creo软件及其应用 134

5.1　Creo基本操作 135
5.2　Creo零件实体建模 141
　　　5.2.1 草图绘制 141
　　　5.2.2 实体建模 145
　　　5.2.3 直接特征 150
　　　5.2.4 复制特征 153
5.3　Creo装配 155
　　　5.3.1 组件设计界面简介 155
　　　5.3.2 约束装配 156
　　　5.3.3 元件放置操控板 156
　　　5.3.4 爆炸视图 167
5.4　Creo工程图 170
　　　5.4.1 工程图概述 170
　　　5.4.2 工程图绘图环境设置 171
　　　5.4.3 建立基本工程视图 172
　　　5.4.4 对齐视图 179
　　　5.4.5 工程图标注和符号 179
　本章小结 181
　习题 181

第6章　CAD二次开发 184

6.1　CAD系统二次开发技术简介 184
6.2　CAD系统二次开发的途径 185
6.3　CAD系统二次开发的基本过程 186
6.4　常见CAD软件二次开发举例 186
　本章小结 194

　习题 194

第7章　综合工程案例 195

7.1　齿轮泵 196
　　　7.1.1 齿轮泵的结构及工作原理 196
　　　7.1.2 案例分析 196
7.2　台虎钳 208
　　　7.2.1 台虎钳的结构和工作原理 208
　　　7.2.2 案例分析 209
7.3　一级减速器 220
　　　7.3.1 减速器的结构和工作原理 220
　　　7.3.2 案例分析 220
　本章小结 245
　习题 245

第8章　机械CAD及其相关领域的发展 248

8.1　CAD/CAM数据交换的意义及发展 249
　　　8.1.1 CAD/CAM技术的基本概念 249
　　　8.1.2 我国CAD/CAM技术现状 250
　　　8.1.3 CAD/CAM技术的发展趋势 251
8.2　现代数字化制造技术 253
　　　8.2.1 数字化制造技术概念 253
　　　8.2.2 数字化制造技术的起源与发展 253
　　　8.2.3 数字化制造技术的主要内容 254
　　　8.2.4 数字化制造技术的未来发展方向 256

参考文献 259

第 1 章 绪 论

通过本章的学习,了解机械 CAD 系统的基本概念,了解机械 CAD 系统的软硬件组成、作用及其发展趋势。

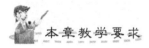

能力目标	知识要点	权重	自测分数
了解机械 CAD 系统的概念	机械 CAD 系统的基本设计流程	15%	
了解机械 CAD 系统的硬件和软件组成	机械 CAD 系统硬件和软件包含的内容	15%	
了解常用的二维和三维机械 CAD 软件	常用软件各自的优势	40%	
了解机械 CAD 系统的作用	应用机械 CAD 系统设计的作用	15%	
了解机械 CAD 系统的发展趋势	机械 CAD 未来发展的主要方向	15%	

引例

图 1.1 所示的掘进机是煤炭科学研究院太原分院的主导产品。通常,由于掘进机机型庞大、结构复杂并且缺乏先进的设计手段,设计周期较长,一般为半年左右或更长的时间。EBJ-120TP 型掘进机是分院 2001 年开发设计的新产品,由于在设计中广泛采用了 CAD 技术,特别是首次应用了 CAXA 二维实体设计软件,因而有效地缩短了设计周期,从方案设计到交付生产图纸仅用了 3 个月的时间。机械 CAD 系统正是为了适应产品不断变化的需要而产生的。

图 1.1 EBJ-120TP 型掘进机建模图

1.1 机械 CAD 系统概述

计算机辅助设计(Computer Aided Design,CAD)是用计算机系统协助产生、修改、分析和优化设计的技术。利用计算机强大的图形处理能力和数值计算能力,辅助工程技术人员完成工程或产品的设计和分析。自 1950 年诞生以来,CAD 已广泛应用于机械、电子、建筑、化工、航空航天以及能源交通等相关领域。随着产品设计效率的飞速提高,现已将计算机辅助制造技术(Computer Aided Manufacturing,CAM)和产品数据管理技术(Product Data Management,PDM)、计算机集成制造系统(Computer Itegrated Manufacturing System,CIMS)及计算机辅助测试(Computer Aided Testing,CAT)融为一体。

传统机械设计和现代机械设计过程的区别如图 1.2 所示。

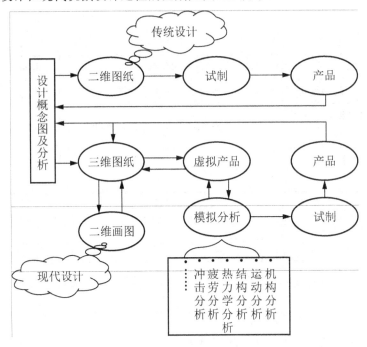

图 1.2 机械设计的过程的比较

机械设计一般由以下几个步骤组成。

(1) 概念设计。通过调查研究、资料收集,仔细分析用户需求,在此基础上确定产品功能,进而构思方案,进行分析与论证,最后获得一组可行的原理性方案。

(2) 初步设计。从一组可行的原理方案中选一个优化方案,绘制总布置草图,确定各部件基本结构和形状,建立相应的数学模型,进行主要设计参数的分析计算与优化。

(3) 详细设计。确定设计对象的细部结构,最终完成总布置图和零、部件图,并编写技术文件。

详细设计的终结并不意味着最终获得了一个好的设计。机械产品在经历了制造加工、样机测试、批量生产以及销售使用后,将返回大量信息,设计人员依据这些信息再对产品进行不断修改。由此可见,机械设计是一个"设计—评价—再设计"的反复迭代、不断优化的过程,在人工设计情况下,设计周期长。因此,实现某种程度的设计自动化,缩短设计周期、降低设计成本、提高设计质量,就成为机械设计发展的迫切要求,正是在这样的背景下产生了机械类计算机辅助设计系统(机械 CAD 系统)。

1.2　机械 CAD 系统的硬件和软件组成

机械 CAD 系统由计算机主机、外存储器、图形输入设备、图形输出设备和网络设备 5 个基本部分组成。外存储器可分为硬盘类、软盘类、光盘类和移动硬盘类;图形输入设备有键盘、鼠标、数字化仪、图形输入板、图形扫描仪等;图形输出设备有图形显示器、绘图仪和打印机等;网络设备包括网卡、传输介质、调制解调器等。图 1.3 为机械 CAD 系统的基本构成。

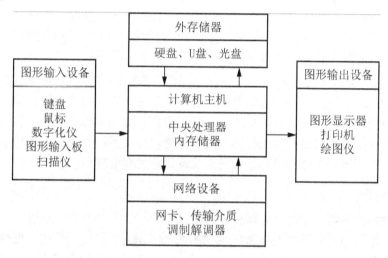

图 1.3　CAD 系统的基本构成

1.2.1　机械 CAD 系统的硬件

机械 CAD 系统的硬件组成包括以下内容:主机、外存储器、输入设备、输出设备及通信接口等。

1. 主机

机械 CAD 系统的硬件主机由中央处理器和内存储器(又称内存)两部分组成,是计算机硬件的核心,用于指挥、控制整个计算机系统完成运算和分析工作。衡量主机的指标主要有 3 项,即运算速度、字长和内存容量。

2. 外存储器

内存直接与 CPU 相连,能够快速存取,但其价格较高。为了提高计算机的经济性,计算机不可能配置很大的内存,故计算机系统都配置了外存储器。外存储器用来存放暂时不用或等待调用的程序、数据等信息,常用的外存有 U 盘、光盘等。

3. 输入设备

输入设备将各种外部数据转换成计算机能识别的电子脉冲信号。对于交互式机械CAD系统来说，除需具备一般计算机系统的输入设备以外，还应能够提供以下功能：定位、笔画、输入数值、选择、拾取、输入字符串等。交互式输入设备主要有以下几种。

(1) 键盘。键盘属于输入设备，设有字符键、功能键及控制键等。字符键用来输入数据和程序。

(2) 鼠标。鼠标作为定位输入设备能十分方便地操纵图标菜单，加之其体积小、使用灵活、价格低廉，故鼠标的应用十分普遍。鼠标上有多个按键，可实现定位、选择等多种交互操作。鼠标按键可用程序定义，使它们在按下时实现不同的操作功能。

(3) 数字化仪。数字化仪也称为图形输入板。数字化仪由图形板和触笔(或游标)组成。当触笔在台面上接触或移动时，利用电磁感应原理，台面上相应的坐标(x, y)就被测到，并被计算机接受，映射显示屏幕上。游标在板上移动与屏幕上坐标的移动是一致的，当游标在图形输入板上连续移动时，屏幕上会出现相应的移动轨迹，这就为用户提供了随时可以观察的反馈信号，便于人机交互。因此，数字化仪可以用于画图，提高作图的速度和效率，但它只限于二维图形。对于三维设计，使用数字化仪是不合适的。

(4) 扫描仪。通过对将要输入的图样进行扫描，将扫描后得到的光栅图像进行去污处理及字符识别处理，再将点阵图像矢量化，这种矢量化的图形就可以进行编辑、修改成机械CAD系统所需的图形文件。这种输入方式对已有图样建图形库或在图像处理及识别等方面有重要意义。用扫描仪对数据进行输入具有速度快、成像准确、输入工作量小、存储数据量大等优点，因而对存储器容量要求高，且设备的成本也较高。

4. 输出设备

常用的输出设备有显示器、打印机、绘图仪等。

（1）显示器。显示器是交互式系统主要的图形显示方式。显示器的主要性能包括显示图像的大小，常用的有15、17、21（英寸）等；显示系统的空间分辨率，常用的分辨率有800×600像素、1024×768像素、1024×1024像素等，高的分辨率图形显示器可达4096×4096。

（2）打印机。CAD系统中设计的图形除了在显示器上显现以外，有时候还需要把图形显示在纸上，这就需要有打印机。打印机根据其工作方式可以分为：点阵式打印机、喷墨式打印机和激光打印机。打印机的分辨率可高达1024dpi，甚至更高。

（3）绘图仪。绘图仪主要用于大型图形绘制，有笔式、喷墨式、激光式等多种，其中笔式又可分为滚筒式和平板式。

1.2.2 机械CAD系统的软件

机械CAD系统的软件是指控制计算机运行，并使计算机发挥最大功效的各种程序、数据及相关的图形文件。软件着重研究如何有效地管理和使用硬件。当硬件配置完成后，软件配置水平的高低直接影响系统的功能、工作效率及使用的方便程度，软件包含了管理和应用计算机的全部技术。因此，在机械CAD系统中，硬件是物质基础，软件是核心。软件的成本已超过硬件，并且软件占据着越来越重要的地位。根据在系统中执行的任务及服务对象的不同，软件系统分为 3 个层次：系统软件、支撑软件和应用软件。

1. 系统软件

系统软件是使用、管理、控制计算机运行的程序的集合，是用户与计算机硬件的纽带，一般由软件专业人员研制。系统软件首先为用户使用计算机提供一个清晰、简洁、易于使用的友好界面；其次，系统软件尽可能使计算机系统中的各种资源得到充分而合理的应用。系统软件具有两个特点：一是公用性，不同领域的用户都可以使用它，即多机公用和多用户公用；另一个是基础性，即系统软件是支撑软件和应用软件的基础，系统中软件的层次性要借助于系统软件的编制来实现。

(1) 操作系统。PC 上常用的操作系统有 DOS、Windows、UNIX 等，其主要功能是内存分配管理、文件管理、中断管理、外部设备管理和作业管理。操作系统密切依赖计算机系统的硬件，用户通过操作系统使用计算机，任何程序需经操作系统分配必要的资源后才能执行。

(2) 计算机语言。计算机语言分为低级语言和高级语言。如汇编语言属于低级语言，是面向计算机的，该语言执行速度快，能充分发挥硬件功能，常用于编制最低层的绘图功能；高级语言与自然语言比较接近，所编写的程序与具体的计算机无关，经编译和链接后方可执行。应用比较广泛的高级语言有 BASIC、C、C++等；在人工智能方面用得较多的语言有 LISP、Prolog 等。

2. 支撑软件

支撑软件是机械 CAD 系统的核心，它不针对具体的设计对象，而是为用户提供工具或开发环境。不同的支撑软件依赖一定的操作系统，又是各类应用软件的基础。通常，支撑软件可以从软件市场上购买，用户也可以自行开发。支撑软件从功能上划分，一般可分成 3 种类型：第一类解决几何图形设计问题，如二、三维绘图软件，解决零、部件图的详细设计问题，输出符合工程要求的零件图或装配图；第二类解决工程分析与计算问题，如有限元分析、机构动态分析、注塑模分析等，可进行工程分析和数学计算；第三类解决文档写作与生成问题，如 Word、Excel 等，可编辑各种设计结果报告、表格、文件等。

3. 应用软件

应用软件是用户为解决实际问题而自行开发或委托开发的程序系统。它在系统软件的基础上，用高级语言编程，或在某种支撑软件基础上，针对待定的问题设计研制。此项工作又称为二次开发，如模具设计软件、机械零件设计软件、机床设计软件等，是既可为一个用户使用，也可为多个用户使用的一类软件。

1.3 常用的二维和三维机械 CAD 系统简介

1. AutoCAD 及 MDT AutoCAD 系统

AutoCAD 及 MDT AutoCAD 系统是美国 Autodesk 公司为微机开发的一个交互式绘图软件，它基本上是一个二维工程绘图软件，具有较强的绘图、编辑、剖面线和图案绘制、尺寸标注以及方便用户的二次开发功能，也具有部分的三维作图造型功能。它是目前世界上应用最广的 CAD 软件，占整个世界个人微机 CAD/CAE/CAM 软件市场的 37%左右。

AutoCAD 提供 AutoLISP、ADS、ARX 作为二次开发的工具。在许多实际应用领域(如机械、建筑、电子)中，一些软件开发商在 AutoCAD 的基础上已开发出许多符合实际应用的软件。据称目前已经装机两万余套，MDT 的用户主要有中国一汽集团、荷兰菲利浦公司、德国西门子公司、日本东芝公司、美国休斯公司等。

2. Creo

Creo 系统是美国参数技术公司 PTC 的产品，它刚一面世(1988 年)，就以其先进的参数化设计、基于特征设计的实体造型而深受用户的欢迎，随后各大 CAD/CAM 公司也纷纷推出了基于约束的参数化造型模块。完整而统一的模型能将整个设计至生产过程集成在一起，它一共有 20 多个模块供用户选择。基于以上原因，Creo 在最近几年已成为三维机械设计领域里最富有魅力的系统。

Creo 系统主要功能如下。
(1) 真正的全相关性，任何地方的修改都会自动反映所有相关的地方。
(2) 具有真正管理并发进程、实现并行工程的能力。
(3) 具有强大的装配功能，能够始终保持设计者的设计意图。
(4) 容易使用，可以极大地提高设计效率。

Creo 系统用户界面简洁，概念清晰，符合工程人员的设计思想与习惯。整个系统建立在统一的数据库上，具有完整而统一的模型。Creo 建立在工作站上，系统独立于硬件，便于移植。

3. Unigraphics(UG)

UG 是起源于美国麦道(MD)公司的产品，1991 年 11 月并入美国通用汽车公司 EDS 分部。UG 采用基于特征的实体造型，具有尺寸驱动编辑功能和统一的数据库，实现了 CAD、CAE、CAM 之间无数据交换的自由切换。它具有很强的数控加工能力，可以进行 2~2.5 轴、3~5 轴联动的复杂曲面加工和镗铣。

1997 年 10 月，Unigraphics Solutions 公司与 Intergraph 公司签约，合并了后者的 CAD 产品，将微机版的 Solidege 软件统一到 Parasolid 平面上，由此形成一个从低端到高端，兼有 UNIX 工作站版和 Windows NT 微机版的较完善的企业级 CAD/CAE/CAM/PDM 集成系统。UG 自 20 世纪 90 年初进入中国市场。

4. CATIA

CATIA 系统是法国达索飞机公司工程部开发的产品。该系统是在 CADAM 系统(原由美国洛克希德公司开发，后并入美国 IBM 公司)基础上扩充开发的，它在 CAD 方面购买原 CADAM 系统的源程序，在加工方面则购买了有名的 APT 系统的源程序，并经过几年的努力，形成了商品化的系统。CATIA 系统如今已经发展为集成化的 CAD/CAE/CAM 系统，它具有统一的用户界面、数据管理以及兼容的数据库和应用程序接口，并拥有 20 多个独立计价的模块。

CATIA 系统在全世界 30 多个国家拥有近 2000 家用户，包括波音、克莱斯勒、宝马、奔驰、米其林轮胎、伊莱克斯电冰箱和洗衣机、法国的幻影 2000 系列战斗机等知名企业。

5. SolidWorks

SolidWorks 是一套基于 Windows 的 CAD/CAE/CAM/PDM 桌面集成系统，是由美国 SolidWorks 公司于 1995 年 11 月研制开发的，其价格仅为工作站 CAD 系统的四分之一。该软件采用自顶向下的设计方法，可动态模拟装配过程，它采用基于特征的实体建模，自称 100%的参数化设计和 100%的可修改性，同时具有中英文两种界面可供选择，其先进的特征树结构使操作更加简便和直观。

该软件于 1996 年 8 月由生信国际有限公司正式引入中国，由于其基于 Windows 平台，而且价格合理，在我国具有广阔的市场前景。

1.4 机械 CAD 系统的作用

由于机械制造业产品结构复杂、工艺复杂，因此工程设计任务很重，不仅新产品开发要重新设计，而且生产过程中也有大量的变型设计和工艺设计任务，设计版本也在不断更改。为了不断推出知识含量高且价格能被用户接受的新产品，机械制造企业必须具备强有力的新产品开发能力。因而，计算机辅助设计或工艺在机械制造业中越来越普遍地被使用，计算机辅助设计或工艺覆盖产品结构设计、工程分析、工程绘图、工艺设计、数控编程和仿真，其技术包括两维、三维绘图及装配检查 CAD、模拟整机性能的 CAE、工艺设计 CAPP、数控加工编程为主的 CAM。

据统计，到 20 世纪 90 年代初，CAD 技术的应用已进入近百个工业领域。公认应用比较成熟的是机械、电子、建筑等领域。CAD 软件销售额逐年增长，社会需求量越来越大，应用前景十分广阔。航空航天、造船、机床制造都是国内外应用 CAD 技术较早的工业部门，CAD 技术主要用于飞机、船体、机床零部件的外形设计与分析计算等。机床行业应用 CAD 系统进行模块化设计，缩短了设计制造周期，提高了整机质量。CAD 技术之所以得到如此迅速的发展和应用，是因为它能够带来显著的经济效益。例如，沈阳鼓风机厂将 CAD 技术用于透平压缩机生产，报价周期从原来的 6 周缩短到 2 周，技术准备周期从原来的 12 个月缩短到 6 个月，设计周期从原来的 6 个月缩短到 3 个月，整机运行效率提高了 3%～5%。

综上所述，将 CAD 技术应用于机械制造领域大大提高了新产品的开发能力，具有明显的优越性。其主要体现在如下方面。

(1) 减少了手工计算、制图、制表所需的时间，提高了计算速度，解决了复杂的计算问题，缩短了设计周期。
(2) 把设计人员从大量烦琐的重复劳动中解放出来，充分发挥了他们的创造性。
(3) 便于修改设计。
(4) 有利于实现产品的标准化、规格化和系列化。
(5) 提高了产品的质量和生产效率，给企业带来了综合效益。

1.5 机械 CAD 系统的发展趋势

机械 CAD 系统软件的发展阶段大致可划分如下。
(1) 二维交互式绘图系统。技术已经成熟，已被广泛使用。

(2) 以实体模型为基础的 CAD/CAM 集成系统。在这种系统中，一般将三维线框造型、曲面造型、实体造型、三维装配、二维绘图、工程分析、机构分析、数控编程等模块集成在一起，提供功能强大的设计、分析能力。该技术已经成熟，商品化软件市场发育良好，并成为当前 CAD 支撑软件的主流。

(3) 以特征建模、参数化、变量化设计为特点，能支持自顶向下设计，具有内部统一数据模型的 CAD/CAM 集成系统。这种系统正在发展，像特征建模、参数化、变量化设计等技术已能实现，但作为功能完善的商品化系统尚待时日。

(4) 遵照 STEP 标准，以统一产品数据模型为核心，以产品数据管理为平台，以互联网和 Web 技术为集成环境的高级 CAD/CAM 集成系统。此类系统已成为当前研究的热点，但许多技术尚待解决，系统尚不成熟，是未来追求的目标。

为了不断提高 CAD 技术功能，使产品的生产向自动化方向发展，目前 CAD 技术的主要发展方向为集成化、网络化、智能化和标准化。

1. 集成化

所谓集成化，一般包含下述内容：①提高 CAD 系统的集成度，即要求在整个产品设计过程中的各个阶段和每一设计步骤都能有效地使用 CAD 技术；②CAD 和 CAM 的集成，即要求设计信息能自动地转换成 CAD/CAM 系统的信息；③逐步形成一个以工厂生产自动化为目标的集成制造系统。

2. 网络化

互联网及 Web 技术的发展迅速将设计工作推向网络协同的模式，因此，CAD 技术必须在以下几个方面提高水平：①能够提供基于互联网的完善的协同设计环境，该环境具有电子会议、协同编辑、共享电子白板、图形和文字的浏览与批注、异构 CAD 和 PDM 软件的数据集成等功能，使用户能够进行协同设计；②提供多种网上 CAD 应用服务，例如，设计任务规划、设计冲突检测与消解、网上虚拟装配等工具。

3. 智能化

机械 CAD 技术在近 20 年来有很大的发展。工程工作站的问世极大地推动了 CAD 技术的发展，并产生了一批功能很强的商品化软件，如 Creo、UG-II、CATIA、SolidWorks、CADDS 和 CADAM 等。这些软件都可用于进行机械设计，在产品几何造型、分析计算与绘图方面的功能都很强。设计人员在这些软件的支持下能对设计对象进行交互式设计，但这样的 CAD 系统也存在着明显的不足。众所周知，产品设计过程是一个复杂的过程，也是一个综合、分析和反复修改的过程，设计人员只有具备多学科的综合知识与丰富的经验才能得到一个较佳的设计结果。产品设计是一项创造性的活动，设计过程中很多工作是非数据计算性的，不是以数学公式为核心的，是需要通过反复思考、推理和判断来解决的。因此，目前以分析计算和图形为核心的 CAD 系统是不能解决上述问题的。对于同一设计对象，由于设计人员的不同，可能设计出不同的结果，即设计结果与设计者的经验和掌握专业知识的程度有关。

4. 标准化

随着 CAD 技术的发展，工业标准化问题越来越显出它的重要性。迄今已制定了不少标准，例如，面向图形设备的标准 CGI、面向用户的图形标准 CKS 和 PHIGS、面向不同 CAD 系统的数据交换标准 IGES 和 STEP，此外还有窗口标准，最新颁发了《CAD 文件管理》、《CAD 电子文件应用光盘存储归档与档案管理要求》等标准。随着技术的进步，新标准还会出现，基于这些标准推出的有关软件是一批宝贵的资源，用户的应用开发常常离不开它们。更为重要的是有些标准还指明了 CAD 技术进一步发展的道路，例如 STEP 既是标准，又是方法学，由此构成了 STEP 技术，它深刻地影响着产品建模、数据管理及接口技术等。

本 章 小 结

本章首先介绍了机械 CAD 系统的基本概念，从机械制图的角度描述了机械 CAD 系统的软硬件组成。之后对各类常用的二维、三维机械 CAD 软件进行了介绍，其中，重点介绍了各软件适用范围。最后，在以上内容的基础上讨论了机械 CAD 系统的作用及其发展趋势。

习 题

1.1 新产品开发过程中为什么要选用 CAD 软件辅助开发？
1.2 一般的机械 CAD 对硬件和软件有什么要求？
1.3 AutoCAD、UG、Creo 分别具有什么优势？

第 2 章 机械 CAD 系统的基本原理

 本章学习目标

通过本章的学习,了解计算机图形处理的基本方法,熟悉基本的计算机图形变换的技术和概念。

 本章教学要求

能力目标	知识要点	权重	自测分数
了解坐标变换的概念	坐标系的定义及窗口与视区变换	10%	
了解几何变换的概念	二维和三维基本几何变换	15%	
了解图形的开窗和裁剪技术	二维和三维图形的裁剪	40%	
掌握图形消隐的基本方法	图形消隐的基本方法	35%	

 引例

机械行业中不可避免地要产生和复制各种类型的图形,如二维的平面图、三维的线框图和立体图(图 2.1)以及机械的零件图(图 2.2)、部件图、装配图等。计算机图形处理的任务就是利用计算机存储、生成、显示、输出、变换图形以及图形的组合、分解和运算,并在计算机的控制下把过去由人工一笔一划完成的绘图工作由自动绘图输出设备来完成。机械 CAD 系统正提供了这种高效的工具。

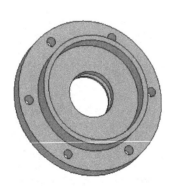

图 2.1 轴承端盖立体图

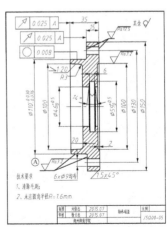

图 2.2 轴承端盖零件图

2.1 坐标变换

从定义零件的几何形状到图形的输入以及图形设备生成和显示相应的图形,一般都需要建立相应的坐标系来描述图形,并通过坐标变换来实现图形的表达。二维机械 CAD 系统常用的是笛卡儿坐标系,某些特殊情况也采用极坐标系。

1. 世界坐标系

按照形体结构特点由设计者(用户)建立的坐标系称为用户坐标系,也称世界坐标系。如图 2.3 所示,该世界坐标系使用的是笛卡儿坐标系,通常取向右为 X 轴正向,向上为 Y 轴正向,坐标为实数,范围从负无穷到正无穷。图中坐标轴的单位是米、厘米或英寸、英尺。

2. 设备坐标系

图形设备像绘图机、显示器等用来绘制或显示图形建立的相对独立的坐标系称为设备坐标系或物理坐标系。

图 2.4 为某显示器的坐标系。它的原点设置在屏幕左下角,横向为 X 坐标轴,向右为正增量,竖向为 Y 坐标轴,向上为正增量。

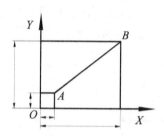

图 2.3 世界坐标系

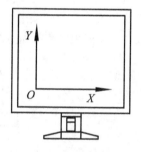

图 2.4 设备坐标系

设备坐标系上的一个点一般对应图形设备上的一个像素。设备坐标系一般采用整数坐标,其坐标范围由具体设备的分辨率决定。对于分辨率达 1024×768 像素的显示器来说,屏幕上坐标值最大的一点就在屏幕右上角,其坐标值为(1023,767)。由于具体设备的限制,设备坐标系的坐标范围一般是有限的。

3. 窗口与"窗口"技术

在处理图形时,为了将指定的局部图形从整个复杂图形中正确分离出来,通常需要定义一个观察框,对该观察框内的图形进行裁剪和处理,使观察框内的图形显示出来,而框外的图形不可见,这种技术称为"窗口"技术,该观察框即为窗口。为了便于处理图形,窗口形状通常为矩形方框,有时根据实际需要,也可以是圆形窗口或者多边形等异型窗口。如图 2.5 所示的矩形窗口,它的位置和大小在用户坐标系中一般用矩形左下角点的坐标 (X_{V1}, Y_{V1}) 和右上角点的坐标 (X_{V2}, Y_{V2}) 表示,也可以给定左下角点的坐标和矩形。基于"窗口"技术,系统认为矩形方框内的图形是可见的,而方框外的图形是不可见的,所以用户可以通过改变窗口的大小和位置，调整所观察图形的大小和区域位置。窗口可以嵌套，即在第一层窗口内再定义第二层窗口，在第 i 层窗口中定义第 $i+1$ 层窗口等。窗口允许嵌套的层数由绘图软件的系统决定。

在图形设备上定义的用于输出所显示的图形的矩形区域称为视区。视区的位置和大小同样用矩形左下角的点坐标(X_{V1}, Y_{V1})和右上角的点坐标(X_{V2}, Y_{V2})表示。如图 2.6 所示，将窗口中的图形在图形设备的视区中显示，视区决定了窗口内的图形在屏幕上显示的位置、形状和大小。

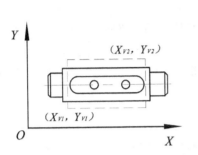 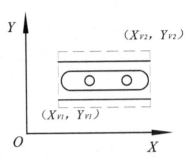

图 2.5　窗口的定义视区　　　　　　　图 2.6　视区的定义

针对一个具体的图形设备，其屏幕大小是固定的，而在图形设备上定义的用于显示窗口内图形的视区的大小应小于或等于整个屏幕的大小。有时为了同时显示不同的图形信息，可将屏幕定义为多个视区。如图 2.7 所示，绘图零件时，按照工程制图标准将屏幕分为 4 个视区，其中，3 个视区用于显示零件的三视图，另一个视区显示零件的轴测图。

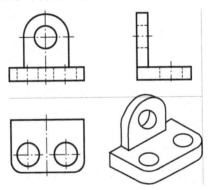

图 2.7　零件的 4 个视区

4. 窗口与视区转换

窗口与视区的大小和单位一般都不相同，为了把所选窗口内的图形内容在相应的视区中显示出来，必须进行坐标变换，这个过程称为窗口与视区转换，如图 2.8 所示，其实质为坐标点的变换。

设窗口内的某点坐标为 $P_W(X_W, Y_W)$，映射到视区内的坐标为 $P_V(X_V, Y_V)$。则窗口与视区的坐标变换关系为

$$X_V = X_{V1} + \frac{X_{V1} - X_{V2}}{X_{W1} - X_{W2}}(X_W - X_{W1})$$

$$Y_V = Y_{V1} + \frac{Y_{V1} - Y_{V2}}{Y_{W1} - Y_{W2}}(Y_W - Y_{W1})$$

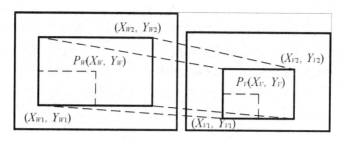

图 2.8 窗口与视区的变换

从上述变换关系可知如下内容。
(1) 当视区大小不变时，窗口缩小，则显示的图形放大；窗口放大，则显示的图形缩小。
(2) 当窗口大小不变时，视区缩小，则显示的图形缩小；视区放大，则显示的图形放大。
(3) 当视区和窗口大小相同时，则显示的图形大小比例不变。
(4) 当视区纵横比和窗口的纵横比不相同时，则显示的图形会产生伸缩变化。

5. 坐标变换

一般情况下，人们习惯在世界坐标系下构造物体模型，但用户构造的物体模型最终是要显示在一些特定的图形设备上的，也就是说，世界坐标物体模型上的每一点到图形设备显示屏上的一点需要经过一系列坐标变换。

2.2 几何变换

图形变换是将图形的几何信息经过几何变换后产生新的图形。图形变换有两种基本情况，一种是图形不动而坐标系变动，变动后该图形在新的坐标系下具有新的坐标值，另一种是坐标系不动而图形变动，变动后的图形在坐标系中的坐标值发生变化。两种变换实质是一样的，一般讨论的图形变换属于后一种情况。另外，图形变换可以采用一般的数学方法来研究，也可以采用矩阵的方法，这里介绍图形变换的矩阵方法。

1. 二维图形的齐次坐标矩阵表示

任何图形都是由点构成的集合，所以，图形变换的实质就是对组成图形的各个顶点进行几何变换，然后连接新的顶点序列，从而产生新的变换后的图形。为了便于图形的变换计算，一般采用齐次坐标来表示坐标值。例如△ABC 3 个顶点的坐标分别为 $A(x_1, y_1)$、$B(x_2, y_2)$、$C(x_3, y_3)$，则齐次坐标矩阵可表示为

$$\triangle ABC = \begin{pmatrix} x_1 & y_1 & 1 \\ x_2 & y_2 & 1 \\ x_3 & y_3 & 1 \end{pmatrix}$$

2. 二维图形的基本几何变换

图形变换的形式主要有比例、对称、旋转、平移、投影等，各种变换主要是通过图形中的点的矩阵运算来实现。假设一个图形的几何图形为 A，若对该图形进行某种变换后得到的新图形为 B，则 $B=AT$ 成立。其中，B 为变换后的图形矩阵，T 为用来对原图形施行变换的矩阵，称为变换矩阵。根据矩阵变换法则，二维图形的变换矩阵为 3×3 阶矩阵，记为 T_{2D}，而三维图形的变换矩阵为 4×4 阶矩阵，记为 T_{3D}。分别为

$$T_{2D}=\begin{pmatrix} a & d & g \\ b & e & h \\ c & f & i \end{pmatrix} \qquad T_{3D}=\begin{pmatrix} a_{11} & a_{12} & a_{13} & a_{14} \\ a_{21} & a_{22} & a_{23} & a_{24} \\ a_{31} & a_{32} & a_{33} & a_{34} \\ a_{41} & a_{42} & a_{43} & a_{44} \end{pmatrix}$$

二维图形几何变换也可用下式表示

$$\begin{bmatrix} x^* & y^* & 1 \end{bmatrix} = \begin{bmatrix} x & y & 1 \end{bmatrix} T_{2D}$$

式中：$\begin{bmatrix} x^* & y^* & 1 \end{bmatrix}$ 为图形变换后的坐标点齐次坐标，$\begin{bmatrix} x & y & 1 \end{bmatrix}$ 为图形变换前的坐标点齐次坐标。

把变换矩阵 T_{2D} 的表达式按照虚线分成 4 个子矩阵，即矩阵分块图为

$$T_{2D}=\left(\begin{array}{cc|c} a & d & g \\ b & e & h \\ \hline c & f & i \end{array} \right)$$

式中：子矩阵 $\begin{pmatrix} a & b \\ c & e \end{pmatrix}$ 表示对图形进行缩放、对称、旋转、错切等变换。其中，a 为 X 轴方向的比例因子（$a<0$ 时为缩小），e 为 Y 轴方向的比例因子（$e<0$ 时为缩小），b 为 X 轴方向的错切系数（$d=0$），d 为 Y 轴方向的错切系数（$b=0$），子矩阵 $\begin{bmatrix} c & f \end{bmatrix}$ 表示图形的平移变换，c 为 X 轴方向的平移量，f 为 Y 轴方向平移量，子矩阵 $\begin{pmatrix} g \\ h \end{pmatrix}$ 表示对图形的投影变换，子矩阵 $[i]$ 表示对整个图形伸缩变换。下面介绍 5 种二维图形的基本变换。

1) 比例变换

比例变换为图形在 X、Y 两个坐标方向放大或缩小，如图 2.7 所示，此时变换矩阵为

$$T_{2D}=\begin{pmatrix} a & 0 & 0 \\ 0 & e & 0 \\ 0 & 0 & 1 \end{pmatrix} \quad (a\neq 0, e\neq 0)$$

则图形中的坐标点的比例变换为

$$[x^* \ y^* \ 1]=[x \ y \ 1]\begin{pmatrix} a & 0 & 0 \\ 0 & e & 0 \\ 0 & 0 & 1 \end{pmatrix}=[ax \ ey \ 1]$$

式中：a、e 取不同数值就实现不同的比例变换。

(1) $a=e=1$，为恒等变换，变换前后的图形坐标不变。

(2) $a=e\neq 1$，为等比变换，$a=e>1$ 为等比例放大，$a=e<1$ 为等比例缩小(图 2.9(a))。

(3) $a\neq e$，为不等比例变换，即图形在 X、Y 两个坐标方向以不同的比例变换(图 2.9(b))。

2) 平移变换

图 2.10 为平移变换示意图，图形在 X 轴的平移量为 c，在 Y 轴的平移量为 f，则坐标点的平移变换为

$$[x^* \ y^* \ 1] = [x \ y \ 1]\begin{pmatrix} 1 & 0 & 0 \\ 0 & 1 & 0 \\ c & f & 1 \end{pmatrix} = [x+c \ \ y+f \ \ 1]$$

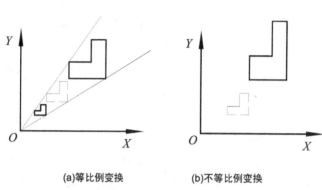

(a)等比例变换　　　　(b)不等比例变换

图 2.9　比例变换

3) 旋转变换

如图 2.11 所示，将图形绕坐标原点旋转 θ 角，规定逆时针为正，顺时针为负，则坐标点的旋转变换为

$$[x^* \ y^* \ 1] = [x \ y \ 1]\begin{pmatrix} \cos\theta & \sin\theta & 0 \\ -\sin\theta & \cos\theta & 0 \\ 0 & 0 & 1 \end{pmatrix} = [x\cos\theta - y\sin\theta \ \ x\sin\theta + y\cos\theta \ \ 1]$$

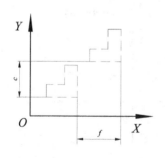
图 2.10　平移变换

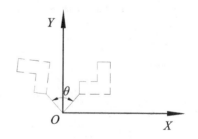
图 2.11　旋转变换

4) 对称变换

坐标点的对称变换为

$$[x^* \quad y^* \quad 1] = [x \quad y \quad 1] \begin{pmatrix} a & d & 0 \\ b & e & 0 \\ 0 & 0 & 1 \end{pmatrix} = [ax+by \quad dx+ey \quad 1]$$

不同的参数值产生不同的对称变换，具体变换如下。

(1) 当 $b=d=0, a=1, e=-1$ 时，有 $x^*=x, y^*=-y$，产生与 X 轴对称的图形，如图 2.12(a) 所示。

(2) 当 $b=d=0, a=-1, e=1$ 时，有 $x^*=-x, y^*=y$，产生与 Y 轴对称的图形，如图 2.12(b) 所示。

(3) 当 $b=d=0, a=e=-1$ 时，有 $x^*=-x, y^*=-y$，产生与原点对称的图形，如图 2.12(c) 所示。

(4) 当 $b=d=1, a=e=0$ 时，有 $x^*=y, y^*=x$，产生与 $y=x$ 对称的图形，如图 2.12(d) 所示。

(5) 当 $b=d=-1, a=e=0$ 时，有 $x^*=-y, y^*=-x$，产生与 $y=-x$ 对称的图形，如图 2.12(e) 所示。

5) 错切变换

图 2.13 为错切变换，坐标点的错切变换为

$$[x^* \quad y^* \quad 1] = [x \quad y \quad 1] \begin{pmatrix} 1 & d & 0 \\ b & 1 & 0 \\ 0 & 0 & 1 \end{pmatrix} = [x+by \quad dx+y \quad 1]$$

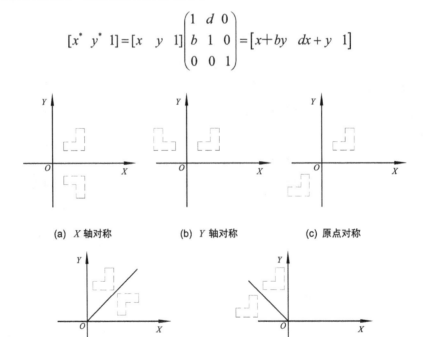

(a) X 轴对称　　(b) Y 轴对称　　(c) 原点对称

(d) $y=x$ 对称　　(e) $y=-x$ 线对称

图 2.12　对称变换

式中：b、d 分别为 X、Y 轴方向错切系数。

(1) 当 $d=0$ 时,图形沿 x 方向错切。此时 $x^*=x+by$,$y^*=y$,说明图形 y 坐标不变,x 坐标有一增量 by,这就相当于原来平行于 Y 轴的直线向 X 轴方向错切成与 X 轴成 α 角 ($\tan\alpha=y/by=1/b$) 的直线。若 $b>0$,则图形沿 X 轴正方向作错切变换,若 $b<0$,则图形沿 X 轴负方向作错切变换,如图 2.13(a) 所示。

(2) 当 $b=0$ 时,图形沿 Y 方向错切。此时 $x^*=x$,$y^*=\mathrm{d}x+y$,说明图形 x 坐标不变,y 坐标有一增量 $\mathrm{d}x$,这就相当于原来平行于 X 轴的直线向 Y 轴方向错切成与 Y 轴成 β 角 ($\tan\beta=x/\mathrm{d}x=1/d$) 的直线。若 $d>0$,则图形 Y 轴正方向作错切变换,若 $d<0$,则图形沿 Y 轴负方向作错切变换,如图 2.13(b) 所示。

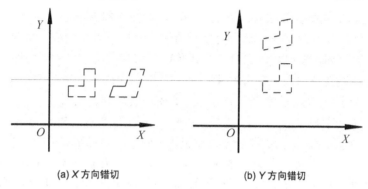

(a) X 方向错切   (b) Y 方向错切

图 2.13 错切变换

3. 三维图形的基本几何变换

三维图形的几何变换矩阵可用下式表示。

$$T=\begin{pmatrix} a_{11} & a_{12} & a_{13} & a_{14} \\ a_{21} & a_{22} & a_{23} & a_{24} \\ a_{31} & a_{32} & a_{33} & a_{34} \\ a_{41} & a_{42} & a_{43} & a_{44} \end{pmatrix}$$

在功能变换上,T 可分为 4 个子矩阵。其中,$\begin{pmatrix} a_{11} & a_{12} & a_{13} \\ a_{21} & a_{22} & a_{23} \\ a_{31} & a_{32} & a_{33} \end{pmatrix}$ 产生比例、旋转、错切等几何变换;$[a_{42}\ a_{43}\ a_{44}]$ 产生平移变换;$\begin{pmatrix} a_{14} \\ a_{24} \\ a_{34} \end{pmatrix}$ 产生投影变换;$[a_{44}]$ 产生整体变换。

2.3 图形的开窗和裁剪

裁剪是裁剪去窗口之外图形的一种图形处理技术。图形是由点、线、面组成的,因此图形裁剪包括点、线、面的裁剪,其中,前面两种是最基本的,面的裁剪即裁剪多边形的算法。

1. 二维裁剪

1) 点裁剪

假设窗口左下角和右上角点的坐标分别为 (x_{W1}, y_{W1}) 和 (x_{W2}, y_{W2})，平面任一点坐标为 (x, y)。判断该点是否在窗口内，必须同时满足以下两个条件

$$x_{W1} \leqslant x \leqslant x_{W2}, \quad y_{W1} \leqslant y \leqslant y_{W2}$$

否则，认为该点不在该窗口内，为不可见点。

2) 直线段裁剪

直线段与窗口的位置关系有以下 3 种情况，如图 2.14 所示。

(1) 整条线段都在窗口外，不需要显示该线段，也不需要裁剪，如图中线段①。

(2) 整条直线都在窗口内，此时不需要裁剪，直接显示，如图中线段②。

(3) 部分线段在窗口内，部分在窗口外，此时需要求出线段与窗口边界的交点，并将窗口外的线段剪掉，只显示窗口内的图形，如图中线段③、④所示。

直线段的裁剪算法有很多种，其中，比较经典的是 Cohen-Sutherland 算法。该算法将平面分为 9 个小区，每个小区用 4 位二进制数编码表示，该编码的第 1 位到第 4 位分别代表窗口左边、右边、下边、上边。如图 2.15 所示，中间为窗口区，编码为 0000，左上区域编码为 1001(如第 1 位左边为 1，右边为 0，其他位依此类推)，右上区域编码为 1010。

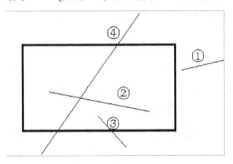

图 2.14 直线段与窗口关系

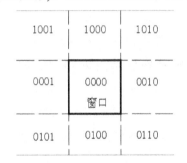

图 2.15 Cohen-Sutherland 算法区域编码

图中又可以认为把平面分为 5 个区域，其中，窗口为内域，窗口左边为左域(1001、0001、0101)，窗口右边为右域(1010、0010、0110)，窗口上边为上域(1001、1000、1010)，窗口下边为下域(0101、0100、0110)。这样划分便于对直线进行裁剪处理，以便较容易找出不需要裁剪的线段，其具体规则为：两端都在同一区域的线段不需要裁剪，如图 2.16 所示，位于内域的线段①和位于右域的线段②，都不要裁剪。其次，对需裁剪的线段与窗口边界只需求交两次，具体为：若某线段一端在上(下、左、右)域，求该线段与上(下、左、右)边界相交的交点，并删除上边界以外部分，同样可对线段的另外一端进行判别求交。

2. 平面多边形裁剪

平面多边形裁剪是面裁剪，若使用线段裁剪算法裁剪处理多边形，则多边形边界将显示为一系列不连贯的线段，导致图形产生多个部分，并且边界不再封闭(2.16(b))从而影响后续的图形处理。处理多边形裁剪问题常用逐边裁剪算法，也称 Sutherland-Hodgeman 多边形裁剪算法。其基本思想是：将多边形边界作为一个整体，每次用窗口的一条边界对要裁剪

的多边形进行裁剪，保留窗口边界内的多边形部分，并将窗口边界相关部分按照一定顺序插入被裁剪后的多边形，保证了多边形的封闭性(2.16(c))。

(a)裁剪处理前的多边形　　(b)按线段裁剪后的多边形　　(c)裁剪后的封闭多边形

图 2.16　多边形裁剪

图 2.17 所示为多边形与窗口每条边界裁剪生成多边形的过程。裁剪前，先将多边形各顶点按顺时针方向进行排序(图 2.17(a))，分别用数字 1、2…n 表示；然后用窗口上边界去裁剪多边形，删除上边界以外部分，并插入上边界线及上边界的延长线，与多边形相交，得到一个如图 2.17(b)所示的新的封闭多边形；接着用同样方法依次用窗口右边界、下边界、左边界去裁剪多边形，分别得到如图 2.17(c)、图 2.17(d)、图 2.17(e)所示的图形。图 2.17(e) 为多边形与各边界都裁剪完后形成的最终图形。

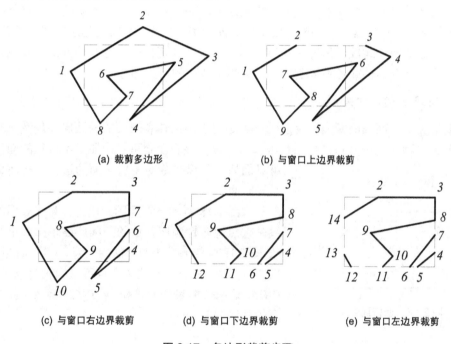

(a) 裁剪多边形　　　　　　　(b) 与窗口上边界裁剪

(c) 与窗口右边界裁剪　　(d) 与窗口下边界裁剪　　(e) 与窗口左边界裁剪

图 2.17　多边形裁剪步骤

3. 三维图形的裁剪

将三维物体的图形由图形输出设备显示或绘制时，也要用到裁剪技术。三维窗口在平行投影时为立方体，在投射时为四棱台。三维线段裁剪就是要显示三维线段落在三维窗口内的部分。

对平行投影时，立方体裁剪窗口 6 个面的方程分别为

$-x-1=0$; $x-1=0$; $-y-1=0$; $y-1=0$; $-z-1=0$; $z-1=0$

设空间任意一条直线段的两端点分别为 $P_1(x_1,y_1,z_1)$,$P_2(x_2,y_2,z_2)$。P_1P_2 端点和 6 个面的关系可转换为一个 6 位二进制代码表示,其定义为

第 1 位 1:点在裁剪窗口的上面,即 $y>1$;

第 2 位 1:点在裁剪窗口的下面,即 $y<-1$;

第 3 位 1:点在裁剪窗口的右面,即 $x>1$;

第 4 位 1:点在裁剪窗口的左面,即 $x<-1$;

第 5 位 1:点在裁剪窗口的后面,即 $z>1$;

第 6 位 1:点在裁剪窗口的前面,即 $z<-1$。

如同二维直线裁剪编码算法一样,如果一条线段的两端点编码都为 0,则该线段落在窗口的空间内;如果将线段的两端点的编码逐位取逻辑"与",结果为非零,这线段必落在窗口空间以外;否则,需对此线段作分段处理,即要计算此线段和窗口空间相应平面的交点,并取有效交点,连接有效交点可得到落在裁剪窗口空间内的有效线段。

2.4 图形的消隐

要画出确定的、立体感很强的三维图形,就必须将那些被不透明的面和物体所遮挡的线段或面移去,这就是所谓的隐藏线或隐藏面的消隐处理。消隐处理从原理上讲并不复杂。为了消除被遮挡的线段,只需将物体上的所有线段与遮挡面进行遮挡测试,看线段是否被全部遮挡、部分遮挡或者不被遮挡,然后画出线段的可见部分。

1. 求平面的法向矢量和方程

要消去隐藏面或隐藏线,首要的任务是要求出立体各表面的外法向矢量及所在平面的方程系数。因为该矢量和方程系数可以用于确定该表面是可见面还是不可见的面,判断出可见面后,可以排除对不可见面的运算,从而大大节约运算时间。

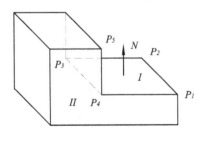

图 2.18 凹多面体

如图 2.18 所示,在实际应用中,每个表面的顶点一般是按照逆时针顺序存放的。因此要求出某个凸多边形(如图 2.18 中的表面 I)的外法向矢量,只要按顺序任意取出 3 个点 P_1、P_2、P_3,则这 3 个点可以构成两个向量 P_2P_1、P_2P_3,这两个向量的向量积 $N=P_2P_1 \times P_2P_3$,就是这个表面的外法向量。

$$N = P_2P_1 \times P_2P_3 = \begin{vmatrix} i & j & k \\ X_3-X_2 & Y_3-Y_2 & Z_3-Z_2 \\ X_1-X_2 & Y_1-Y_2 & Z_1-Z_2 \end{vmatrix} = Ai+Bj+Ck$$

式中:$A = \begin{vmatrix} Y_3-Y_2 & Z_3-Z_2 \\ Y_1-Y_2 & Z_1-Z_2 \end{vmatrix}$; $B = \begin{vmatrix} Z_3-Z_2 & X_3-X_2 \\ Z_1-Z_2 & X_1-X_2 \end{vmatrix}$; $C = \begin{vmatrix} X_3-X_2 & Y_3-Y_2 \\ X_1-X_2 & Y_1-Y_2 \end{vmatrix}$。

A、B、C 为平面方程 $Ax+By+Cz+D=0$ 的系数,只要将平面上任意一点 (x_0, y_0, z_0) 代入该方程,即可求出系数 D。即

$$D = Ax_0 + By_0 + Cz_0$$

如果需要判断该平面的可见性，可以求出法向矢量与观察方向的夹角。例如，需要沿 Z 轴的负方向观察物体，则 $\cos\gamma = C/|N|$。

由于外法线矢量模恒为正，故可见性取决于 C，$C>0$ 则可见，否则不可见。

以上方法对于判别凸多边形的可见性是可行的。但在凹多边形的情况下，即任意取 3 个点不一定能保证形成凸包，如图 2.18 中的 II 面，若取 P_1、P_4、P_5，计算机算出的结果就会发生错误。这时可以使用另外一种方法求出。

设该多边形的顶点集为 $\{V_i\}$，$(i=1,\cdots,n)$，顶点的排列顺序按逆时针方向，若顶点 V_i 的坐标值为 (X_i, Y_i, Z_i)，则

$$A = \sum_{i=1}^{n}(Y_i - Y_j)(Z_i + Z_j); B = \sum_{i=1}^{n}(Z_i - Z_j)(X_i + X_j); C = \sum_{i=1}^{n}(X_i - X_j)(Y_i + Y_j)$$

式中：$j = \begin{cases} i+1 & \text{当} i \neq n \text{时} \\ i & \text{当} i = n \text{时} \end{cases}$。

求得了 A、B、C 三个参数，便可以得到该平面的法向矢量和方程的表达式。

2. 包含性测试

经过上面的计算，将可见面求出以后，还应该将可见面顶点进行包含性测试，以便确定被判点是否在潜在的可见面的边界内。所谓包含性测试，就是检查给定的点是否位于给定的多边形或多面体内。例如图 2.18 中的 P_3 点，虽说是可见面上的点，然而可能还是不可见的。包含性测试一般有两种方法：奇偶交点数判别法和夹角之和判别法。

这里仅介绍夹角之和判别法。

夹角之和判别法是将所判点与多边形的所有顶点引一系列射线，然后按顺时针或逆时针方向沿多边形轮廓计算这些射线之间的夹角之和。如果累计之和为 0，则点在多边形的外部，如图 2.19(a)所示；否则，如果累积之和为 $2n$，则点在多边形的内部，如图 2.19(b) 所示。这里两个射线之间的夹角大小用余弦定理求出。

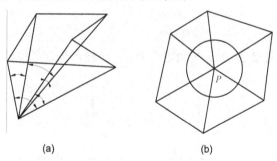

图 2.19 夹角之和判别法

如果经过包含性测试，点在多边形的外部，则该点不被遮挡，反之如果该点在多边形的内部，则还需要进行深度检验，以决定该多边形是否挡住该点。深度检验的实质就是比较多边形平面上和所判点具有相同的 x、y 坐标值的点和所判点离观察点的距离。如图 2.20 所示，被判点为 $P(X_P, Y_P, Z_P)$，多边形的平面方程为

$$AX + BY + CZ + D = 0$$

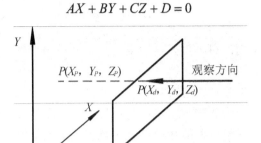

图 2.20 深度检验

显然，将点 P 的坐标 (X_P, Y_P) 代入方程，可以求得平面上的点 P_d 的 Z 坐标：

$$Z_d = \frac{AX_P + BY_P + D}{C}$$

比较 Z_d 与 Z_P 的大小，就可以得到点的可见性。在得到了可见性后，后面则需要一系列的求交运算，这里就不详述了。

本 章 小 结

绘图是工业生产尤其是机械行业不可缺少的重要环节。本章首先描述了从几何外形到图形设备上的坐标系，其次介绍了图形经过几何变换后生成新图形的几何变换的概念，再次叙述了图形处理中遇到的裁剪问题，介绍了窗口技术，最后介绍了三维图形处理中被遮挡物体的消隐技术。

习   题

2.1 采用齐次坐标系的主要好处是什么？

2.2 请简单地推导图 2.21 中绕任意定点 $P(m, n)$ 旋转指定角度的复合变换。

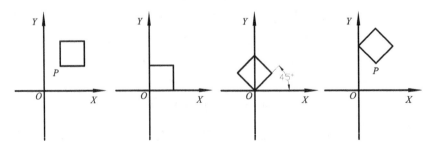

图 2.21 绕 P 点的旋转变换

2.3 平面多边形裁剪的原理是什么？

2.4 图形消隐的原理是什么？

第 3 章 AutoCAD 软件及其应用

 本章学习目标

通过本章的学习，了解 AutoCAD 的使用与操作特点，了解绘制机械设计图形的操作特点，编辑、修改图形的操作特点，掌握 AutoCAD 图形绘制的基础知识和基本技能，掌握使用 AutoCAD 绘制直线、圆弧、圆、多边形等基本图形，以及选择、删除、移动、镜像、阵列等机械制图中常用图形的最基本的编辑操作。了解文本输入及尺寸标注的重要性，掌握文本常用的输入方法及特殊文本的输入，掌握各种尺寸的标注方式，掌握表格创建方法及其使用，掌握块的创建与使用。掌握零件图的绘制过程和绘制方法，掌握样板文件的创建和使用，以提高绘图效率，了解装配图的绘制方法，掌握由零件图拼合成装配图的方法，掌握填写零件序号及明细栏的技巧。

 本章教学要求

能力目标	知识要点	权重	自测分数
了解软件的基本界面，掌握常用绘图环境的设置、文件及基本命令的基本操作	基本界面介绍，设置屏幕显示方式和图形单位，文件的基本操作方式，常见命令的基本操作	10%	
掌握直线类、折线类、曲线类图形的绘制，掌握基本图形的编辑方法	直线类、折线类、曲线类的绘制，对象的选择、旋转、移动、复制、拉长、拉伸、修剪、延伸、打断、合并、分解、缩放、倒角、倒圆角的绘制	35%	
掌握文本输入方法，掌握标题栏和明细栏的创建，掌握各种类型尺寸的标注方式，掌握块的相关知识及使用方式	创建文本样式、文字的输入、文字编辑，利用表格创建和填写标题栏、明细栏，创建标注样式、创建各种类型尺寸，创建尺寸公差、形位公差，创建引线标注，块的定义、块的创建、块的编辑	25%	
了解零件图的一般绘制流程，掌握零件图的绘制方法，掌握样板文件的创建和使用方法	绘制零件图的基本步骤，样板文件的创建方法，样板文件的应用，设计中心的应用及实例	20%	
掌握装配图的绘制方法，掌握零件序号的标注方法，掌握明细栏的编写方法	由零件图组合成装配图的绘图步骤，更改草图绘制平面、编辑草图和特征、动态特征编辑，明细栏编写方法	10%	

引例

图 3.1 所示为通气螺塞的零件图。传统的设计方式通常根据零件的大小确定图幅，尺规绘图，绘制出图框、标题栏。然后分析图形，确定底稿的绘图步骤，仔细检查并描深，手工抄注全部尺寸，修改需用橡皮擦拭。采用 AutoCAD 绘图则简单得多，图幅、图框、标题栏可以从已建立好的图块中直接调取，不用底稿，直接选择设置合适的线宽和线性，按照"三等"的原则绘制图形。效率和修改方便程度都将大大提高。

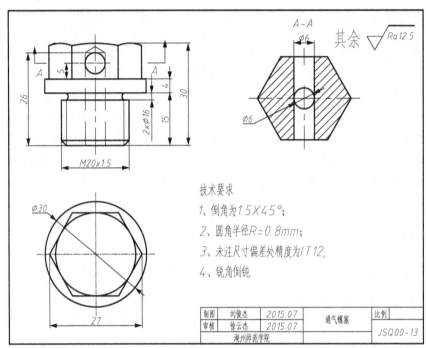

图 3.1 通气螺塞零件图

非计算机专业人员如何能够很快地学会使用绘图软件？绘图软件首要的是操作简单，界面友好，国际上广为流行的绘图工具 AutoCAD 具有这样的特性。AutoCAD 具有广泛的适应性，它可以在各种操作系统支持的微型计算机和工作站上运行，并支持分辨率由 320×200 像素到 2 048×1 024 像素的各种图形显示设备 40 多种，以及数字仪和鼠标 30 多种，绘图仪和打印机数十种，这就为 AutoCAD 的普及创造了条件。

AutoCAD 具有良好的用户界面，其通过交互菜单或命令行方式便可以进行各种操作。具有的多文档设计环境，在不断实践的过程中更好地掌握各种应用和开发技巧，从而不断提高工作效率。

本章将重点介绍 AutoCAD 软件的界面、操作及其在零件图和装配图中的应用。

3.1 AutoCAD 设置及基本操作

3.1.1 AutoCAD 界面简介

1. 界面简介

AutoCAD 的用户界面如图 3.2 所示。它包括下拉菜单、工具栏、控制台以及绘图工作区等。

2. 工作空间

中文版 AutoCAD 提供了 3 种工作空间以进行相互切换，即二维草图与注释、三维建模和 AutoCAD 经典。工作空间提供了用户使用得最多的二维草图和注解工具直达访问方式。二维草图和注解工作空间以 CUI 文件方式提供以便用户将其整合到自己的自定义界面中。除了新的二维草图和注解工作空间外，三维建模工作空间也作了一些增强。

工作空间的调用可以在下拉菜单的工具选项里面设置初始启动默认值，也可以在工作界面上通过工作空间切换下拉菜单进行切换。工作空间的切换位置如图 3.3 所示。2012 版本 AUTOCAD 软件右下角有一个类似于"圆形齿轮"的图标，左键点击之后可以看到"AutoCAd 经典"的字样，点击就能切换为经典界面；AutoCAD 2015 版本请至百度搜索"经典模式设置操作说明"设置。AUTUCAD2015 下拉菜单设置方法：执行"Ctrl+9"调出命令行，在命令行中输入：MENUBAR，回车后输入 1。

由于 AutoCAD 三维功能的局限性，本章重点讲述 AutoCAD 经典界面及二维工程图绘制方法。AutoCAD 经典空间是为 AutoCAD 老版本用户提供的空间，界面如图 3.2 所示。

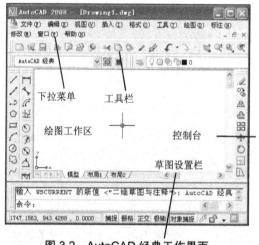

图 3.2 AutoCAD 经典工作界面

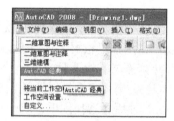

图 3.3 工作空间的切换

3.1.2 设置绘图环境

1. 设置屏幕显示方式

默认状态下，绘图工作区的背景颜色为灰色，这与图板上的白色图纸截然不同，显示在 AutoCAD 操作窗口中的光标线是十字架，用户如果想象使用丁字尺和图板那样绘制图纸，就需要修改背景颜色及光标的大小。

步骤 1：执行【工具】/【选项】命令。系统将弹出【选项】对话框，如图 3.4 所示。

步骤 2：单击【选项】对话框中的【颜色】按钮，进入【图形窗口颜色】对话框；背景默认为二维模型空间，界面元素默认为"统一背景"；在【颜色】下拉列表框中选择【白色】选项；单击【应用并关闭】按钮在工作空间中将看到修改的结果。

2. 设置图形单位

AutoCAD 中的图形都是以真实的比例进行绘制的，因此，无论是在确定图形之间的缩放和标注比例，还是在最终的出图打印都需要对图形单位进行设置。AutoCAD 提供了适合各种专业绘图的绘图单位，如英寸、英尺、毫米等。对于一个已有的图形文件，用户可以根据需要设置其图形单位。

执行【格式】/【单位】命令，系统将弹出【图形单位】对话框。AutoCAD 预设的单位为毫米(mm)，这正是机械设计中采用的单位，还可以在此设置精度、角度等全局控制图形参数。

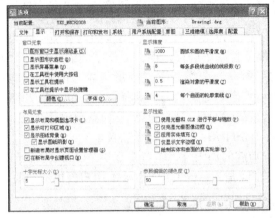

图 3.4 【选项】对话框

3.1.3 基本操作

1. 文件的基本操作

1) 新建文件

初次启动 AutoCAD 2008 软件时，系统将自动创建一个默认文件名为"Drawing1.dwg"的文件，用户可根据具体情况自行创建文件。

创建新文件有两种方式。

(1) 使用【启动】对话框创建。

(2) 使用【选择样板】对话框创建。

若 AutoCAD 系统变量 STARUP 的默认值为 0，启动软件执行【文件】/【新建】命令或单击标准工具栏中的【新建】按钮，将弹出【选择样板】对话框，选择用户所需绘图区域，如图 3.5 所示。AutoCAD 预设的样板为 ISO 格式，在日常的设计中最常用的是 acad 样板和 acadiso 样板。

图 3.5 【选择样板】对话框

若 AutoCAD 系统变量 STARUP 的默认值为 1，启动软件，在命令行内输入"set"并按 Enter 键，在光标处输入值"1"并执行。执行【文件】/【新建】命令，可以开启【创建新图形】对话框，如图 3.6 所示。可以从草图开始创建或者从样板开始创建新文件(图 3.7)。

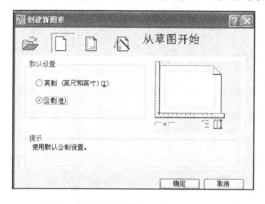

图 3.6 【创建新图形】对话框图

图 3.7 使用样板创建新文件

2) 打开文件

打开文件的命令是 OPEN。启动该命令有以下 3 种方式。

(1) 在菜单栏中执行【文件】/【打开】命令。

(2) 单击标准工具栏中的【打开】按钮。

(3) 命令行：执行 OPEN 命令。执行 OPEN 命令后，AutoCAD 将打开【选择文件】对话框。选择文件所在的路径即可打开文件。

3) 保存文件

保存文件的命令是 SAVE。启动该命令有以下 3 种方式。

(1) 在菜单栏中执行【文件】/【保存】命令。

(2) 单击标准工具栏中的【保存】按钮。

(3) 命令行：执行 SAVE 命令。启动 SAVE 命令后，如果以前保存并命名了该图形，则 AutoCAD 将保存所作的修改并重新显示命令提示。如果是第一次保存图形，则打开图 3.8 所示的【图形另存为】对话框。高版本的 AutoCAD 绘制保存的文件无法在低版本的系统中打开，因此可以在图 3.8 所示对话框中的【文件类型】下拉列表框中选择合适版本的 AutoCAD 系统保存。

4) 关闭文件

直接单击右上角的按钮，或者选择【文件】下拉菜单中的【关闭】命令。

5) 修复文件

修复命令是 AutoCAD 为用户提供的一种因突然断电、磁盘错误或电压波动等原因造成图形文件损坏而进行修复的命令。启动该命令有以下 3 种方式。

(1) 菜单浏览器：执行【文件】/【图形实用程序】/【修复】命令，选择需修复的文件。

(2) 菜单：执行【文件】/【图形实用程序】/【修复】命令。

(3) 命令行：执行 RECOVER 命令。

执行修复命令后，AutoCAD 文件将弹出文本对话框，文本对话框将详细告知用户检查的结果。

图 3.8 【图形另存为】对话框

2. 常见命令的基本操作

1) 放弃命令操作

用户在绘图过程中，有时会发生错误操作，AutoCAD 允许使用放弃命令取消前面发生的错误操作。启动该命令有以下 4 种方式。

(1) 工具栏：单击菜单栏右侧的放弃按钮 。

(2) 菜单：执行【编辑】/【放弃】命令。

(3) 命令行：执行 U 命令。

(4) 快捷键：按 Ctrl+Z 键。

2) 重做命令操作

用户在绘图过程中，有时会重复执行上一步操作，AutoCAD 提供了重做命令。启动该命令有以下 4 种方式。

(1) 工具栏：单击菜单栏右侧的放弃按钮 。

(2) 菜单：执行【编辑】/【重做】命令。

(3) 命令行：执行 REDO 命令。

(4) 快捷键：按 Ctrl+Y 键。

3) 图形缩放操作

由于屏幕显示区域范围有限，用户在绘图过程中难免会将绘制的图形置于显示区域范围之外，以致观察不方便。AutoCAD 有许多显示命令用来改变视图，便于用户在不同角度观察图像。启动该命令有以下 3 种方式。

(1) 状态栏：单击 等缩放按钮。

(2) 菜单：执行【视图】/【缩放】命令。

(3) 命令行：执行 ZOOM 命令。

常用的缩放操作如下。

① 实时缩放 ⌕：单击此按钮，鼠标变为含有加号"+"和减号"-"的放大镜。在绘图窗口中向上拖动鼠标为放大图形区域，向下拖动鼠标为缩小图形区域。当图形区域放缩到极限时，再拖动鼠标，图形区域不发生变化。如果要结束缩放操作，可按 Esc 键。

② 窗口缩放 ⌕：指定两个角点来定义一个矩形区域，并对选定区域中的对象进行缩放。鼠标左键点住右下角的黑色三角不动，则可以选择其他类型的缩放。

③ 范围缩放 ⌕：范围缩放是查看视图中所有的图形，并将图形在视图范围内最大限度地显示出来。

其他缩放操作请参阅 AutoCAD 帮助文件。

4) 平移操作

平移命令的作用是在当前视口中平移视图。平移命令有两种模式，分别为定点平移和实时平移。常用的是实时平移。

使用实时平移命令后光标变成手形，用户可以按住鼠标的中键，移动到所需位置后松开中键。

5) 对象捕捉、极轴、对象追踪和正交

(1) 对象捕捉：在绘图过程中，需要指定图形中已有的点，可以使用 AutoCAD 提供的对象捕捉功能。该功能可显示并捕捉已有图形中的许多特征点，如交点、垂足、中点等，从而提高工作效率。若想使用对象捕捉功能实现对图形某些特殊点的捕捉，就需要打开对象捕捉模式并对其进行设置。具体操作如下。

将鼠标放在草图设置栏(图 3.2)，右击，出现图 3.9 所示菜单，选择【设置】命令，弹出图 3.10 所示【草图设置】对话框，也可执行【工具】/【草图设置】命令弹出此对话框。图 3.11 为捕捉到端点和中点的情况。

(2) 对象追踪：使用对象捕捉追踪，在命令中指定点时，光标可以沿基于其他对象捕捉点的对齐路径进行追踪。用户若要使用对象捕捉追踪，必须启用一个或多个对象捕捉模式。图 3.12 所示为对象垂直追踪和 135° 追踪，虚线为极轴追踪线，指示线条绘制方向。

如果要作一般角度追踪，比如 30° 或者 15° 追踪，则需作如下设置：在【草图设置】对话框中选择【极轴追踪】选项卡，选中【附加角】复选框，单击【新建】按钮，光标处输入 15 以及 30，如图 3.13 和图 3.14 所示。

如果要作成批次角度的追踪，比如，大量使用 15° 的倍数的角度，如 30°、45°、60°等，可以在【增量角】列表框中的"45°"改为"15°"，对象追踪时就以 15° 的倍数进行极轴追踪了。如图 3.15 所示，追踪 105°，105° 是 15° 的 7 倍。

(3) 正交：正交模式表示用户只能绘制 X 轴或 Y 轴的直线，以及图形的移动复制等也只能按照 X 轴或 Y 轴移动。正交模式的极轴追踪线为细实线，如图 3.16 所示。

常用操作方法：单击对象捕捉、对象追踪、极轴 3 个按钮，对象捕捉模式全部选择，极轴追踪默认增量角为 45°。

图 3.9 草图设置栏

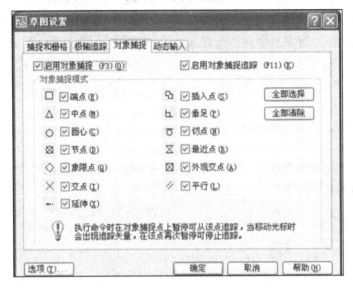

图 3.10 【草图设置】对话框

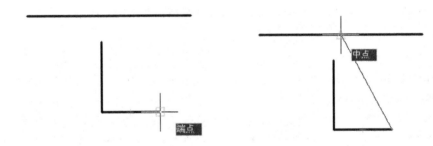

图 3.11 对象捕捉捕捉到的端点和中点

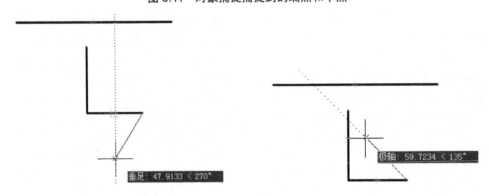

图 3.12 对象追踪

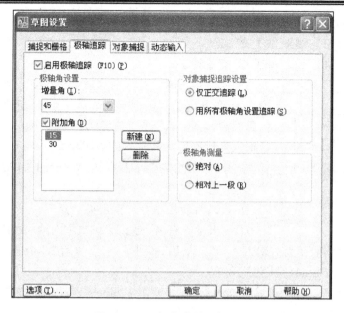

图 3.13 对象追踪附加角设置

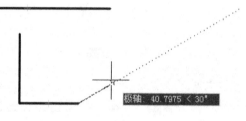

图 3.14 30°对象追踪

图 3.15 105°对象追踪图　　　　图 3.16 正交

3.2 基本图形的绘制与编辑

3.2.1 基本图形的绘制

1. 直线的绘制

AutoCAD 中常见的直线类图形有直线、射线和构造线。直线是机械设计中使用频率最高、最广泛、最基础、最常用的图形，本小节重点介绍直线的画法。

直线的调用有 3 种方式。

(1) 使用绘图面板中的 / 图标。
(2) 执行【绘图】/【直线】命令。
(3) 命令行：执行 L 命令或 LINE 命令。

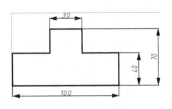

图 3.17 凸多边形

绘制过程：调用直线命令后，在绘图区选中直线第一个放置点(或命令行输入坐标确定的第一点)，在命令行中出现提示信息"输入下一点"或"放弃(U)"，选中输入的下一点(或命令行输入坐标确定，或输入距离确定)。

【例 3-1】绘制图示凸多边形，如图 3.17 所示。

绘制步骤如下。

(1) 调用直线命令，指定第一点。
(2) 极轴向右水平追踪，编辑框内输入"100"，按 Enter 键。
(3) 极轴向上竖直追踪，输入"40"，按 Enter 键（图 3.18(a)），极轴向左水平追踪，输入"35"，按 Enter 键(图 3.18(b))。
(4) 极轴向上竖直追踪，编辑框内输入"30"，按 Enter 键；极轴向左水平追踪，编辑框内输入"30"，按 Enter 键。

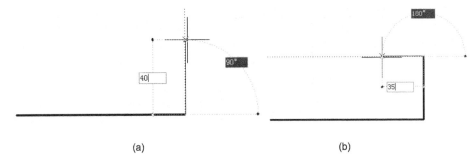

图 3.18 水平追踪和竖直追踪

(5) 鼠标置于图 3.19(a)中 A 处，捕捉端点并极轴向下竖直追踪，再将鼠标移至图 3.19(a)中 B 处捕捉端点并向左水平极轴追踪，在两极轴交点处单击，结果如图 3.19(b)所示。

(6) 以上一步终点为起点，极轴向下竖直追踪且捕捉图形的起点，绘制结果如图 3.17 所示。

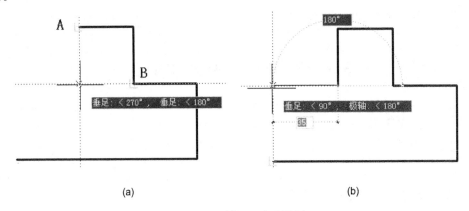

图 3.19 捕捉及追踪绘制

2. 曲线的绘制

曲线有封闭和敞开两种，AutoCAD 中常用的曲类图形有圆、圆弧、椭圆和样条曲线。曲线是机械设计中重要的组成部分，这里重点介绍各类曲线的画法。

1) 圆的绘制

圆的调用有 3 种方式。

(1) 使用绘图面板中的 ⊙ 图标。

(2) 执行【绘图】/【圆】命令，在级联菜单中选择适合的绘制命令，如图 3.20 所示。

(3) 命令行：执行 C 命令或 CIRCLE 命令。

默认的绘制圆的方法为圆心和半径绘圆法。在绘图区选中圆心，在编辑框内输入半径或鼠标确定半径，其余圆的画法类同。【相切、相切、半径】和【相切、相切、相切】命令用于组合图形中自动绘制相切圆用。

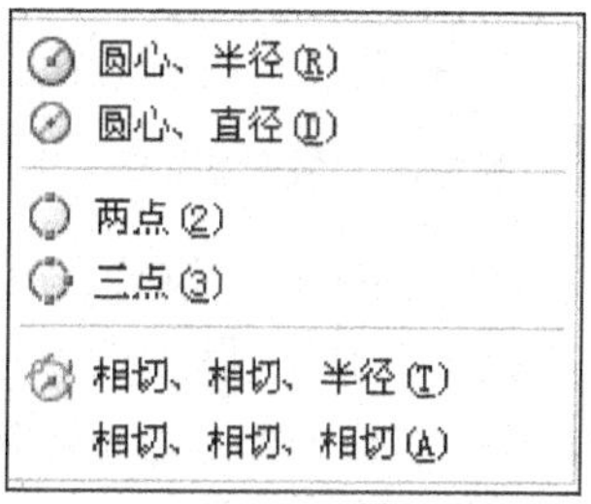

【例 3-2】绘制图示圆 A(R=30)、圆 B(R=30)和圆 C(R=20)。其中，圆 C 和圆 A 及圆 B 外切，如图 3.21 所示。

图 3.20 绘制圆的方法菜单

绘制步骤如下。

(1) 调用圆命令，指定圆 A 圆心；极轴水平追踪，编辑框内输入半径 "30"，按 Enter 键。

(2) 捕捉圆 A 的圆心，极轴向右水平追踪，编辑框内输入 "60"，单击确定圆心，极轴向右水平追踪，编辑框内输入半径 "30"，按 Enter 键，或者向左捕捉圆 A 的位于圆 B 侧的象限点。

(3) 执行【绘图】/【圆】命令，在级联菜单中选择【相切、相切、半径】命令，捕捉圆 A 上侧任意一切点并单击，捕捉圆 B 上侧任意一切点并单击，编辑框内输入半径 "20"，绘制结果如图 3.21 所示。

【例 3-3】绘制图示圆 A(R=30)、圆 B(R=30)、圆 C(R=60)和圆 D，其中圆 A、圆 B 外切，圆 D 和圆 A、圆 B 外切，圆 C 和圆 A、圆 B、圆 D 均内切，如图 3.22 所示。

绘制步骤如下。

(1) 调用圆命令，指定圆 A 圆心；极轴水平追踪，编辑框内输入半径 "30"，按 Enter 键。

(2) 捕捉圆 A 的圆心，极轴向右水平追踪，编辑框内输入 "60"，单击确定圆心，极轴向右水平追踪，编辑框内输入半径 "30"，按 Enter 键，或者向左捕捉圆 A 的位于圆 B 侧的象限点。

(3) 执行【绘图】/【圆】命令，在级联菜单中选择【相切、相切、半径】命令，捕捉圆 A 左侧任意一切点并单击，捕捉圆 B 右侧任意一切点并单击，编辑框内输入半径 "60"。

(4) 执行【绘图】/【圆】命令，在级联菜单中选择【相切、相切、相切】命令，捕捉圆 A 上侧任意一切点并单击，捕捉圆 B 上侧任意一切点并单击，捕捉圆 C 上侧任意一切点并单击，绘制结果如图 3.22 所示。

2) 圆弧的绘制

圆弧的调用有 3 种方式。

(1) 使用绘图面板中的 ⌒ 图标。

(2) 执行【绘图】/【圆弧】命令,在级联菜单中选择适合的绘制命令,如图 3.23 所示。

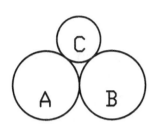

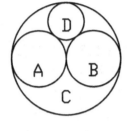

图 3.21 例题 3-2 图　　　图 3.22 例题 3-3 图　　　图 3.23 绘制圆弧的方法菜单

(3) 命令行:执行 ARC 命令。

默认的绘制圆弧的方法为三点绘制圆弧法。3 个点分别为:起点、通过点和端点。在绘图区选中 3 个点即可绘制圆弧。例 3-4 中采用了圆心、起点、端点的方法,其余画法类同,请同学们自学。

【例 3-4】绘制图示 3 条直线以及圆弧 A,其中竖直方向的两条直线长度相等,如图 3.24 所示。

绘制步骤如下。

(1) 调用直线命令,极轴向下竖直追踪,编辑框内输入"50",按 Enter 键;极轴向右水平追踪,编辑框内输入"30",按 Enter 键;极轴向上竖直追踪,编辑框内输入"50",按 Enter 键。

(2) 执行【绘图】/【圆弧】命令,在级联菜单中选择【圆心、起点、端点】命令,捕捉圆弧圆心,如图 3.25 所示,单击,捕捉直线终点作为圆弧起点,单击,捕捉直线终点作为圆弧的终点,绘制结果如图 3.24 所示。

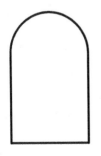

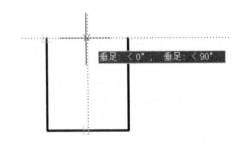

图 3.24 例题 3-4 图　　　　　　　　图 3.25 极轴捕捉圆弧圆心

3) 椭圆的绘制

椭圆的调用有 3 种方式。

(1) 使用绘图面板中的 ⬭ 图标。

(2) 执行【绘图】/【椭圆】命令,在级联菜单中选择适合的绘制命令。

(3) 命令行:执行 ELLIPSE 命令。

默认的绘制椭圆的方法为：指定椭圆中心、一个轴的端点、另一个轴的端点。另一种方法为：指定两个轴的端点、另一个轴的半轴长。

【例3-5】绘制长轴长50、短轴长20的椭圆。

绘制步骤如下。

调用椭圆命令，选中指定长轴任意一点，极轴向右水平追踪，编辑框内输入"50"，按Enter键；极轴向上竖直追踪，编辑框内输入"20"，按Enter键。

4) 样条曲线的绘制

样条曲线是两个控制点之间的光滑曲线，在机械制图中常用来绘制波浪线和凸轮曲线等。

样条曲线的调用有3种方式。

(1) 使用绘图面板中的~图标。

(2) 执行【绘图】/【样条曲线】命令。

(3) 命令行：执行SPLINE命令。

默认的绘制样条曲线的方法为：以若干个点来控制曲线。

【例3-6】绘制图3-26所示曲线，波浪线为打断线。

绘制步骤如下。

(1) 调用直线命令，极轴向下竖直追踪，编辑框内输入"50"，按Enter键；极轴向右水平追踪，编辑框内输入"100"，按Enter键；极轴向上竖直追踪，编辑框内输入"50"，按Enter键；极轴向左水平追踪，捕捉直线起点并单击。

(2) 将直线中间打断，调用样条曲线命令，捕捉直线A点作为样条线起点，如图3.27所示，任取B、C两点作为控制点，捕捉直线D点作为样条线的终点，右侧同理。

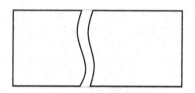

图3.26　例题3-6图(1)

图3.27　例题3-6图(2)

绘制结果如图3.26所示。

3. 折线的绘制

在AutoCAD中需要用很多线段来构成图形，常见折线有矩形、多边形、多段线等。

1) 矩形的绘制

矩形是常见的最简单的闭合图形。

矩形的调用有3种方式。

(1) 使用绘图面板中的▭图标。

(2) 执行【绘图】/【矩形】命令。

(3) 命令行：执行RECTANG命令。

默认的绘制矩形的方法为：相对坐标法绘制矩形。相对坐标是指当前点相对于上一个点或者指定点的坐标。

【例 3-7】绘制矩形，如图 3.28 所示。

绘制步骤如下。

(1) 调用矩形命令，选取任意一点作为矩形左上角点。

(2) 将输入法调至英文、半角输入。

(3) 依次输入"@"、"70"、英文逗号","和"40"，按 Enter 键如图 3.29 所示。

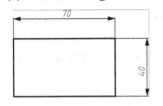

图 3.28　例题 3-7 图

图 3.29　矩形相对坐标的输入

绘制结果如图 3.28 所示。

2) 正多边形的绘制

正多边形是使用较多的一种简单图形，边数范围在 3~1 024 之间。

正多边形的调用有 3 种方式。

(1) 使用绘图面板中的 ⬠ 图标。

(2) 执行【绘图】/【正多边形】命令。

(3) 命令行：执行 POLYGON 命令。

正多边形的绘制方法：调用绘制命令，输入正多边形，指定正多边形的中心点，输入选择内接或者外切方式，指定圆的半径。

【例 3-8】绘制图 3.30 所示 R50 的外接正五边形和 R30 的外切正五边形。

绘制步骤如下。

(1) 调用多边形命令，输入边的数目为"5"，按 Enter 键。

(2) 选取任意一点作为正五边形外接圆的圆心。

(3) 在出现的下拉菜单中选择【外接于】命令。

(4) 极轴追踪选择合适方向，编辑框内输入"50"，按 Enter 键。

(5) 调用多边形命令，输入边的数目"5"，按 Enter 键；捕捉正五边形中点，作为正五边形内切圆的圆心。

(6) 在出现的下拉菜单中选择【内切于】命令。

(7) 极轴追踪选择合适方向，编辑框内输入"30"，按 Enter 键。

绘制结果如图 3.30 所示。

3) 多段线的绘制

多段线是由多条直线、直线和圆弧、圆弧和圆弧等组合而成的一个整体对象，可以设置线宽。

多段线的调用有 3 种方式。

(1) 使用绘图面板中的 ↪ 图标。

(2) 执行【绘图】/【多段线】命令。

(3) 命令行：执行 PL 命令。

多段线的绘制方法：调用多段线命令，指定直线第一点或者指定圆弧第一点或指定线宽，指定直线第二点或者指定圆弧第二点或指定线宽，以此类推。

【例 3-9】绘制图 3.31 所示多段线。

绘制步骤如下。

(1) 调用多段线命令，单击指定第一点。

(2) 极轴向右水平追踪，编辑框内输入"35"，按 Enter 键。

(3) 命令行输入"A"，按 Enter 键，极轴向上竖直追踪，输入"16"，按 Enter 键，极轴向上竖直追踪，输入"14"，按 Enter 键。

(4) 命令行输入"L"，按 Enter 键，极轴向上竖直追踪，编辑框内输入"20"，按 Enter 键；极轴向左水平追踪，编辑框内输入"35"，按 Enter 键。

(5) 极轴向下竖直追踪，捕捉起始端点。

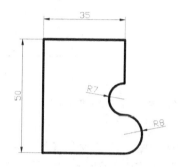

图 3.30　例题 3-8 图　　　　　　图 3.31　例题 3-9 图

【例 3-10】绘制箭头"→"，箭头常用于标注向视图和剖视图指示方向。

绘制步骤如下。

(1) 调用多段线命令，指定第一点。

(2) 命令行内输入"H"(半宽)，按 Enter 键。

(3) 输入"3"，按 Enter 键。

(4) 指定第二个端点。

(5) 命令行内输入"H"(半宽)。

(6) 输入"10"，按 Enter 键。

(7) 输入"0"，按 Enter 键。

(8) 指定第二个端点。

4. 图案填充

AutoCAD 的图案填充(Hatch)命令可以用于绘制剖面符号和剖面线，表现表面纹理或涂色。在机械图、建筑图、地质构造图、艺术绘图等各种图样中广泛应用。

图案填充的调用有 3 种方式。

(1) 使用绘图面板中的 图标。

(2) 执行【绘图】/【图案填充】命令，在【图案填充和渐变色】对话框中选择适合的绘制命令，如图 3.32 所示。

(3) 命令行：执行 H 命令。

【图案填充】选项卡在【图案填充和渐变色】对话框中为默认状态，如图 3.32 所示。

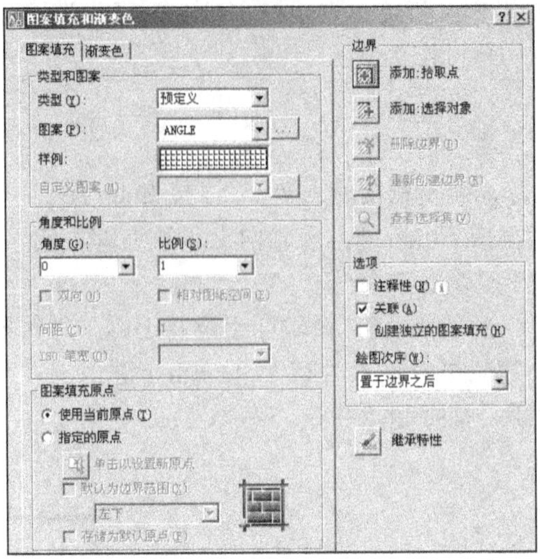

图 3.32　【图案填充和渐变色】对话框

在【图案填充】的【类型和图案】选项组中，可以设置图案的类型和图案。

(1)【类型】下拉列表框：用于设置填充的图案类型，单击右侧的下拉箭头，在打开的下拉列表框中的【预定义】、【用户定义】和【自定义】3 个选项中选择图案的类型。其中，【预定义】选项可以使用系统提供的图案；【用户定义】选项则需要在使用时临时定义图案，该图案是一组平行线或相互垂直线的两组平行线；【自定义】选项可以使用已定义好的图案。

(2)【图案】下拉列表框：当选择【预定义】选项时，该下拉框才可用，并且该下拉列表框主要用于设置填充的图案。单击右侧的下拉箭头，在打开的图案名称下拉列表框中选择图案。另外，也可以单击右侧的填充图案选项板按钮，打开【填充图案选项板】对话框。该对话框包括【ANSI】、【ISO】、【其他预定义】和【自定义】4 个选项卡。机械 CAD 中常采用剖面线形式，金属为"ANSI31"，非金属为"ANSI37"。

在【角度和比例】选项组中可以设置填充图案的角度和比例等参数。

(1)【角度】下拉列表框：用于设置填充图案的旋转角度，每种图案在定义时的旋转角度为零。例如 ANSI31 的图案的旋转角度为 0°时，其图案中的线条角度为 45°；当 ANSI31 的图案旋转角度为 90°时，其图案中的线条角度为 135°。

(2)【比例】下拉列表框：用于设置图案填充时的比例。每种图案的初始比例均为 1，可以根据需要或填充的效果放大或缩小比例。选择的比例值大于 1 为放大，小于 1 为缩小。如果在【类型】下拉列表框中选择了【用户定义】选项，则该比例选项不可选。

(3)【双向】复选框：当在【图案填充】选项卡中的【类型】下拉列表框中选择【用户定义】选项后，选中该复选框，可以使用相互垂直的两组平行线填充图形；否则为一组平行线。

(4)【相对图纸空间】复选框：用于设置该比例因子是否是相对图纸空间的比例。

(5)【间距】文本框：用于用户定义图案时，设置填充平行线之间的距离，当在【类型】下拉列表框中选择【用户定义】选项时才可用。

【例 3-11】绘制图 3.33 所示剖视图的剖面线。

(1) 绘制图 3.34 所示的支架图。

(2) 执行【绘图】/【图案填充】命令，选择【图案填充】选项卡，如图 3.32 所示。

(3) 单击图 3.32 中【图案】下拉列表框后的按钮，弹出【填充图案选项板】对话框，如图 3.35 所示；

(4) 选择【ANSI】选项卡，在列表框中选中【ANSI31】，如图 3.35 所示。

(5) 单击图 3.32 中的按钮添加拾取点，并拾取图 3.34 中 A 所示的两处。

(6) 角度、比例、间距等取默认值。

(7) 单击【确定】按钮，结果如图 3.33 所示。

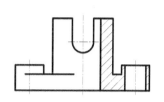
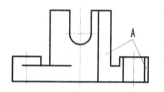
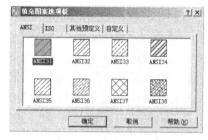

图 3.33　支架剖面图　　　　图 3.34　支架图　　　　图 3.35　【填充图案选项板】对话框

3.2.2　基本图形的编辑

1. 对象的选择

在 AutoCAD 中选择对象的方法很多，可以通过对对象单击逐个拾取，也可以利用矩形选择框选取，所有被选择的对象将组成一个选择集。

用矩形框选择对象时首先要确定矩形的左侧角点，再向右拖动选择右侧角点，选择过程如图 3.36(a)所示，选择结果如图 3.36(b)所示。取消选择时，按住 Shift 键并选中矩形选择框即可。

2. 对象的移动

对象的移动是指对象的重定位。对象的位置发生改变，但方向和大小不改变。在 AutoCAD 中，使用移动(MOVE)命令或单击按钮可以移动二维或三维对象。

【例 3-11】将图 3.37(a)中的圆 A 上移 10 mm，结果如图 3.36(b)所示。

移动步骤：单击圆 A，极轴向上垂直追踪，编辑框内输入"10"，按 Enter 键。

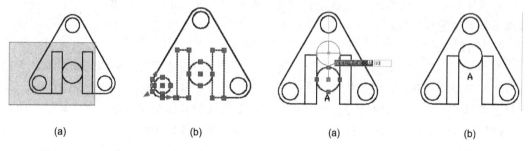

　　(a)　　　　　　　(b)　　　　　　　(a)　　　　　　　(b)

图 3.36　矩形选择框选择步骤及结果　　　　图 3.37　圆 A 向上平移

3. 对象的旋转

使用旋转命令(ROTATE)可以精确地旋转一个或一组对象。使用该命令时要注意以下几点。

(1) 旋转对象时，需要指定旋转基点和旋转角度。其中，旋转角度是基于当前用户坐标系的。输入正值，表示按逆时针方向旋转对象；输入负值，表示按顺时针方向旋转对象。

(2) 如果在命令提示下选择"参照"，则可以指定某一方向作为起始参照角，然后选择一个对象以指定原对象将要旋转到的位置，或输入新角度值来指明要旋转到的位置。

【例 3-12】将图 3.38(a)所示图形中的右边部分旋转 60°。

操作步骤如下。

(1) 单击修改工具栏中的旋转按钮 ○。
(2) 在绘图区域中选择需旋转的部分，按 Enter 键。
(3) 选择大圆 A 的圆心为旋转中心，同时鼠标逆时针移动。
(4) 编辑框内输入"60"，按 Enter 键。

结果如图 3.38(b)所示。

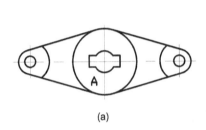 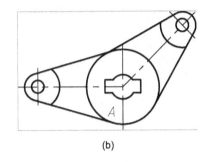

(a)　　　　　　　　　　　　(b)

图 3.38　图形的旋转

4. 对象的复制

在 AutoCAD 中，不仅可以使用复制命令复制对象，还可以使用偏移、镜像和阵列命令复制对象。

1) 复制命令

可以单击修改工具栏中的复制按钮 ♋ 复制对象。最常用的复制方法为采用快捷按钮复制：选择复制对象，按 Ctrl+C 快捷键；粘贴复制对象，按 Ctrl+V 快捷键；结合移动命令可准确复制多个重复对象。

2) 偏移命令

使用偏移命令(OFFSET)或单击按钮 ⊆ 可以创建一个与选定对象类似的新对象，并把它放在原对象的内侧或外侧。执行该命令时，应首先指定偏移距离，然后选择偏移对象(每次只能选择一个)，指定偏移方向(内侧或外侧)，依次选择其他偏移对象，指定偏移方向。

【例 3-13】将图 3.39 所示图形中的直线和圆弧向外偏移 5 mm。

操作步骤如下。

(1) 单击修改工具栏中的偏移按钮 ⊆。
(2) 编辑框内输入偏移的距离"5"，按 Enter 键。

(3) 在绘图区域中选择需偏移的部分。
(4) 指定偏移的方向。
(5) 连续选择需偏移的部分。
(6) 所有的工作结束后按 Enter 键。

3) 镜像命令

用户在绘图过程中经常会遇到含有对称关系的图形,在绘制具有对称关系的图形时,可使用 MIRROR 命令来创建对称图形。

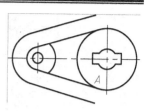

图 3.39　图形的偏移

使用镜像命令(MIRROR)或单击按钮可以围绕用两点定义的镜像轴来镜像和镜像复制图形。

【例 3-14】绘制图 3.40(a)所示图形。

操作步骤如下。

(1) 单击修改工具栏中的镜像按钮。
(2) 绘制图 3.40(b)所示图形。
(3) 用窗口选择方式选择要创建镜像的对象。
(4) 指定镜像直线的第一点 A 和第二点 B。
(5) 按 Enter 键保留原对象,镜像结果如图 3.40(a)所示。

4) 阵列命令

用户在绘图过程中经常会遇到均匀分布关系的图形,可使用 ARRAY 命令或单击按钮来创建环形阵列或矩形阵列图形。

(1) 环形阵列。制作环形阵列图形时可以控制生成的副本对象的数目,以及决定是否旋转对象。

【例 3-15】 绘制图 3.41(a)所示图形。

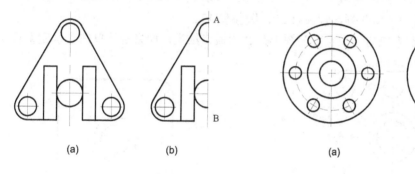

　　(a)　　　　　　(b)　　　　　　　　(a)　　　　　　(b)

图 3.40　图形的镜像　　　　　　图 3.41　环形阵列

操作步骤如下。

① 首先绘制图 3.41(b)所示图形。
② 单击修改工具栏中的阵列按钮,弹出图 3.42 所示【阵列】对话框。
③ 选中【环形阵列】单击按钮,单击【选择对象】按钮并选择所需阵列图形。
④ 单击【中心点】按钮图标选取圆心 A 作为阵列中心点。
⑤ 在项目总数中输入需阵列图形的数量"6"。
⑥ 单击【预览】按钮,预览阵列图形是否为最终结果,如果是,单击【确定】按钮。

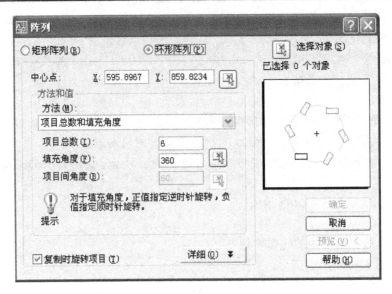

图 3.42　环形阵列对话框

(2) 矩形阵列。制作矩形阵列图形时可以控制生成的副本对象的行和列的数目、行间距和列间距以及阵列的旋转角度。

【例 3-16】绘制图 3.43(a)所示图形。

操作步骤如下。

(1) 首先绘制图 3.43(b)所示图形。

(2) 单击修改工具栏中的阵列按钮器，弹出【阵列】对话框。

(3) 选中【矩形阵列】单选按钮，单击【选择对象】按钮并选择所需阵列图形。

(4) 输入数据：2 行，3 列，行偏移 30，列偏移 15。

(5) 单击【预览】按钮，预览阵列图形是否为最终结果，如果是，单击【确定】按钮。

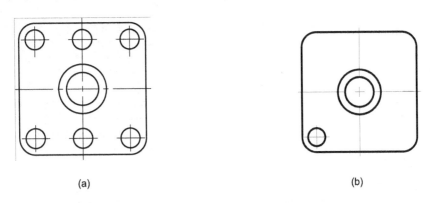

(a)　　　　　　　　　　　　　　(b)

图 3.43　矩形阵列

5. 对象的拉长、拉伸

用户在绘图过程中经常会遇到需要改变线段的长度或者改变图形大小的情况，此时可使用夹点快速拉长、拉伸的方法。欲拉长直线，可单击直线，选择直线的夹点，极轴水平或垂直追踪，在编辑框内输入需拉长的最终值即可。

【例 3-17】将图 3.44(a)的矩形经过拉伸后变成图 3.44(d)所示的矩形。

操作步骤如下。

(1) 绘制图 3.44(a)所示图形。

(2) 单击矩形，蓝色的矩形方块被称为夹点，选择右上角的夹点，该夹点变为红色。

(3) 极轴向上竖直追踪，编辑框内输入"40"，按 Enter 键(图 3.44(b))。

(4) 选择左上角点，极轴向上竖直追踪，移动鼠标在右上角点处引水平追踪极轴(图 3.44(c))，在两极轴交点处单击。结果如图 3.44(d)所示。

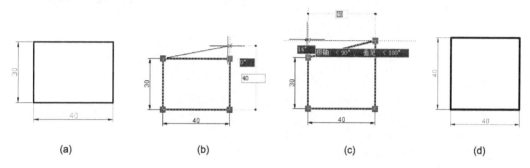

图 3.44　图形的拉伸

6. 对象的修剪、延伸

用户在绘图过程中经常会遇到图线绘制过长或者绘制长度不够的情况，此时可使用修剪、延伸的方法。

【例 3-18】绘制图 3.45(a)所示的图形。

操作步骤如下。

(1) 绘制图 3.45(b)所示图形。

(2) 单击修剪按钮 ，指定修剪的边界，如图 3.45(b)中的矩形。

(3) 选择被修剪的对象，即矩形内部的圆部分，结果如图 3.45(a)所示。

【例 3-19】绘制图 3.45(b)所示的图形。

操作步骤如下。

(1) 针对图 3.45(a)所示的图形，单击延伸按钮 ，指定延伸的边界，如图 3.45(a)中的矩形。

(2) 选择要延伸的对象，即两个圆弧与矩形相关的 4 个端点处，结果如图 3.45(b)所示。

7. 对象的打断、合并、分解

使用打断命令(BREAK)可以将对象指定的两点间的部分删掉，或将一个对象打断成两个具有同一端点的对象。使用该命令时要注意以下几点。

(1) 打断于点按钮 ：选择被打断的对象后，原图形不被删除，只在选择处打断。

(2) 打断按钮 ：选择两个打断点之后将删除打断点之间的线段。

图 3.46(a)所示为一个矩形，图 3.46(b)为打断于点，图 3.46(c)为打断。

使用合并命令(JOIN)可以将打断于点的两个对象，或者共端点的两条独立的水平或垂直线段，或封闭图形的最后一段线。例如，对图 3.46(b)所示的图形，使用合并命令后变成图 3.46(a)所示图形。

单击分解按钮 ![icon]，可以将任意组合的图形分解成直线或圆弧。

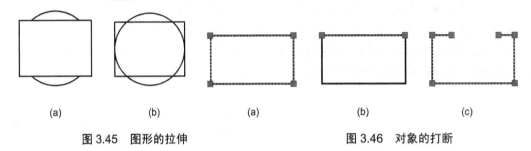

图 3.45 图形的拉伸　　　　图 3.46 对象的打断

8. 对象的缩放

使用缩放命令(SCALE)或单按钮 ![icon] 指定比例因子，引用与另一对象间的指定距离，或用这两种方法的组合来改变相对于给定基点的现有对象的尺寸。

【例 3-20】将如图 3.47(a)所示图形的外圆缩放 1.5 倍。

操作步骤如下。

(1) 绘制图 3.47(a)所示图形。
(2) 单击缩放按钮 ![icon]，选择欲缩放的对象。
(3) 指定缩放对象的基点，如图 3.47(b)所示。
(4) 编辑框内输入缩放的比例"1.5"，按 Enter 键。
(5) 使用命令延伸两段直线，结果如图 3.47(c)所示。

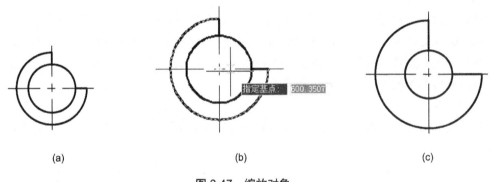

图 3.47 缩放对象

9. 倒角

使用倒角命令(CHAMFER)或单击按钮 ![icon] 可以倒直角，常用的倒角方法有 D×D 和 D×A° 两种方法。

【例 3-21】绘制图 3.48 所示图形。

操作步骤如下。

(1) 绘制 40×30 的矩形。

(2) 单击倒角按钮，编辑框内输入"D"，按 Enter 键。

(3) 指定第一条边长度，输入"10"，按 Enter 键。

(4) 指定第二条边长度，输入"10"，按 Enter 键。

(5) 选择倒角对象的两条边。

(6) 再次单击倒角按钮，编辑框内输入"A"，铵 Enter 键。

(7) 指定第一条边长度，输入"10"，按 Enter 键。

(8) 指定倒角的角度，输入"60"，按 Enter 键。

(9) 选择倒角对象的两条边，结果如图 3.48 所示。

10. 倒圆角

使用倒圆角命令或单击按钮。可以倒圆角。

【例 3-22】绘制图 3.49 所示图形。

操作步骤如下。

(1) 绘制 40×30 的矩形。

(2) 单击倒圆角按钮，编辑框内输入"R"，按 Enter 键。

(3) 编辑框内输入倒角半径"10"，按 Enter 键。

(4) 选择倒角对象的两条边，结果如图 3.49 所示。

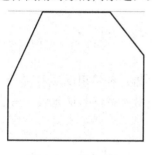
图 3.48 倒角对象

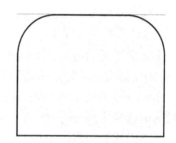
图 3.49 缩放对象

3.3 尺寸标注

3.3.1 文本输入

在机械制图中，文字注释是非常重要的一部分内容。可以通过在图形中加注文字，作为补充说明，使图形的含义更加明了，如技术要求等。AutoCAD 提供了多种文字输入功能，下面将介绍文字样式的设置及文字的输入和编辑方法。

1. 创建文字样式

一般在输入文字之前先进行文字样式的设置，这样在每次输入文字时只需选择预先设置好的文字格式即可。文字样式设置命令的调用有 3 种。

(1) 单击绘图面板或工具栏中的 A 按钮。
(2) 执行【格式】/【文字样式】命令。
(3) 命令行：输入 STYLE 命令。

使用上述任一种方式调用文字样式设置命令后，系统将打开【文字样式】对话框，如图 3.50 所示。

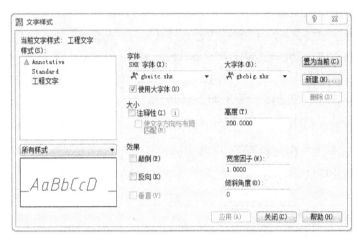

图 3.50 【文字样式】对话框

利用此对话框，可新建文字样式或对已有文字样式进行编辑。在这，我们根据自己的需求新建一种文字样式，步骤如下。

(1) 单击对话框中的【新建】按钮，系统弹出【新建文字样式】对话框，在对话框中输入要新建文字样式的名称"工程文字"。

(2) 单击【确定】按钮，系统返回【文字样式】对话框。在【SHX 字体】下拉列表框中选择【gbeitc.shx】或【gbenor.shx】选项。再选中【使用大字体】复选框，在【大字体】下拉列表框中选择【gbcbig.shx】选项，如图 3.50 所示。

对【文字样式】中常用字体的说明如下。

(3)【SHX 字体】下拉列表框：在此列表框中罗列了所有的字体。带有双"T"标志的字体是 Windows 系统提供的【TrueType】字体，其他字体是 AutoCAD 软件的字体，后缀为."shx"，其中，gbenor.shx】和【gbeitc.shx】(斜体西文)字体是符合国标的中文字体。

(4)【大字体】下拉列表框：大字体是为亚洲国家设计的文字字体。其中，【gbcbig.shx】是符合国标的工程汉字字体。由于【gbcbig.shx】字体中不含西文字体定义，因而使用时可将其与【gbenor.shx】字体和【gbeitc.shx】字体配合使用。

2. 单行文字的输入

单行文字输入命令的调用有 3 种方式。

(1) 命令行：输入"TEXT"或"DTEXT"。
(2) 执行【绘图】/【文字】/【单行文字】命令。
(3) 单击工具栏中的 AI 按钮。

【例 3-23】输入图示文字，如图 3.51 所示。
输入步骤如下。

图 3.51 工程文字

(1) 在【文字样式】对话框中将"工程文字"样式置为当前。
(2) 命令行：输入"TEXT"，按 Enter 键。
(3) "指定文字的起点或[对正(J)|样式(S)]"：在绘图区选取一点作为文本起点。
(4) "指定高度<0.000>"：输入文字的高度值"200"，按 Enter 键。注意：若在新建文字样式时设置了文字高度，此时系统将不再提示"指定高度"。
(5) "指定文字的旋转角度<0>"：默认值为"0"，按 Enter 键。
(6) 输入文字"机械 CAD 基础"。

在绘图中，往往需要输入一些特殊符号，如直径符号、正负值符号、度符号等，而这些特殊符号不能通过键盘输入。因此，系统设置了一些控制符用于输入这些特殊符号。常用的控制符见表 3-1。

【例 3-24】利用表 3-1 的控制符输入特殊符号，如图 3.52 所示。

按照【例 3-23】创建工程文字，并在绘图区输入文字"%%C50"，按 Enter 键，再次输入"%%P50"，按 Enter 键。

表 3-1 常用的特殊符号

符号	功能
%%O	上划线
%%U	下划线
%%C	直径符号：Φ
%%D	"度"符号：°
%%P	正负值符号：±

输入的控制字符	生成的特殊字符
%%C50	⌀50
%%P50	±50

图 3.52 特殊字符

3. 多行文字的输入

多行文字输入命令的调用有 3 种方式。
(1) 命令行：输入"MTEXT"命令。
(2) 执行【绘图】/【文字】/【多行文字】命令。
(3) 单击工具栏中的 A 按钮。

利用上述任一种方式调用命令后，系统将调出多行文字输入工具栏，工具栏上主要按钮的功能如图 3.53 所示。

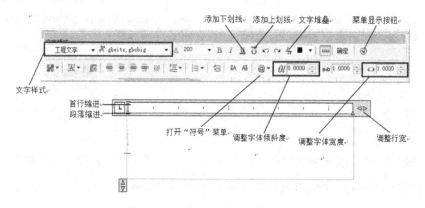

图 3.53 多行文字输入命令工具栏

单击菜单按钮 或在文本区中右击，将出现菜单列表。其中，【符号】级联菜单中包含了常用的特殊字符，用户也可选中这些命令以输入所需字符，如图 3.54 所示。

另外，直接单击符号按钮也可调出【符号】菜单，其各命令与上述相同，其中选中【其他】命令可打开【字符映射表】窗口，如图 3.55 所示。若要插入一个字符，可选择该字符并依次单击【选择】、【复制】按钮，然后关闭窗口，退回多行文字编辑器。在输入框中需要输入字符的位置单击，以确定输入位置，再右击，在弹出的菜单中选择【粘贴】命令，这样该字符就被成功插入到文本框中了。

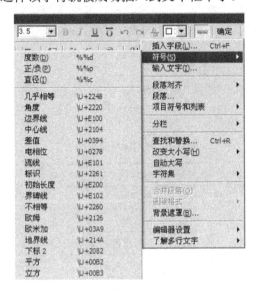

图 3.54　常用符号　　　　　　　　　图 3.55　【字符映射表】窗口

【例 3-25】输入如图 3.56 所示的多行文字。

(1) 在【文字样式】对话框中将"工程文字"样式置为当前。

(2) 在命令行中输入"MTEXT"命令，或单击【绘图】工具栏上的 A 按钮，命令行提示如下"指定第一角点"：文本框的左上角点，如图 3.57 所示，在"Ⅰ"处单击即可；"指定对角点"：在"Ⅱ"处单击，确定文本框的右下角点。

图 3.56　多行文字

图 3.57　多行文字编辑器　　　　　　图 3.58　多行文字编辑器输入

(3) 系统弹出多行文字编辑器，在字体高度文本框中输入"3.5"，然后输入如图 3.57 所示文字。

(4) 选择文字"技术要求",单击工具栏上的居中按钮 ≡,并在字体高度文本框中输入"5",按 Enter 键,结果如图 3.58 所示。

(5) 选择其他文字,单击工具栏上的 ≡·按钮,并选择【以数字标记】命令,然后调整数字与文字之间的距离,如图 3.59 所示。

(6) 单击【确定】按钮退出编辑器,结果如图 3.56 所示。

要在 AutoCAD 中输入特殊字符,可采用在键盘上输入控制符(表 3-1)的方法,或者在多行文字编辑器中通过选中【符号】菜单中的各命令(图 3.54)来输入。除此之外,在此对一些非常实用的复杂符号的输入方法总结如下。

1) 创建分数

调出多行文字编辑器,在文本框中输入"%%C65H8/j7",然后选中"H8/j7",单击工具栏中的堆叠按钮 ,结果如图 3.60 所示。

图 3.59　多行文字编辑结果 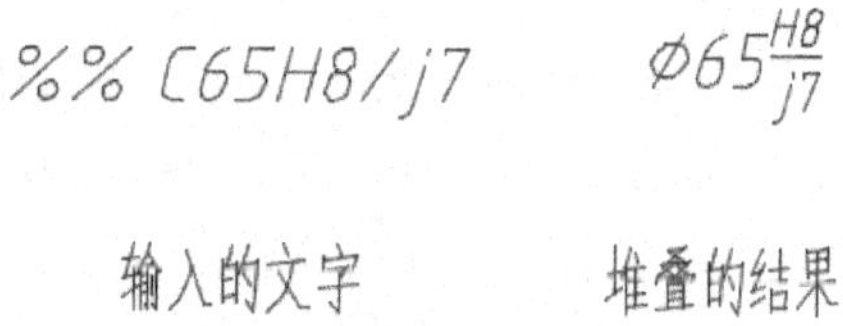　　　　　图 3.60　分数编辑

2) 创建公差

调出多行文字编辑器,在文本框中输入"%%C26-0.020^-0.072",然后选中"-0.020^-0.072",单击工具栏中的堆叠按钮 ,结果如图 3.61 所示。

3) 上标和下标

调出多行文字编辑器,在文本框中输入"35^"和"3^5",然后分别选中"5^"和"^5",依次单击工具栏中的堆叠按钮 ,结果如图 3.62 所示。

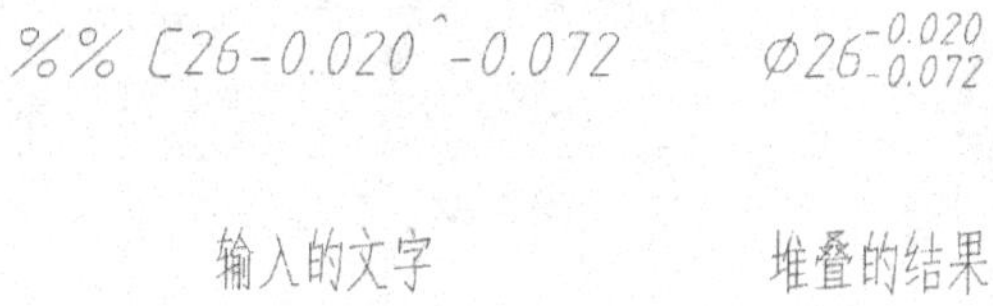

图 3.61　公差编辑 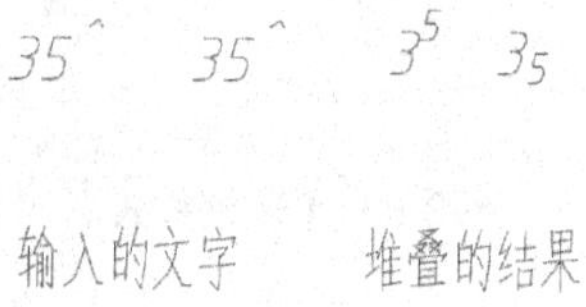　　　　　图 3.62　上标和下标编辑

4. 编辑文字

编辑文字的方法有两种。

1) 使用 DDEDIT 命令

在命令行中输入"DDEDIT"命令,或单击文字工具栏上的 按钮,即可启动文字编辑命令。然后选择需要编辑的文字,系统将打开对应的编辑框。这种方法可用于编辑单行文字和多行文字,且一次启动该命令后可连续修改多个文字对象。

2) 使用 PROPERTIES(特性)命令

选择要编辑的文字,然后单击工具栏上的 按钮,或执行【修改】/【特性】命令,系统将打开【特性】对话框。在这个对话框中，用户可以编辑文本内容，以及高度、文字样式、对齐方式等其他属性。

3.3.2 利用表格创建标题栏和明细表

AutoCAD 提供了插入表格的功能，用户可以按需求创建表格，并在表格中插入文字或块等，极大地提高了绘图效率。表格在创建标题栏和明细栏的时候十分有用，下面将通过例子来介绍如何用表格创建标题栏和明细栏。

1. 创建表格样式

习惯上，在插入表格前，先创建表格样式，具体步骤如下。

(1) 设置文字样式。按 3.3.1 节所述方法，创建"工程文字"文字样式，在此不再赘述。

(2) 执行【格式】/【表格样式】命令，系统打开【表格样式】对话框。单击【新建】按钮，弹出【创建新的表格样式】对话框，在【新样式名】文本框中输入"工程表格"，如图 3.63 所示。

(3) 单击【继续】按钮，打开【新建表格样式：工程表格】对话框，如图 3.64 所示。在【单元样式】下拉列表框中分别选取【数据】、【标题】、【表头】选项，然后在【基本】选项卡中将文字对齐方式设置为【正中】，在【页边距】选项组下的【水平】和【垂直】文本框中均输入"0.1"，在【文字】选项卡中将文字样式设置为【工程文字】，字体高度为"4.5"。

(4) 单击【确定】按钮，返回【表格样式】对话框，再将新的表格样式置为当前。

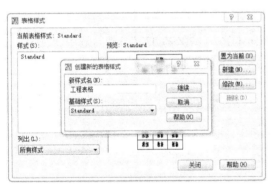

图 3.63 【表格样式】对话框

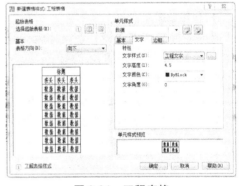

图 3.64 工程表格

2. 创建及填写标题栏

【例 3-26】创建及填写图 3.65 所示的标题栏。

创建如图 3.66 所示的 4 个表格。以表 1(即标题栏的左上半部分)为例，具体步骤如下。

(1) 在命令行中输入"TABLE"命令，或执行【绘图】/【表格】命令，打开【插入表格】对话框，如图 3.67 所示。在【列】文本框中输入"6"，【列宽】文本框中输入"16"；在【数据行】文本框中输入"4"，【行高】文本框中默认"1 行"。然后单击【确定】按钮，退出【插入表格】对话框。

(2) 在绘图区中单击，以确定表格插入位置，这样便可插入如图 3.68 所示的表格。

(3) 按住左键拖动鼠标光标，选中第 1、2 行，弹出【表格】工具栏，单击工具栏上的按钮，删除第 1、2 行，如图 3.69 所示。

图 3.65 标题栏

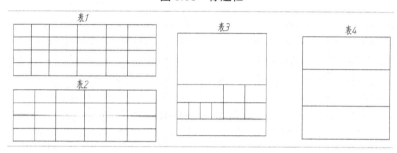

图 3.66 子表系列

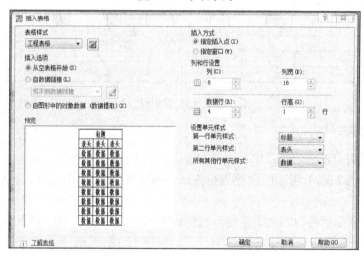

图 3.67 【插入表格】对话框

(4) 调整列宽和行高。选中第 1 列中的任一单元格(单击),单击工具栏上的特性按钮,弹出【特性】对话框。在对话框中,将【单元宽度】值改为"10",按 Enter 键。以相同的方法,将第 2、3、4、5、6 列的列宽分别修改为"10"、"16"、"16"、"12"、"16"。同理,选中第 1 行的任一单元格,修改【单元高度】为"7",并以此修改第 2、3、4 行的行高,如图 3.70 所示。

(5) 创建其他 3 个表格,在这不再赘述,读者根据图 3.65 所示尺寸自己创建。用 MOVE

命令将4个表格组合成标题栏，如图3.71所示。

(6) 双击表格中的某一单元，系统将打开多行文字编辑器。此时，可在单元格中输入文字。然后按键盘上的箭头移动到其他单元格继续输入文字，结果如图3.72所示。

图3.68 插入表格1　　　图3.69 合并表格2　　　图3.70 修改表格2

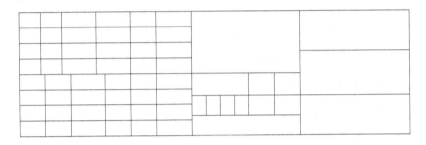

图3.71 合成标题栏

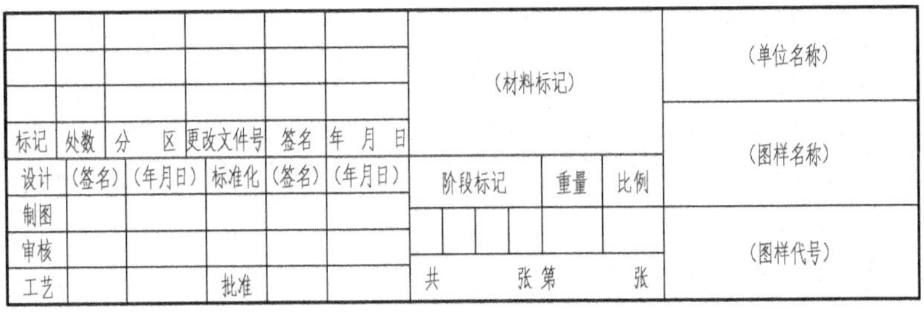

图3.72 创建好的标题栏

3. 创建及填写明细栏

【例3-27】利用表格创建和填写图3.73所示的明细栏。

(1) 根据【例3-26】所示的创建表格方法，参照图3.74所示尺寸创建图3.73所示明细表。

(2) 鼠标放至需填写内容的表格处后双击，输入图3.73所示明细表中的文字内容。

7		底　座	1	HT200			
6		螺　套	1	ZCuA110Fe3			
5	GB/T 73-1985	螺钉M10×12	1	14H级			
4		铰　杠	1	Q215-A			
3		螺旋杆	1	Q255-A			
2	GB/T 75-1985	螺钉M8×12	1	14H级			
1		顶　垫	1	Q275-A			
序号	代　号	名　称	数量	材　料	单件	总计	备注
					重量		

图3.73 明细栏

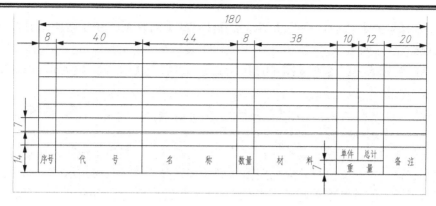

图 3.74 创建明细栏

3.3.3 尺寸的标注

尺寸标注是绘制图样中的一项重要工作，图样上各实体的位置和大小需要通过尺寸标注来表达。利用系统提供的尺寸标注功能，可以方便准确地标注图样上的各种尺寸。

常用的尺寸标注包括线性尺寸、对齐尺寸、半径尺寸和直径尺寸等，如图 3.75 所示。

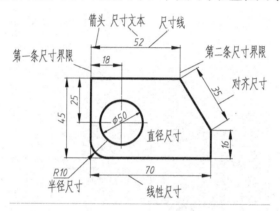

图 3.75 尺寸标注示例

AutoCAD 提供了多种尺寸标注方式，用户可以根据需要创建各种类型的尺寸。下面主要介绍各尺寸样式的标注方法。

1. 创建标注样式

与输入文本相似，在进行尺寸标注之前，一般都要创建新的标注样式。在 AutoCAD 中，用户可以创建多种标注样式，以满足不同的需求，如可创建线性标注样式、角度标注样式、直径标注样式、公差标注样式等。在标注样式时，用户只需将某个样式指定为当前样式即可标注相应的尺寸。

尺寸标注通常由尺寸线、尺寸界线、箭头和尺寸文字等组成，以块的形式存在。

【例 3-28】创建国标尺寸样式。

(1) 执行【格式】/【标注样式】命令，或者单击工具栏上的 按钮，系统将打开【标注样式管理器】对话框，如图 3.76 所示。

(2) 单击【新建】按钮,打开【创建新标注样式】对话框。在【新样式名】文本框中输入"工程标注",如图 3.76 所示。在【基础样式】下拉列表框中可以指定某个样式为新样式的副本,新样式将包含副本样式的所有设置。也可在【用于】下拉列表框中指定新样式将用于某一种类尺寸。

(3) 单击【继续】按钮,打开【新建标注样式:工程标注】对话框,如图 3.77 所示。对该对话框的 7 个选项卡进行如下说明和设置。

①【线】选项卡:基线间距指平行尺寸线间的距离,一般将基线间距设置为"7";超出尺寸线是指尺寸界线超出尺寸线的距离,国标规定尺寸界线一般超出 2~3mm,在这将其值设置为"2";起点偏移量是指尺寸界线起点与标注对象端点间的距离,设置为"0.2"。

②【符号和箭头】选项卡:将【箭头】选项组中的各项设置为"实心闭合";将箭头大小设置为"2"。

③【文字】选项卡:将【文字样式】设置为"工程文字"(若未创建"工程文字"文字样式,请按 3.1.1 节所述方法先创建之);【文字高度】设置为"3.5",若在创建文本样式时设定了文字高度,在此设置的文字高度将无效;在【从尺寸线偏移】文本框中输入"0.8";在【文字对齐】选项组选择【与尺寸线对齐】单选按钮。

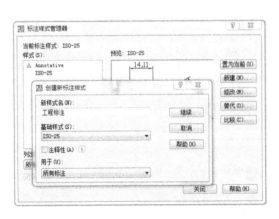

图 3.76 【标注样式管理器】对话框

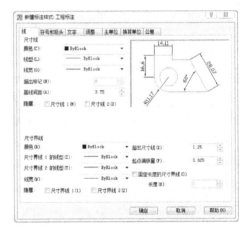

图 3.77 工程标注

④【调整】选项卡:【使用全局比例】文本框的设置将影响尺寸标注所有组成元素的大小,为保证尺寸外观合适,一般设置为绘图比例的倒数。即如果以 1:2 的比例打印图样,则应设置全局比例为 2。

⑤【主单位】选项卡:【单位格式】设置为"小数";【精度】设置为"0.00";【小数分隔符】设置为"句点"。

⑥【公差】选项卡:【方式】下拉列表中有 5 个选项,其中,【无】指只显示基本尺寸;【对称】指上、下偏差值相同,用户只能输入上偏差值,系统自动添加"±"符号;【极限偏差】指上、下偏差值不同,用户可在【上偏差】和【下偏差】文本框中分别输入数值,系统将自动在上偏差前添加"+"号,在下偏差前添加"-"号,若上偏差为负值或下偏差为正值,则在【上偏差】或【下偏差】文本框中输入的数值前添加一个负号即可;极限尺寸用于同时显示最大极限尺寸和最小极限尺寸;基本尺寸用于将尺寸标注值放置在一个长

方形框中。【高度比例】文本框用于调整偏差文本相对于尺寸文本的高度，默认值为"1"，此时偏差文本与标注文本高度相同。一般应将此数值设置为"0.7"，但若使用对称标注,【高度比例】文本框值应为"1"。【垂直位置】用于指定偏差文字相对于基本尺寸的位置关系，在机械制图标注中，设置为"中"。

⑦ 单击【确定】按钮，即完成"工程标注"的标注样式创建。再单击【置为当前】按钮使新样式成为当前样式。

2. 创建线型尺寸

1) 标注水平尺寸和竖直尺寸

DIMLINEAR 命令用于标注水平、竖直尺寸。

【例 3-29】创建图 3.78 所示尺寸。

单击标注工具栏上的 ⊢ 按钮，启动 DIMLINEAR 命令。

"指定第一条尺寸界线或<选择对象>"：捕捉交点 A，如图 3.78 所示，或按 Enter 键，选择直线 AB。

"指定第二条尺寸界线原点"：捕捉交点 B。

"指定尺寸线位置或[多行文字(M)|文字(T)|角度(A)|水平(H)|垂直(V)|旋转(R)]"：拖动鼠标光标，将尺寸线移动到合适的位置后单击。

这样，图 3.78 中直线 AB 的水平尺寸 "57" 即标注完成。用同样的方法可标注图中直线 AC 的竖直尺寸为 "12"。

下面介绍 DIMLINEAR 命令中的各选项。

(1) "多行文字(M)"：用于修改标注文字。在"指定尺寸线位置或[多行文字(M)|文字(T)|角度(A)|水平(H)|垂直(V)|旋转(R)]："提示后输入"M"，则打开多行文字编辑器，用户可利用此编辑器输入新的标注文字。

(2) "文字(T)"：用于修改标注文字。用户可直接在命令行上输入新的标注文字。

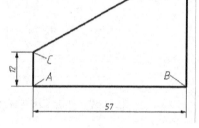

图 3.78 竖直和水平尺寸

(3) "角度(A)"：用于设置文字的放置角度。

(4) "水平(H)|垂直(V)"：用于创建水平或竖直型尺寸。用户也可左右移动鼠标来创建竖直尺寸，上下移动鼠标来创建水平尺寸。

(5) "旋转(R)"：此选项可使尺寸线倾斜一个角度，可用于标注倾斜对象的尺寸。

> **重要提示**：利用"多行文字(M)"和"文字(T)"修改标注文字后，文字与尺寸标注将失去关联性，即尺寸数字将不会随着标注对象的改变而改变。

2) 标注对齐尺寸

对齐尺寸主要用于标注倾斜对象的真实长度，对齐尺寸的尺寸线平行于倾斜的标注对象。若选择两个点来创建对齐尺寸，则尺寸线与两点的连线平行。

【例 3-30】创建图 3.79 所示对齐尺寸标注。

单击标注工具栏上的 ↖ 按钮，启动 DIMALIGNED 命令。

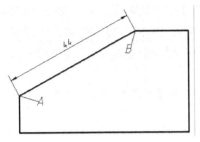

图 3.79 对齐尺寸标注

"指定第一条尺寸界线或 <选择对象>": 捕捉交点 A，如图 3.79 所示，或按 Enter 键，选择直线 AB。

"指定第二条尺寸界线原点"捕捉交点 B。

"指定尺寸线位置或[多行文字(M)|文字(T)|角度(A)]": 拖动鼠标光标，将尺寸线移动到合适的位置后单击。

3) 标注基线型尺寸和连续型尺寸

基线型尺寸指所有尺寸都从同一点开始标注，连续型尺寸指一系列首尾相连的尺寸。在创建这两种形式的尺寸时，要首先建立一个尺寸标注。

【例 3-31】创建图 3.80 所示基线型尺寸标注。

单击标注工具栏上的 按钮，启动 DIMBASELINE 命令。

"选择基准标注"：如图 3.80 所示，选择 A 点的尺寸界线为基准线(应先标注尺寸为"26")。

"指定第二条尺寸界线原点或[放弃(U)|选择(S)] <选择>"：捕捉第二点 B。

"指定第二条尺寸界线原点或[放弃(U)|选择(S)] <选择>"：捕捉第三点 C。

"指定第二条尺寸界线原点或[放弃(U)|选择(S)] <选择>"：按 Enter 键。

"选择基准标注"：按 Enter 键结束，结果如图 3.80 所示。

【例 3-32】创建图 3.81 所示的连续型尺寸标注。

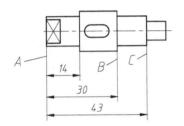

图 3.80 基线型尺寸标注

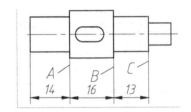

图 3.81 连续型尺寸标注

单击标注工具栏上的 按钮，启动 DIMCONTINUE 命令。

"选择连续标注"：如图 3.81 所示，选择 A 点的尺寸界线为基准线(应先标注尺寸为"26")。

"指定第二条尺寸界线原点或[放弃(U)|选择(S)] <选择>"：//捕捉第二点 B。

"指定第二条尺寸界线原点或[放弃(U)|选择(S)] <选择>"：//捕捉第三点 C。

"指定第二条尺寸界线原点或[放弃(U)|选择(S)] <选择>"：//按 Enter 键。

"选择连续标注"：按 Enter 键结束，结果如图 3.81 所示。

3. 创建圆弧型尺寸

在创建圆弧型尺寸时，如果用"直径"或"半径"命令来标注，系统会自动在标注数值前加上符号"Φ"或"R"。但在实际标注过程中，标注圆弧型尺寸的形式有多种多样，一般采用替代方式较为方便。

> **重要提示**：若用户创建一个尺寸标注后，紧挨着创建基线或连续尺寸标注，则系统将以该尺寸的第一条尺寸界线作为基线型尺寸的基准线，或者以该尺寸的第二条尺寸界线作为连续型尺寸的基准线。如用户不想在前一个尺寸的基础上创建基线型或连续型尺寸，就按 Enter 键，在系统提示下再选择某一尺寸界线作为基准线。

【例 3-33】利用替代方式创建如图 3.82 所示的圆弧型尺寸标注。

(1) 创建圆弧型尺寸"$\phi 7$""$\phi 9$""$R6$"。

① 单击 按钮，打开【标注样式管理器】对话框，如图 3.83 所示。

② 在"工程标注"样式为当前样式的前提下，单击【替代】按钮(注意：不是【修改】按钮)，打开【替代当前样式：工程标注】对话框。

③ 选择【文字】选项卡，将【文字对齐】设置为"水平"。

④ 单击【确定】按钮，并关闭【标注样式管理器】对话框，返回主窗口。此时刚刚创建的"样式替代"自动被置为当前样式。

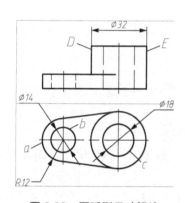
图 3.82 圆弧型尺寸标注

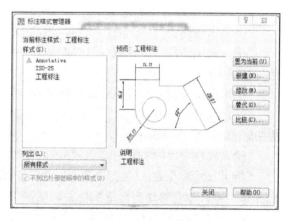
图 3.83 圆弧型标注样式管理器

⑤ 单击标注工具栏上的 按钮，启动 DIMRADIUS 命令，标注尺寸为"$R6$"。

"选择圆弧或圆"：选择要标注的圆弧 a，如图 3.82 所示。

"指定尺寸线位置或[多行文字(M)|文字(T)|角度(A)]"：拖动鼠标光标，将尺寸线移动到合适的位置后单击。

⑥ 单击标注工具栏上的 按钮，启动 DIMDIAMETER 命令，标注尺寸"$\phi 7$"。

"选择圆弧或圆"：选择要标注的圆弧 b，如图 3.82 所示。

"指定尺寸线位置或[多行文字(M)|文字(T)|角度(A)]"：拖动鼠标光标，将尺寸线移动到合适的位置后单击。

⑦ 重复上一步骤，利用 DIMDIAMETER 命令，标注圆弧 c 的尺寸为"$\phi 9$"。

标注完成后需恢复原来的尺寸样式。打开【标注样式管理器】对话框，选择"工程文字"样式，然后单击【置为当前】按钮，在跳出的警告性对话框中继续单击【确定】按钮即完成设置。

(2) 创建圆弧型尺寸"Φ16"。

标注如图 3.82 所示的圆弧型尺寸"Φ16",需要利用线性尺寸命令,但要对标注文字稍作修改,可通过两种方式实现。

方式一:继续利用替代形式。

① 用上述方法,在"工程标注"样式下创建替代样式。选择【替代当前样式:工程标注】对话框中的【主单位】选项卡中,在【前缀】文本框中输入"%%C",然后返回主窗口。

② 单击标注工具栏上的┌┐按钮,启动 DIMLINEAR 命令。

"指定第一条尺寸界线或 <选择对象>":捕捉交点 D,如图 3.82 所示,或按 Enter 键,选择直线 DE。

"指定第二条尺寸界线原点":捕捉交点 E。

"指定尺寸线位置或[多行文字(M)|文字(T)|角度(A)|水平(H)|垂直(V)|旋转(R)]":拖动鼠标光标,将尺寸线移动到合适的位置后单击。

③ 这样即可在创建的线性尺寸标注文字前自动加上前缀"Φ",完成后按上述方法恢复原先的尺寸样式。该方式标注的尺寸文字与尺寸仍具有关联性,即标注文字"Φ16"会随着直线 DE 的改变而改变。

方式二:通过修改标注文字。

① 单击标注工具栏上的┌┐按钮,启动 DIMLINEAR 命令。

"指定第一条尺寸界线或 <选择对象>":捕捉交点 D,如图 3.82 所示,或按 Enter 键,选择直线 DE。

"指定第二条尺寸界线原点:捕捉交点 E"。

"指定尺寸线位置或[多行文字(M)|文字(T)|角度(A)|水平(H)|垂直(V)|旋转(R)]":在输入框中输入"T",按 Enter 键。

"输入标注文字 <32>":输入"%%C32",按 Enter 键。

"指定尺寸线位置或[多行文字(M)|文字(T)|角度(A)|水平(H)|垂直(V)|旋转(R)]":|拖动鼠标光标,将尺寸线移动到合适的位置后单击。

② 完成"Φ16"的尺寸标注。该方式标注的尺寸文字与尺寸不具有关联性,即无论直线 DE 延长或缩短,标注文字始终为"Φ16"。

> **重要提示**:样式替代和修改标注文字这两种方法在标注中最为常见,如标注常见的"4 × Φ8"形式的尺寸就可利用这两种方式实现,应学会举一反三。

4. 创建角度型尺寸

对角度标注,国家标准规定角度的尺寸数字一律水平书写,一般注写在尺寸线的中断处。因此,在标注角度尺寸时,需要先对尺寸样式进行设置。一般可用两种方式进行角度尺寸的标注:使用替代方式和使用角度尺寸子样式。

【例 3-34】创建图 3.84 所示的角度型尺寸标注。

(1) 使用替代方式设置角度标注样式。打开【标注样式管理器】对话框,利用当前样式("工程标注")的替代方式将工程文字设置为水平放置,然后即可按【例 3-29】线型尺寸的标注步骤标注角度尺寸。

(2) 使用角度尺寸子样式设置角度标注样式。打开【标注样式管理器】对话框,单击【新建】按钮,弹出【创建新标注样式】对话框,在【用于(U)】下拉选项中选择"角度标注"选项,单击【继续】按钮,并将【文字对齐】设置为"水平",【精度】设置为"0"。

5. 创建尺寸公差和形位公差

1) 创建尺寸公差

尺寸公差的创建方法有两种。

(1) 堆叠文字方法和尺寸替代法,堆叠文字法详见 3.3.1 节。

(2) 利用替代方法,即在【替代当前样式:工程标注】对话框的【公差】选项卡中设置上、下偏差。该方法需在每次标注尺寸公差前都要进行替代设置,且以实际尺寸绘制图形时使用这种方法较为方便。

【例 3-35】创建如图 3.85 所示的尺寸公差。

(1) 在"工程标注"为当前标注样式的前提下,打开【标注样式管理器】对话框,单击【替代】按钮,打开【替代当前样式工:工程标注】对话框。在【公差】选项卡中,将【方式】设置为"极限偏差",将【精度】设置为"0.000",将【垂直位置】设置为"中",在【上偏差】框中输入"-0.007",在【下偏差】中输入"0.020",在【高度比例】中输入"0.75",取消选中【消零】选项组中的【后续】复选框。

(2) 打开【主单位】选项卡,在【前缀】文本框中输入"%%C"。这样在标注时,将自动在标注文字前加上符号"Φ"。

(3) 单击【确定】按钮,返回 AutoCAD 图形窗口。单击标注工具栏上的 按钮,进行尺寸公差标注,结果如图 3.85 所示。

"指定第一条尺寸界线或<选择对象>":捕捉交点 A,如图 3.85 所示。

"指定第二条尺寸界线原点":捕捉交点 B。

"指定尺寸线位置或[多行文字(M)|文字(T)|角度(A)|水平(H)|垂直(V)|旋转(R)]":拖动鼠标光标,将尺寸线移动到合适的位置后单击。

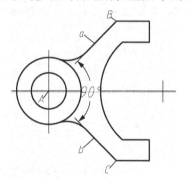
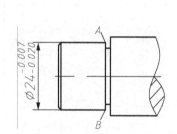

图 3.84　角度型尺寸标注　　　图 3.85　公差尺寸标注

2) 创建形位公差

标注形位公差一般使用 QLEADER 命令,既带有形位公差框格,又带标注指引线。也可用 TOLERANCE,但只带公差框格。

【例 3-36】创建如图 3.86 所示的形位公差。

(1) 在 AutoCAD 命令行中输入"QLEADER"或"Q"命令,AutoCAD 命令行提示为

"指定第一个引线点或 [设置(S)]<设置>",直接按 Enter 键

(2) 系统将打开【引线设置】对话框。在【注释】选项卡中,选中【注释类型】选项组中的【公差】单选按钮,如图 3.87 所示。

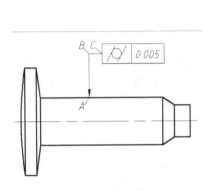

图 3.86 形位公差标注

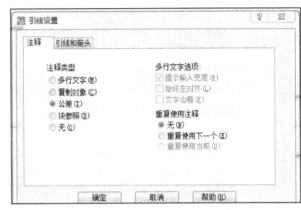

图 3.87 【引线设置】对话框

(3) 单击【确定】按钮,AutoCAD 命令行提示如下。

"指定第一个引线点或 [设置(S)]<设置>":捕捉 A 点,如图 3.86 所示,可利用"最近点"捕捉方式。

"指定下一点":在 B 点处单击。

"指定下一点":在 C 点处单击。

系统将打开【形位公差】对话框,在此对话框中输入如图 3.88 所示的公差值。然后单击【确定】按钮,结果如图 3.86 所示。

6. 创建引线标注

在绘制机械图形中,引线标注也较为常用。引线标注使用命令 MLEADER,主要由箭头、引线、基线、多行文字或图块 4 个部分构成,如图 3.89 所示。图中的多行文字也可用图块来代替,可通过引线样式进行设置。

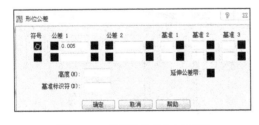

图 3.88 【形位公差】对话框

图 3.89 创建引线标注

若引线或文本的位置不合适,可选中引线标注对象,利用关键点来进行调整,如图 3.89 所示。移动基线处的方形关键点,引线、文字将一起移动。若移动箭头处的关键点,则只有引线跟随移动。移动基线处的三角关键点可调整基线距离。

【例 3-37】创建如图 3.90 所示的引线标注。

(1) 在 AutoCAD 界面的工具栏处右击,调出【多重引线】工具栏,单击【多重引线】工具栏上的 按钮,打开【多重引线样式管理器】对话框,如图 3.91 所示。

(2) 单击【修改】按钮,打开【修改多重引线样式:Standard】对话框。在【引线格式】选项卡中,将【箭头】的【符号】设置为"实心闭合",【大小】设置为"2"。在【引线结构】选项卡中,将基线距离设置为"1",表示基线的长度,如图 3.92 所示。在【内容】选项卡中,将【多重引线类型】设置为"多行文字"(另一个选项为"图块"),【文字样式】设置为"工程文字",【文字高度】设置为"3.5",将【连接位置-左】和【连接位置-右】均设置为"最后一行加下划线",将【基线间距】设置为"0.5",它表示基线与文字间的距离,如图 3.93 所示。

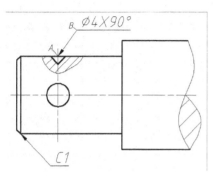

图 3.90　引线标注

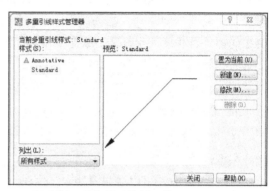

图 3.91　【多重引线样式管理器】对话框

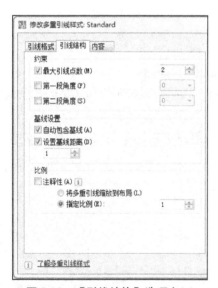

图 3.92　【引线结构】选项卡(1)

图 3.93　【内容】选项卡

(3) 单击【多重引线】工具栏上的 ⌕ 按钮,开始引线标注。AutoCAD 命令行提示如下。

"指定引线箭头的位置或 [引线基线优先(L)| 内容优先(C)| 选项(O)]<选项>":捕捉如图 3.90 所示的 A 点。

"指定引线基线的位置":指定 B 点。

> **重要提示**:【多重引线】工具栏上的命令在标注装配图中的序号时非常有用,其用法将在 3.5 节中详细介绍。

同时系统将自动打开多行文字编辑器,将打开多行文字编辑器,输入文字"$\Phi 4 \times 90°$"。

(4) 重复 MLEADER 命令,创建另一个引线标注,最后结果如图 3.90 所示。

3.3.4 图层的定义

1. 图层的概念

用户绘图都是在图层上进行的,虽然前面没有接触图层的概念,但用户已经使用了 AutoCAD 提供的默认层:0 层。一幅图样可能有许多对象(如各种线型、符号、文字等),诸对象的属性不同,它们都绘制在图层上。可以把图层想象为一张没有厚度的透明纸,各层之间都具有相同的坐标系、绘图界限和缩放比例。在画图时,将图形中的对象进行分类,把具有相同属性的对象(如相同的线型、颜色、尺寸标注、文字等)放在同一图层,这些图层叠放在一起就构成一幅完整的图样,使得绘图、编辑等操作变得十分方便。

2. 图层的特性

(1) 每个图层都赋予一个名称,其中,0 层是 AutoCAD 系统自动定义的,其余的图层用户根据需要自己定义。

(2) 每个图层容纳的对象数量不受限制。

(3) 用户使用的图层数量不受限制,一般应根据需要设定。

(4) 层本身具有颜色、线宽和线型,用户可以使用图层的颜色、线宽和线型绘图,也可以使用不同于图层的线型、线宽和颜色进行绘图。

(5) 同一图层上的对象处于同种状态,如可见或不可见。

(6) 图层具有相同的坐标系、绘图界限和显示时的缩放倍数。

(7) 图层具有打开(可见)/关闭(不可见)、解冻(可见)/冻结(不可见)、解锁(编辑)/锁定(不可编辑)等特性,用户可以改变图层的状态。

(8) 用户所画的线、圆等实体被放在当前层上,用户可以编辑任何可见的、图层上的实体。

3. 图层的创建与管理

调用创建图层命令有 3 种方法。

(1) 工具栏图层按钮 。

(2) 执行【格式】/【图层】命令。

(3) 命令行:LAYER。

执行上述命令后弹出新建图层对话框,如图 3.94 所示,读者可双击相应的图层编辑图层属性。

线型的加载步骤为:双击相应线型项目,将弹出图 3.95 所示的【选择线型】对话框,单击【加载】选项,弹出【加载或重载线型】对话框,选择相应线型,单击【确定】按钮。

机械系统中常用的线型有如下几种。

(1) 实线:Continuous。

(2) 中心线:Center、Center(.5x)、Center(2x)。

(3) 虚线:Dashed、Dashed(.5x)、Dashed(2x)。

常见加载线型对话框如图 3.96 所示。

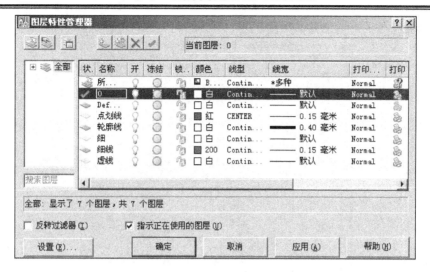

图 3.94 【图层特性管理器】对话框

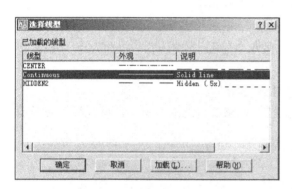

图 3.95 【选择线型】对话框

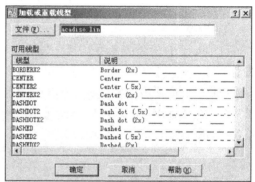

图 3.96 加载线型对话框

3.3.5 图块的定义

1. 块的定义

块是由多个对象组合而成的集合，可以作为一个整体来操作。用户创建块后，可以随时在指定位置插入块，块将作为单个对象存在。在插入块时，可以对块进行缩放和旋转。

在实际应用中，常将一些常用符号如粗糙度符号、基准符号等定义为块，也可将一些标准件结构如螺母等制成块。这样，在需要时直接将其作为块插入即可，极大地节省了绘图时间。

【例 3-38】创建如图 3.97 所示的两个粗糙度块。

首先创建正粗糙度符号块。

1) 定义块属性

图 3.97 粗糙度块

(1) 执行【绘图】/【块】/【定义属性】命令，打开【属性定义】对话框，然后在对话框中的【属性】和【文字设置】选项组中设置相应参数，如图 3.98 所示。其中，【默认】文本框表示插入块时默认的粗糙度值，在这可设置成其他值。

(2) 单击【确定】按钮，此时鼠标光标将附带数字"6.3"，移动鼠标将数字"6.3"放置在正粗糙度符号的合适位置，如图 3.98 所示。

图 3.98　块【属性定义】对话框

2) 创建块

(1) 执行【绘图】/【块】/【创建】命令，或单击绘图工具栏的 (创建块)按钮，系统将打开【块定义】对话框，如图 3.99 所示。

(2) 在对话框的【名称】文本框中输入"粗糙度(正)"。

(3) 在【基点】选项组中单击【拾取点】按钮，系统将返回绘图区，用鼠标捕捉粗糙度符号的顶点。

图 3.99　【块定义】对话框

(4) 在【对象】选项组中单击【选择对象】按钮，系统将返回绘图区，用框选方式选中如图 3.100 所示的区域，然后按 Enter 键。系统回到【块定义】对话框，此时在【对象】选项组下方将显示"已选择 4 个对象"，如图 3.99 所示。

(5) 单击【确定】按钮，正粗糙度符号块的创建将完成。用户可执行【插入】/【块】命令，在弹出的【插入】对话框中，单击【名称】下拉列表框右侧的下拉箭头，若该列表中存在刚刚创建的块"粗糙度(正)"，则表示已创建成功。

3) 写入块

块创建成功后，只能在该图形中使用。即若此时新建一个 AutoCAD 文件，在新建的文件中将不存在刚刚所创建的"粗糙度(正)"块。为使其他任何文件都能使用刚刚创建的块，一般在创建好块后，利用 WBLOCK 命令将块保存成独立的图形文件。

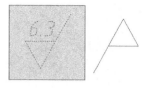

图 3.100 对象的选择

(1) 在命令行中输入命令"WBLOCK"，打开【写块】对话框，如图 3.101 所示。

(2) 选中【源】选项组中的【块】单选按钮，在【块】下拉列表中选择刚刚创建的"粗糙度(正)"，如图 3.101 所示。

(3) 在【目标】选项组的【文件名和路径】下拉列表框中选择块的存储路径，该块将以".dwg"的格式存储，如图 3.101 所示。

(4) 单击【确定】按钮，完成写块过程，在上一步的路径中将出现一个新的文件。

图 3.101 【写块】对话框

通过上述 3 个步骤，完成正粗糙度符号块的创建。重复上述步骤，完成反粗糙度符号的创建，块名称为"粗糙度(反)"。另外，用户还可以创建其他一些块，如基准符号、六角螺母等。就粗糙度符号和基准符号而言，图 3.102 所示的一些常用块基本能满足需要。

2. 块的应用

【例 3-39】创建如图 3.103 所示的粗糙度标注。

(1) 单击绘图工具栏上的 按钮，或执行【插入】/【块】命令，打开【插入】对话框。

(2) 在【名称】下拉列表中选择"粗糙度(正)"，此时右上角会出现所选块的预览图。单击【确定】按钮，回到绘图区，将粗糙度符号放置到标注对象的合适位置，如图 3.104 所示。然后，在命令行中输入所需的粗糙度值"3.2"，并按 Enter 键，结果如图 3.105 所示。重复上述步骤，完成另一个值为"12.5"的粗糙度标注，如图 3.105 所示。

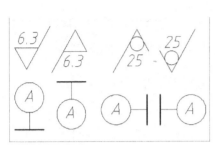

图 3.102　常用的粗糙度

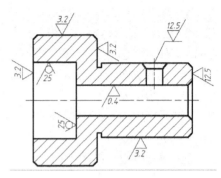

图 3.103　粗糙度标注

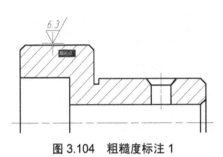

图 3.104　粗糙度标注 1

图 3.105　粗糙度标注 2

(3) 再次启动插入块命令，在打开的【插入】对话框中，选择块"粗糙度(正)"，并在【旋转】选项组中的【角度】文本框中输入"90"(在 AutoCAD 中，逆时针旋转角度为正，顺时针旋转角度为负)，然后单击【确定】按钮，继续完成左端面的粗糙度标注。同理可完成其他粗糙度标注，最后结果如图 3.103 所示。

3. 块的编辑

1) 编辑属性定义

在创建属性定义后，若双击属性定义文字则系统将弹出【编辑属性定义】对话框，用户可在该对话框中对属性定义进行修改，如图 3.106 所示。

2) 编辑块属性

若要对插入的块进行属性编辑，可执行【修改】/【对象】/【属性】/【块属性管理器】命令，打开【块属性管理器】对话框。在该对话框中，可通过单击【选择块】按钮选择需编辑的块，然后单击【编辑】按钮，如图 3.107 所示。

图 3.106　【编辑属性定义】对话框

图 3.107　【块属性管理器】对话框

系统将打开【编辑属性】对话框，该对话框包含【属性】、【文字选项】、【特性】3 个选项卡，用户可分别选择进行相应编辑。

3.4 零 件 图

3.4.1 零件图的绘制过程

用 AutoCAD 绘制机械图的过程与手工绘制零件图的过程类似，但也有个别不同之处，下面将以实例说明其具体绘制过程。

【例 3-40】绘制如图 3.108 所示的零件图，按 1∶2 的比例打印在 A4 图纸上。

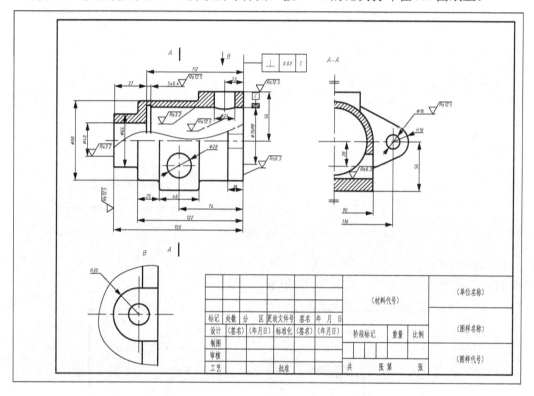

图 3.108 零件图

1. 设置绘图环境

设置绘图环境主要包括以下几个方面的内容。
(1) 设定工作区域大小。
(2) 创建图层。
(3) 打开必要的绘图辅助工具。

绘图环境的设置参考第 1 章的相关内容。

2. 绘制各个视图

绘制视图时一般先从主视图入手，然后再通过投影关系等绘制其他视图。在绘制图形时，首先绘制基准线、定位线等，然后再按先主要轮廓后局部细节的思路进行绘制。

3. 插入图框

绘图前，可绘制附带标题栏的标准图框 A0、A1、A2、A3、A4，并存储成."dwg"文件，这样在每次使用时打开该文件，将所需图框复制到当前文件中即可。用 AutoCAD 绘制图形时，一般都按图形的实际尺寸绘制，因此在插入标准图框时，要先将附带标题栏的图框放大或缩小图形比例的倒数倍。即如果图形比例为 1：2，那么图框和标题栏应放大 2 倍，这样零件图按 1:2 打印在图纸上时，标题栏和图框才能保证符合国家标准。

(1) 打开标准图框的图形文件"A4.dwg"，将图框复制到当前图形文件中，如图 3.109 所示。

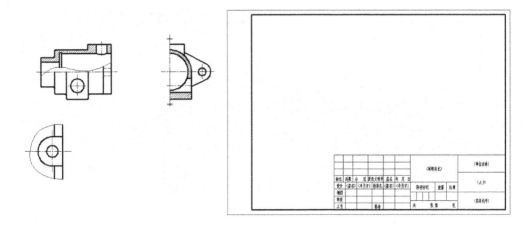

图 3.109 插入标准图框

(2) 选中图框及标题栏，利用绘图工具栏上的缩放按钮，将其放大 2 倍，并利用移动按钮将视图放入图框中，如图 3.110 所示。

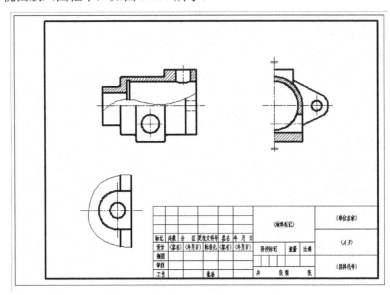

图 3.110 三视图的布置

4. 创建名为"工程文字"的文字样式和名为"工程标注"的标注样式

具体的参数设置参考本小节的相应内容,其中,标注样式里的标注全局比例因子设置为"2"(绘图比例的倒数)。

5. 标注零件尺寸

标注零件尺寸,同时通过插入块命令创建粗糙度标注,结果如图 3.111 所示。

6. 填写技术要求及标题栏

可使用多行文字编辑器来书写,参考本小节的相应内容,最后结果如图 3.111 所示。

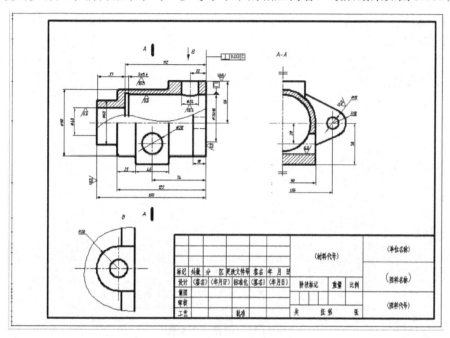

图 3.111 零件图的尺寸标注

3.4.2 样板文件的创建与使用

1. 创建和使用样板文件

每次绘制新的图形文件时,都需要先进行一些共性的设置,比如,绘图环境、图层、文字样式、尺寸样式、图框及常用块等。显然,这将给用户带来重复而烦琐的工作量,样板文件将能很好地解决这个问题。

AutoCAD 中自带有很多标准的样板文件,以".dwt"后缀存储在"Template"文件夹中。但自带的样板文件往往不能很好地满足用户的需求,用户可以根据自己的作图习惯和实际需要来创建样板文件。当用户创建新图时,就可以把样板文件的设置复制到当前图样中,使得新图样具有相同的作图环境。

【例 3-41】创建样板文件"机械制图样板.dwt"。

(1) 打开 AutoCAD 软件,建立一个新文件。

(2) 在新文件中进行以下几项内容的设置。

① 设置单位类型和精度。
② 设置图形界限。
③ 设置图层，一般应包括轮廓线层、中心线层、剖面线层、虚线层、尺寸线层。
（以上3项具体参考第1章的相关内容。）
④ 设置文字样式和标注样式(参考3.3节相关内容。)
⑤ 创建常用的块，如粗糙度符号、基准符号等。
⑥ 创建标准图框及标题栏、明细栏。

(3) 执行【文件】/【另存为】命令，打开【图形另存为】对话框。在【文件类型】下拉列表中选择"AutoCAD 图形样板(*.dwt)"，系统自动将保存路径设为安装路径下的"Template"文件夹。当然，用户也可以保存在其他路径上，如与粗糙度块、标准图框共同存储在自己新建的名为"样板文件"的文件夹中。在【文件名】下拉列表框中输入"机械制图样板"，如图3.112所示。然后单击【保存】按钮，这样一个名为"机械制图样板.dwt"样板文件就创建成功了。

图3.112 创建样板文件

图3.113 调用创建样板文件

【例3-42】使用样板文件"机械制图样板.dwt"。

样板文件的使用很简单，执行【文件】/【新建】命令后，打开【选择样板】对话框，然后选中"机械制图样板",单击【打开】按钮,如图 3.113 所示。这样,在新建的图形中拥有样板文件的所有设置。

2. 设计中心的应用

AutoCAD 带有设计中心模块,用户可以通过它把某个图形文件的图层、文字样式、尺寸样式、块等信息复制到当前绘图环境中,这个功能相当于使用了样板文件。

【例 3-43】通过【设计中心】对话框复制图层、文字样式、尺寸样式、块及表格样式。

(1) 单击工具栏上的 ![按钮],打开【设计中心】对话框。通过左边的文件夹列表可找到目标文件。如选中列表中的"AutoCAD2008"子目录,双击该子目录中的文件夹"Sample",则该文件夹中的文件将在右边窗口中显示出来,如图 3.114 所示。

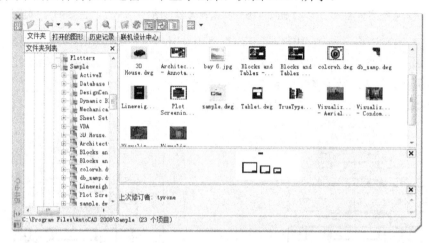

图 3.114　【设计中心】对话框

(2) 找到文件夹中的"sample.dwg"文件并双击它,将打开该文件所包含的所有设置。

(3) 双击右边窗口中的【标注样式】图标,在打开的标注样式列表中,选中"工程标注"并按住鼠标左键,移动鼠标将其拖动到当前图形中,则当前图形中即拥有了这个"工程标注"的标注样式。

(4) 用同样的方法将、图层、块、表格样式等拖入当前图形中。

3.5　装　配　图

3.5.1　由零件图组合成装配图

当绘制好机器或部件的所有零件图后,即可利用零件图来拼画装配图,这样极大地提高了效率。下面就以千斤顶的装配图为例,介绍由零件图组合成装配图的步骤。

【例 3-44】打开第 3 章习题中绘制的"螺套.dwg"、"底座.dwg"、"螺旋杆.dwg"、"顶垫.dwg"4 张零件图,将其装配成一张"千斤顶.dwg"装配图。

(1) 新建 AutoCAD 文件,文件名为"千斤顶.dwg"。

(2) 切换到图形"底座.dwg",关闭尺寸所在的图层,将底座的主视图复制到图形"千斤顶.dwg"中,如图 3.115 所示。

(3) 切换到图形"螺套.dwg",关闭尺寸所在的图层,将螺套的主视图复制到图形"千斤顶.dwg"中,如图 3.116 所示。

(4) 用旋转和移动命令将零件图装配在一起,并进行必要地编辑,如图 3.117 所示。

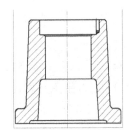
图 3.115 调入底座零件图

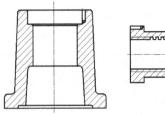
图 3.116 调入螺套零件图

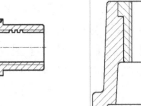
图 3.117 装配两个零件

(5) 用上述方法将零件图"螺旋杆.dwg"、"顶垫.dwg"、"绞杠.dwg"插入装配图中,并作相应的编辑。同时,将规格为"M8×12,GB/T75—1985"和"M10×12,GB/T73—1985"的螺钉按国标要求插入装配图中,结果如图 3.118 所示。

(6) 添加必要的尺寸,如图 3.119 所示。

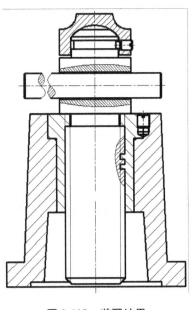
图 3.118 装配结果

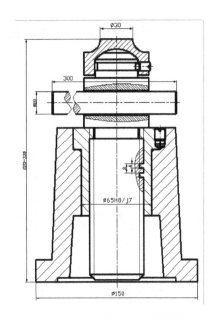
图 3.119 螺旋千斤顶装配图

3.5.2 标注零件序号

在装配图中,用多重引线(MLEADER)命令标注零件序号较为方便。

【例 3-45】为 3.5.1 节装配好的千斤顶装配图标注零件序号,完成图 3.125 所示的装配图。

(1) 打开 3.5.1 节装配好的图形"千斤顶.dwg"。

(2) 单击【多重引线】工具栏上的 按钮,打开【多重引线样式管理器】对话框。单击【修改】按钮,在弹出的对话框中对【引线结构】选项卡作如图 3.120 所示的设置。其中,【指定比例】文本框中的数值为绘图比例的倒数;对【引线格式】选项卡作如图 3.121

所示的设置；对【内容】选项卡作如图 3.122 所示的设置，其中，【基线间距】文本框中的数值表示下划线的长度。

(3) 单击【多重引线】工具栏上的 按钮，标注零件序号，结果如图 3.123 所示。

(4) 对齐零件序号。单击【多重引线】工具栏上的 按钮，选择序号 2、3、4、5、6、7，然后按 Enter 键，再选择序号 1，最后向下移动鼠标以指定对齐方向为竖直方向，单击。这样，所有序号与序号 1 竖直方向对齐，结果如图 3.124 所示。

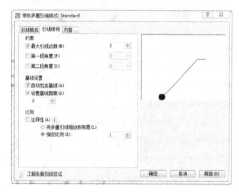

图 3.120　【引线结构】选项卡(2)

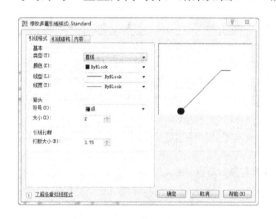

图 3.121　【引线格式】选项卡

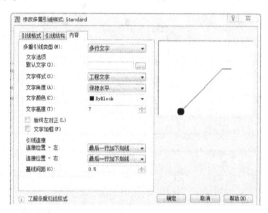

图 3.122　引线【内容】选项卡

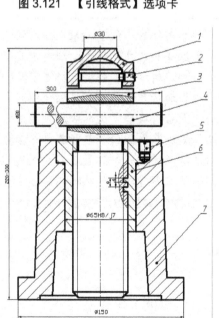

图 3.123　装配图引线标注

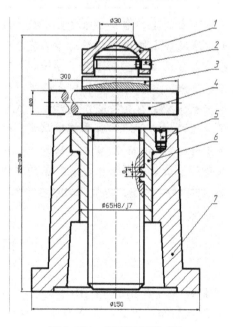

图 3.124　装配图引线对齐

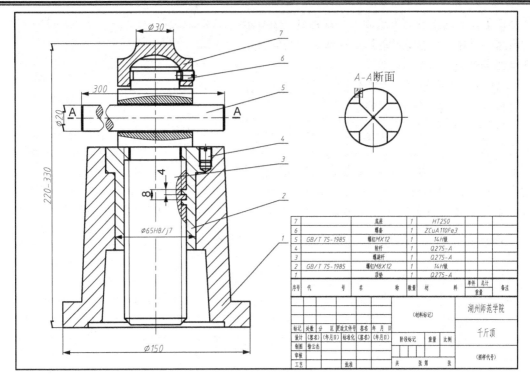

图 3.125　完整装配图

本 章 小 结

　　本章简要介绍了 AutoCAD 软件在机械设计中常用的基本设置、基本图形的绘制方法及基本操作,希望同学们能活学活用。文字注释和尺寸标注是图纸中重要的组成部分。本章首先介绍了 AutoCAD 中文本输入和编辑方式,强调其特殊字符的输入方法。之后对如何利用表格创建图纸中的明细栏和标题栏进行了详细介绍。再后重点介绍了各类型尺寸的标注方式和标注技巧。最后对块的定义和应用方法进行了较为详细的介绍。本章首先以实例的形式介绍了绘制零件图的一般步骤。然后介绍了样板文件的创建方法以及如何应用设计中心来提高绘图效率。最后以实例的形式介绍了由零件图组合成装配图的方法。并介绍了标注零件序号的技巧。

习　　题

3.1　设置对象追踪,要求能够同时追踪 20°的倍数倍的所有角度。
3.2　设置草绘模式,要求系统只能够绘制水平线和垂直线。
3.3　利用圆、直线绘制命令,按图 3.126 所示尺寸 1∶1 比例绘制图形。

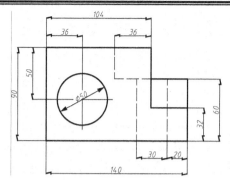

图 3.126 组合体

3.4 按照图 3.127 所示尺寸，利用圆、矩形、直线等工具 1∶1 比例绘制手柄。

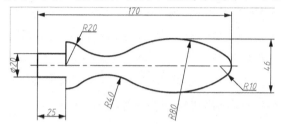

图 3.127 手柄

3.5 利用圆、圆弧、直线等绘制命令，按图 3.128 所示尺寸，1∶1 比例绘制扳手。

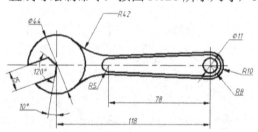

图 3.128 扳手

3.6 按照图 3.129 所示尺寸，利用圆、矩形、直线等工具 1∶1 比例绘制曲柄摇杆机构。

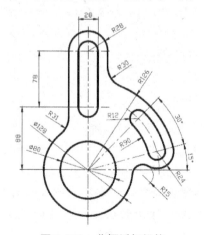

图 3.129 曲柄摇杆机构

3.7 按图 3.130 所示尺寸绘制螺旋千斤顶螺套图形,并标注尺寸。

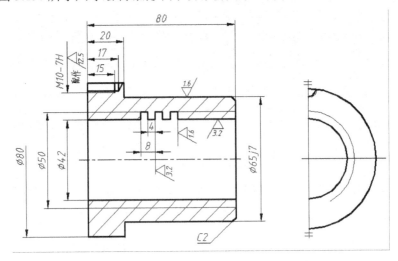

图 3.130 螺套

3.8 按图 3.131 所示尺寸绘制图形,并标注尺寸。

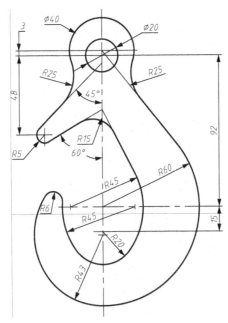

图 3.131 吊钩

(1) 按图示尺寸绘制图形,参见第 2 章内容。

(2) 创建图层,命名为"标注层"。

(3) 创建文字样式,命名为"工程文字",参见 3.1.1 节。

(4) 创建尺寸样式,命名为"工程标注",参见 3.3.1 节,将【全局比例因子】设置为"2"。

(5) 标注图形尺寸,结果如图 3.131 所示。

3.9 按图 3.132 所示尺寸绘制回转底座零件图,并标注尺寸。

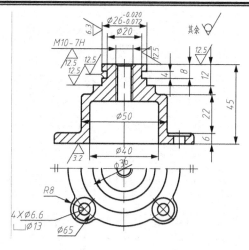

图 3.132　回转底座

3.10　按图 3.133 所示尺寸绘制螺旋千斤顶螺旋杆图，并标注尺寸。

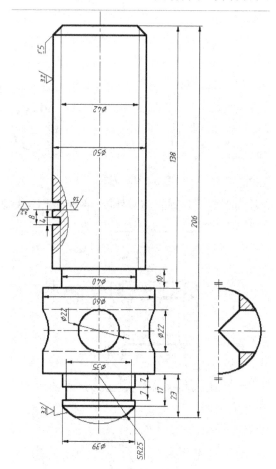

图 3.133　螺旋杆

3.11　绘制图 3.134 所示的螺旋千斤顶顶垫零件图，图幅选用 A3 幅面，绘图比例为 1∶1。

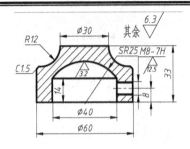

图 3.134 顶垫

3.12 绘制图 3.135 所示的轴的零件图，图幅选用 A3 幅面，绘图比例为 1∶1.5。

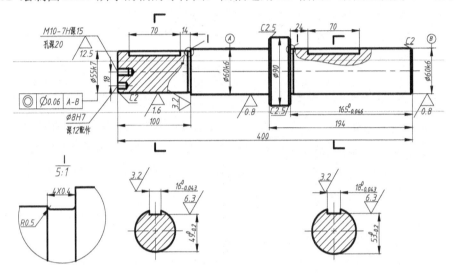

图 3.135 轴

3.13 绘制图 3.136 所示的螺旋千斤顶底座零件图，图幅选用 A3 幅面，绘图比例为 1∶1。

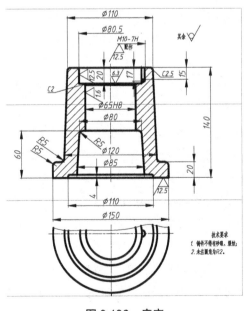

图 3.136 底座

第 4 章　Unigraphics NX 软件及其应用

本章学习目标

通过本章的学习，要求学生能够利用三维软件 UG NX 实现三维实体建模、虚拟样机装配以及工程图的绘制；熟悉软件操作界面，掌握三维实体模型的创建和编辑的常用方法和常用模块；掌握零件装配的基本方法；掌握工程图的创建和编辑方法。

本章教学要求

能力目标	知识要点	权重	自测分数
UG 操作环境的设置	首选项的设置，角色的设置	10%	
UG 零件实体建模	创建基准、草绘、添加约束、扫描特征、成型特征、实体的创建及编辑	40%	
UG 装配	创建引用集、装配约束、爆炸图的编辑	10%	
UG 工程图的绘制	工程图创建流程、基本视图和剖视图的创建、尺寸标注、工程图编辑	40%	

引例

图 4.1 所示为手机扣注塑模具设计。其采用 UG Moldwizard 进行分模，减少了计算量(如收缩率等)，将设计者从繁重的工程制图中解放出来；将型芯、型腔的设计和模架库有机地统一起来。利用 Moldflow 进行模拟分析，减少了试模、修模的次数，缩短了模具设计与制造的周期，保证制品完全填充；也可以优化模具结构，得到最优的浇口数量与位置、合理的流道系统和冷却系统，并对型腔、浇口、流道以及冷却系统等尺寸进行优化。学会 UG 实体建模及装配将趣味无穷。

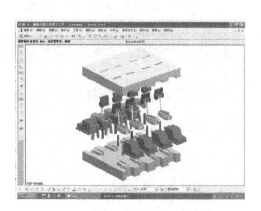

图 4.1　手机扣注塑模具设计

4.1 UG 设置及基本操作

4.1.1 常用功能模块

UG 常用的功能模块有 4 部分，分别为基本环境模块、建模模块、工程制图模块和装配模块。

1. 基本环境(Gateway)

该模块是 UG 的基本模块，是 UG 启动后自动运行的第一个模块。用于打开存档的文件、创建新文件、存储更改的文件，同时支持用户改变显示部件、分析部件、调用帮助文档、使用绘图机输出图纸、执行外部程序等。

执行【开始】/【基本环境】命令，可进入到该模块。

2. 建模(Modeling)

该模块主要用于产品部件的三维实体特征建模，是 UG 的核心模块。该模块不但能生成和编辑各种实体特征，还具有丰富的曲面建模工具，可以自由地表达设计思想，创造性地改进设计，从而获得良好的造型效果和造型速度。

执行【开始】/【建模】命令，可进入到该模块。

3. 工程制图(Drafting)

该模块可以从已经建立的三维模型自动生成平面工程图，也可以利用曲线功能绘制平面工程图。它有自动视图布置、剖视图、各向视图、局部放大图、局部剖视图、尺寸标注、形位公差、表面粗糙度符号标注、支持国家标准、标准汉字输入、视图手工编辑、装配图剖视、爆炸图和明细表自动生成等工具。

执行【开始】/【制图】命令，可进入到该模块。

4. 装配模块(Assembly Modeling)

该模块可以提供并行的自上而下和自下而上的产品开发方法，从而在装配模块中改变组件的设计模型；能够快速直接访问任何已有的组件或者子装配的设计模型，实现虚拟装配。

执行【开始】/【装配】命令，可进入到该模块。

4.1.2 操作环境

1. 操作界面

1) UG NX 的启动
启动 UG NX 的方式如下。
(1) 双击桌面上的快捷方式图标。
(2) 执行【开始】/【所有程序】/【UGS NX】/【NX】命令。
UG NX 中文版的启动画面如图 4.2 所示。

第 4 章　Unigraphics NX 软件及其应用

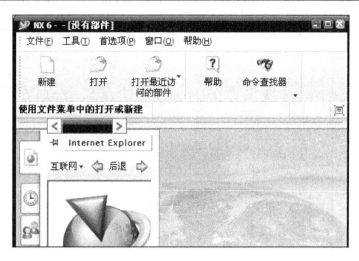

图 4.2　UG NX 中文版的启动画面

2) UG NX 的工作界面

单击图 4.2 中标准工具栏上的【新建】按钮，打开【新建】对话框，如图 4.3 所示，选择【模型】选项卡，设置【单位】为"毫米"，在合适的目录下新建一个"*.prt"文件，单击【确定】按钮，进入基本环境模块。

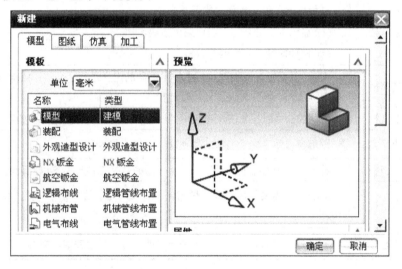

图 4.3　【新建】对话框

单击标准工具栏上的 开始 按钮右侧的小箭头，打开 UG NX 6.0 的各个应用模块。选择相关应用模块即可进入该模块。

学习和使用 UG NX 软件，一般都从建模模块开始，下面就通过建模模块的工作界面来介绍 UG NX 6.0 主工作界面的组成。

执行【开始】/【所有应用模块】/【建模】命令，系统进入建模模块，其工作界面如图 4.4 所示。该工作界面主要包括标题栏、菜单栏、工具栏、提示栏、图形窗口、资源栏、提示行、状态行，其功能见表 4-1。

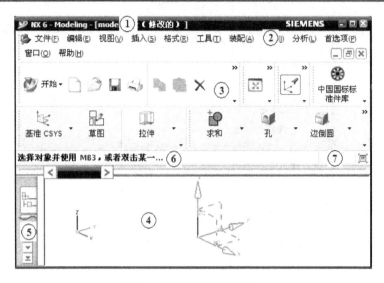

图 4.4 建模模块工作界面

表 4-1 UG 工作界面简述

序号	组成	描述
①	标题栏	显示如下关于 part 部件的信息： (1) 显示部件的名称，当前应用模块名称 (2) 部件属性及部件保存状态
②	菜单栏	NX 中的功能命令在菜单栏中按照不同的定义进行了分类，功能命令除可在工具栏中调用外，同样可在此处进行选择
③	工具栏	不同的命令按钮对应菜单栏中的一个命令，是一种更为方便的调用方式
④	图形窗口	图形窗口用于显示当前部件创建、编辑、修改过程
⑤	资源栏	整合了一定数量的显示页，通常使用的包括部件导航器以及装配导航器
⑥	提示行	对当前所需要的用户输入做出提示，根据提示信息让用户更方便地完成各会话步骤
⑦	状态行	位于提示行的右侧，显示了关于当前选择或是已完成功能的一些信息

2. 首选项设置

在日常的特征建模过程中，不同的用户会有不同的建模习惯。在 UG NX 中，用户可以通过修改设置首选项参数来达到熟悉工作环境的目的，包括利用【首选项】命令菜单来定义新对象、名称、布局和视图的显示参数，设置生成对象的图层、颜色、字体和宽度，控制对象、视图和边界的显示，更改选择对象的大小，指定选择框方式，设置成链公差和方式，以及设计和激活栅格。下面将主要介绍常用首选项参数的设置方法。

1) 对象预设置

对象预设置是指对一些模块的默认控制参数进行设置。可以设置新生成的特征对象的属性和分析新对象时的显示颜色，包括线型、线宽、颜色等参数设置。该设置不影响已有的对象属性，也不影响通过复制已有对象而生成的对象的属性。参数修改后，再绘制的对象其属性将会是参数设置对话框中所设置的属性。

(1) 执行【首选项】/【对象】命令，进入【对象首选项】对话框。
(2) 该对话框包括【常规】和【分析】两个选项卡。

2) 用户界面设置

此选项用于对用户工作界面的参数进行设置。执行【首选项】/【用户界面】命令，进入【用户界面首选项】对话框。

3) 选择预设置

执行【首选项】/【选择】命令，进入【选择首选项】预设置对话框。

3．可视化

该选项用于设置图形窗口的显示属性。

执行【首选项】/【可视化】命令，进入【可视化首选项】对话框。

该对话框包括 7 个选项卡，经常需要预设置的选项卡有 3 个，即【颜色设置】、【视觉】、【小平面化】。

4．调色板预设置

该选项用于修改或设置视图区背景和当前颜色。

(1) 执行【首选项】/【调色板】命令，进入【颜色】对话框。
(2) 单击【颜色】选项卡中的【编辑背景】按钮，弹出【编辑背景】对话框。

5．栅格和工作平面预设置

栅格和工作平面预设置是指在 WCS 平面的 XC-YC 平面内生成一个方形或圆形的栅格点。这些栅格点只是在显示上存在，在建模时可利用光标捕捉这些栅格点来定位。

执行【首选项】/【栅格和工作平面】命令，进入【栅格和工作平面首选项】对话框。可利用该对话框设置【图形窗口】栅格和【突出工作平面】模式的参数。

系统提供了 3 种选择栅格类型，分别为【矩形均匀】、【矩形非均匀】和【极坐标】。

6．角色设置

运用【角色】功能，可最大程度地简化 NX 的用户界面。此时，菜单栏以及工具栏中将仅列出对用户必要的一些操作功能。

在资源栏中单击【角色】按钮进入【角色】对话框。

当初次使用 NX 时，系统默认的使用角色是【基本功能(推荐)】。基本功能包含了一系列基本的常用功能，通常能够较好地满足新手及非经常使用者的需求。高级角色功能则提供了更丰富的工具选项。

1) 加载不同的角色

如果读者在早期版本的 NX 中曾创建过自定义角色，那么在 NX 6 中将仍可继续调用。

打开自定义对话框：执行【工具】/【定制】命令，选择【角色】选项卡，单击【加载】按钮后选择*.mtx 文件。

早期版本中的自定义角色将在 NX 6 中以 user.mtx 的形式保存下来，从而允许将用于先前版本的自定义角色应用于当前版本中。

2) 自定义角色

角色文件夹下包含了 NX 预定义的一些角色，但用户也可以创建自定义角色。

用户可以根据不同工作需求针对性地建立多个不同角色，自定义角色将以用户定义的角色名称保存关于菜单、工具栏的内容设置。

4.2 UG 零件实体建模

4.2.1 实体建模综述

UG 实体建模是基于特征的参数化系统，具有交互创建和编辑复杂实体模型的能力，能够帮助用户快速进行概念设计和细节结构设计。另外，系统还将保留每步的设计信息，与传统基于线框和实体的 CAD 系统相比，具有特征识别的编辑功能。本小节主要介绍三维实体模型的创建和编辑。

1. 实体建模优点

UG 实体建模通过拉伸、旋转、扫描等建模方法，并辅之以布尔运算，使用户既可以进行参数化建模，又可以方便地使用非参数方法生成三维模型。另外，还可以对部分参数化或非参数化模型再进行二次编辑，以方便生成复杂机械零件的实体模型，具体有以下优点。

(1) UG 实体建模充分继承了传统意义上的线、面、体造型特点及长处，能够方便迅速地创建二维和三维线实体模型。而且还可以通过其他特征操作和特征编辑模块对实体进行各种操作和编辑，将复杂的实体造型大大简化。

(2) UG 实体建模能够保持原有的关联性，可以引用到二维工程图、装配、加工、机构分析和有限元分析中。

(3) UG 实体建模提供了概念设计和细节设计，提高了创新设计能力。

(4) UG 实体建模具备对象显示和面向对象交互技术，不仅显示效果明晰，而且可以改进设计进度。

(5) UG 实体建模采用主模型设计方法，驱动后续应用，如工程制图、加工等，实现并行工程。主模型修改后，其他应用自动更新，避免重复。

(6) UG 实体建模可以进行测量和简单物理特性分析。

2. 术语

UG NX 6.0 实体建模中，通常会使用一些专业的术语，了解和掌握这些术语是用户实体建模的基本需要，这些术语通常用来简化表述，另外便于与相似的概念相区别。UG 实体建模中主要涉及以下几个常用的术语。

(1) 几何物体、对象：UG 环境下所有的几何体均为几何物体、对象，包括点、线、面和三维图形。

(2) 特征：指所有构成实体、片体的参数化元素，包括体素特征、扫描特征和设计特征等。

(3) 实体：指封闭的边和面的集合。
(4) 片体：一般是指一个或多个不封闭的表面。
(5) 体：实体和片体总称，一般是指创建的三维模型。
(6) 面：边围成的区域。
(7) 引导线：用来定义扫描路径的曲线。
(8) 目标体：是指需要与其他实体运算的实体。
(9) 工具体：是指用来修改目标体的实体。

3. 模板

在新建部件文件前，首先可以选择一个模板，模板包含了相关环境或系统设置。一个应用模板创建的部件将继承所有模板中提供的系统环境设置。

在【新建】对话框中选择需要使用的模板文件，包括模型、图纸、仿真或是加工。
(1) 模型：包含了不同的内容，不同模板对应的启动的应用模块也不同。
(2) 图纸：启动制图应用模块，其中一些将运用主模型方式创建装配体工程图纸。
(3) 仿真：启动仿真或是 FEM 应用模块。
(4) 加工：帮助用户创建 CAM 表达设置，或是通用设置，或是仅生成一个毛胚。

NX 将以模板类型默认地生成新建部件的文件名及其保存路径。如果用户不希望使用默认命名及保存设置，那么可以在【新建】对话框中就加以指定，也可在第一次保存时进行指定。

选定了模板完成新建后，NX 就将启动与模板相对应的应用模块。

4. 保存选项

当部件进行更改后，文字"修改的"将在标题栏被注释标出，表示部件已被修改，但尚未被保存。

当部件被保存后，状态栏将显示"部件文件已保存"，同时标题栏中的"修改的"标识也将消失。

执行【文件】/【另存为】命令，用户可将当前部件以不同文件名及保存路径进行保存，当选择了【另存为】命令后，将弹出对话框询问具体保存路径及文件名。

定义的文件名及路径必须与当前文件路径及文件名不同。若指定的文件名已存在，那么系统将弹出错误窗口报错。

注意： 执行【文件】/【全部保存】命令可以实现保存所有已打开(加载)的部件文件。

5. 建模首选项

在建模前，用户一般根据要求使用【建模首选项】对话框设定建模参数和特性，包括距离、角度、密度、密度单位和曲面网格等参数。在大多数情况下，一旦定义了首选项，以后创建的对象便会使用该默认设置。

执行【首选项】/【建模】命令，进入【建模首选项】对话框。该对话框包括4个选项卡，读者应着重掌握【常规】选项卡。

6. 基准 CSYS 类型

基准 CSYS 对话框中有以下几种类型。
(1) ![图标] 动态：可以手动拖动坐标系到任何位置和任何角度。

(2) ![图标] 自动判断：能让 NX 根据所选择的对象选择位置。

(3) ![图标] 原点-X 点-Y 点：通过指定原点、X 和 Y 方向的点来定义基准 CSYS 的位置。

(4) 三平面：通过选择 3 个平面对象，定位基准坐标系位置，所选 3 个平面的法向量用于定义左边系的 3 个坐标轴。

(5) ![图标] X 轴-Y 轴-原点：通过指定原点、X 轴和 Y 轴来控制基准 CSYS 的位置。

(6) Z 轴-X 轴-原点和 Z 轴-Y 轴-原点的工作方式也类似。

(7) 绝对 CSYS 可以通过绝对坐标系创建基准 CSYS。

(8) 当前视图的 CSYS 根据当前视图创建基准 CSYS。

(9) ![图标] 偏置 CSYS：偏置已建的基准 CSYS，创建新的基准 CSYS，需要选择已建的基准 CSYS 并输入平移和旋转值。

7. 创建基准特征

基准平面 ![图标] 和基准轴 ![图标] 作为参考几何体，在创建模型时是两个非常有用的特征。

在建模时，首先创建一个基准坐标系是个非常好的习惯，在创建其他特征时，基准坐标系非常有用。可以在模型上创建基准坐标系，也可以偏置当前坐标系，或与已建的几何体相关联。

基准坐标系主要有以下应用。

(1) 可以创建一组正交轴和面。

(2) 定义草图的放置面。

(3) 约束草图或放置特征。

(4) 创建特征时定义矢量方向。

(5) 通过平移或旋转参数重新定位模型空间的位置。

8. 创建基准平面

基准平面是实体建模中经常使用的辅助平面，通过使用基准平面可以在非平面上方便地创建特征，或为草图提供草图工作平面位置。如借助基准平面，可在圆柱面、圆锥面、球面等不易创建特征的表面上方便地创建孔、键槽等复杂形状的特征。基准平面分为相对平面基准平面和固定基准平面两种，下面介绍其含义。

1) 相对基准平面

根据模型中的其他对象而创建，可使用曲线、面、边缘、点及其他基准作为基准平面的参考对象。与模型中其他对象(如曲线、面或其他基平面)关联，并受其关联对象约束。

建模时应尽量使用相对基准面和基准轴，因为相对基准是与已有的实体或基准相关，可以随时编辑。

2) 固定基准平面

没有关联对象，即根据坐标(WCS)创建，不受其他对象的约束。可使用任意相对基准平面，取消选择【基准平面】对话框中的【关联】复选框可创建固定基准平面。用户还可根据 WCS 和绝对坐标系并通过使用方程中的系数，使用一些特殊方法创建固定基准平面。

9. 编辑基准平面

执行【插入】/【基准/点】/【基准平面】命令，打开【基准平面】对话框，创建基准平面，如图 4.5 所示。

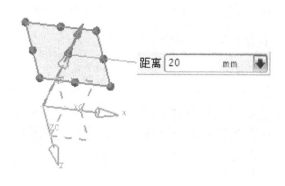

图 4.5 以 XC-ZC 平面为参考创建基准平面

编辑基准平面主要是指对于定义基准平面的对象和参数进行编辑。编辑基准平面操作可以在创建基准平面过程中进行，也可以在创建后进行编辑。下面具体介绍两种编辑方法。

(1) 编辑正在创建的基准平面：在没有单击【应用】按钮创建基准平面前，可对定义的基准平面进行编辑。当按住 Shift 键并用鼠标再次定义对象时，可将该对象移除，之后根据需要选择新的定义对象。

(2) 编辑已经创建的基准平面：对于已经创建的基准平面，可以用鼠标双击要编辑的基准平面，在弹出的【基准平面】对话框中对已下定义的对象和参数进行编辑。

10. 创建基准轴

基准轴是一条用作其他特征参考的中心线，分为相对基准轴和固定基准轴。固定基准轴没有任何参考，是绝对的，不受其他对象约束；相对基准轴与模型中其他对象(例如曲线、平面或其他基准等)关联，并受其关联对象约束，是相对的。实体建模过程中一般选择相对基准轴，原因在创建基准平面时已经介绍过，这里不再介绍。

执行【插入】/【基准/点】/【基准轴】(或者单击【特征操作】工具栏中的【基准轴】按钮)命令，打开【基准轴】对话框，创建基准轴，如图 4.6 所示。

 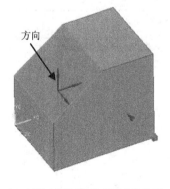 

(a)【基准轴】对话框　　　　(b) 利用"点和方向"创建基准轴图　　　(c) 利用"两点"创建基准轴

图 4.6 创建基准轴

11. 编辑基准轴

编辑基准轴与编辑基准平面类似,可以参照编辑基准平面的方法,这里不再介绍。

4.2.2 创建草图

创建草图是指在用户指定的平面上创建点、线等二维图形的过程。草图功能是 UG 特征建模的一个重要方法,比较适用于截面较复杂的特征建模。一般情况下,用户的三维建模都是从创建草图开始的,即先利用草图功能创建出特征的大概形状,再利用草图的几何和尺寸约束功能精确设置草图的形状和尺寸。绘制草图完成后即可利用拉伸、回转或扫掠等功能,创建与草图关联的实体特征。用户可以对草图的几何约束和尺寸约束进行修改,从而快速更新模型。

本小节主要介绍在 UG NX 中创建草图的方法,其中包括约束和定位、操作、管理和编辑草图,最后举例说明创建草图的步骤。

1. 草图基本环境

在创建草图前,通常根据用户需要,需对草图基本参数进行重新设置。下面主要介绍草图基本参数设置方法及草图工作界面情况。

1) 基本参数预设置

为了更准确有效地创建草图,需要对草图文本高度、原点、尺寸和默认前缀等基本参数进行编辑设置。

执行【首选项】/【草图】命令,打开【草图首选项】对话框,该对话框包括【草图样式】、【会话设置】和【部件设置】3 个选项卡。

2) 草图工作平面

草图工作平面是用于草图创建、约束和定位、编辑等操作的平面,是创建草图的基础。

执行【插入】/【草图】命令(或单击【特征】工具栏中的【草图】按钮),系统将弹出草图工作界面,如图 4.7 所示。

图 4.7 草图工作界面

2. 创建草图的一般步骤

当需要参数化地控制曲线或通过建立标准几个特征无法满足设计需要时，通常需创建草图。草图创建过程因人而异，下面介绍其一般的操作步骤。

(1) 设置工作图层，即草图所在的图层。如果在进入草图工作界面前未进行工作图层设置，则一旦进行草图工作界面，一般很难进行工作图层的设置。可在退出草图界面后，通过"移动到图层"功能将草图对象移到指定的图层。

(2) 检查或修改草图参数预设置。

(3) 进入草图界面。执行【插入】/【草图】命令，进入草图工作界面。在草图生成器工具栏的"草图名"文本框中，系统会自动命名该草图名。用户也可以为了方便管理将系统自动命名编辑修改为其他名称。

(4) 设置草图附着平面。利用草图对话框指定草图附着平面。指定草图平面后，一般情况下，系统将自动转正到草图附着平面，用户也可以根据需要重新定义草图的视图方向。

(5) 创建草图对象。

(6) 添加约束条件，包括尺寸约束和几何约束。

(7) 单击【完成草图】按钮，退出草图环境。

3. 创建草图对象

创建草图几何对象是指在草图平面上创建基本的几何元素，为三维建模或后续的编辑特征提供参数依据。下面介绍几种常用草图几何对象的创建方法。

1) 基本几何体

基本几何体包括直线、圆弧、圆。这些几何体都具有比较简单的特征形状，通常利用几个简单的参数便可以创建。创建工具条如图 4.8 所示。

   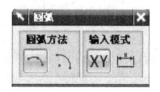   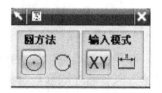

(a)【直线】工具栏　　　　(b)【圆弧】工具栏　　　　(c)【圆】工具栏

图 4.8　创建工具条

2) 派生直线

该选项是指由选定的一条或多条直线派生出其他直线。利用此选项可以对草图曲线进行偏置操作，可以在两平行线中间生成一条与两条平行线平行的直线，也可以创建两条不平行直线的角平分线，执行【插入】/【来自曲线集的曲线】/【派生直线】命令，进入派生界面。

(1) 偏置直线：选择需偏置的直线，输入偏置距离，如图 4.9(a)所示。

(2) 创建两条平行线中间的平行线：选择两平行直线，自动生成中间平行线，如图 4.9(b)所示。

(3) 创建两不平行直线之间的角平分线：选择两个不平行直线，自动生成角平分线，如图 4.9(c)所示。

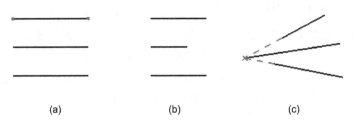

图 4.9 创建派生线

3) 快速修剪

该选项用于修剪草图对象中由交点确定的最小单位曲线。可通过单击并进行拖动来修剪多条曲线，也可通过将光标移到要修剪的曲线上来预览将要修剪的曲线部分。

单击草图工具栏中的【快速修剪】按钮，进入图 4.10 所示的【快速修剪】对话框。

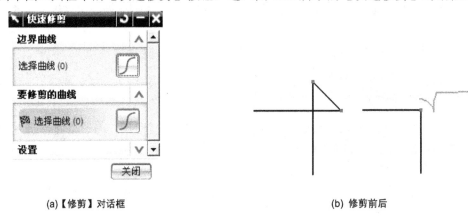

(a)【修剪】对话框　　　　　　　　　(b) 修剪前后

图 4.10 快速修剪

4) 快速延伸

使用该选项可以将曲线延伸到它与另一条曲线的实际交点或虚拟交点处。要延伸多条曲线，只需将光标拖到目标曲线上即可。

单击草图工具栏中的【快速延伸】按钮，进入图 4.11 所示的【快速延伸】对话框。

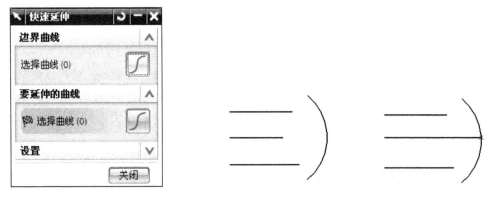

(a)【快速延伸】对话框　　　　　　　　　(b) 延伸前后

图 4.11 快速延伸

5) 制作拐角

该选项是指通过将两条输入曲线延伸或修剪到一个交点处来制作拐角。

单击【草图工具】栏中的【制作拐角】按钮,进入图 4.12 所示的【制作拐角】对话框。

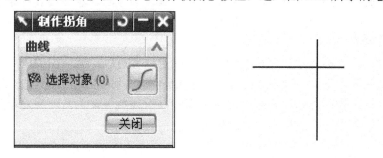

(a)【制作拐角】对话框　　　(b) 制作拐角前后

图 4.12　制作拐角

6) 圆角

该选项是指在草图中的两条或 3 条曲线之间创建圆角。单击【草图曲线】工具栏中的【圆角】按钮,图 4.13 所示为创建圆角的过程。

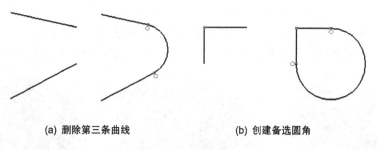

(a) 删除第三条曲线　　　(b) 创建备选圆角

图 4.13　创建圆角

7) 椭圆

执行【插入】/【曲线】/【椭圆】命令(或单击【草图工具】工具栏中【椭圆】按钮),进入如图 4.14 所示的【椭圆】对话框。

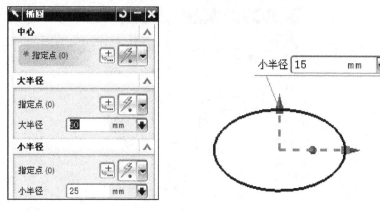

图 4.14　创建椭圆对话框

4. 草图定位和约束

创建完草图几何对象后,需要对其进行精确约束和定位。通过草图约束可以控制草图对象的形状和大小,通过草图定位可以确定草图与实体边、参考面、基准轴等对象之间的位置关系。下面主要介绍草图的约束和定位功能。

1) 草图点与自由度

草图工作界面的分析点称为草图点,控制这些草图点位置可以控制草图曲线,不同类型的草图曲线相关的草图点不同,如图 4.15 所示。就像线段等的端点处出现一些互相垂直的黄色箭头,它就表示了哪些自由度没有被限制,而没有出现黄色箭头,那就表示此对象已被约束,当草图对象全部被约束后,自由度的符号会完全消失。

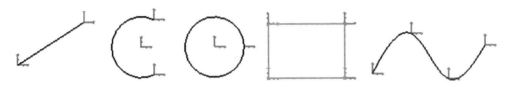

图 4.15 草图点

2) 重新附着草图

草图重新附着功能是指将在一个表面上建立的草图移到另一个不同方位的基准平面、实体表面或片体表面,实现改变草图的附着平面,附着过程如图 4.16 所示。

单击【草图重新附着】按钮,弹出图 4.17 所示的【重新附着草图】对话框。

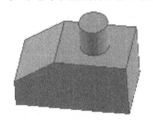 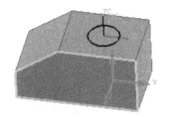 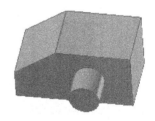

(a) 模型特征　　　　　　(b) 选择草图新附着面　　　　　(c) 生成重新附着草图

图 4.16 草图重新附着过程

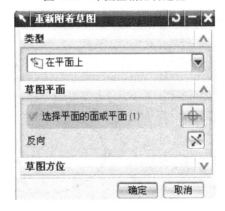

图 4.17 【重新附着草图】对话框

3) 尺寸约束

尺寸约束用于控制一个草图对象的尺寸或两个对象间的关系，相当于对草图对象的尺寸标注。与尺寸标注不同之处在于尺寸约束可以驱动草图对象的尺寸，即根据给定尺寸驱动、限制和约束草图对象的形状和大小。

执行【插入】/【尺寸】/【自动判断】命令(或单击【草图约束】工具栏中【自动判断】按钮)，弹出如图 4.18(a)所示的【尺寸】工具栏。在该对话框中单击按钮，弹出【尺寸】对话框，如图 4.18(b)所示。

(a)【尺寸】工具栏

(b)【尺寸】对话框

图 4.18　尺寸约束对话框

4) 几何约束

几何约束用于定位草图对象和确定草图对象之间的相互几何关系，分为约束和自动约束两种方法。

单击【草图约束】工具栏中的【约束】按钮，此时选取视图区需创建几何约束的对象后，即可进行有关的几何约束，或执行【工具】/【约束】/【自动约束】命令，弹出如图 4.19 所示的对话框，进行相关操作。

 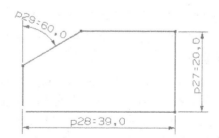

图 4.19　自动约束

在 UG 中，系统提供了 20 种类型的几何约束。根据不同的草图对象，可添加不同的几何约束分别进行介绍。

图 4.20 【显示/删除约束】对话框

5) 显示/移除约束

该选项用于查看草图几何对象的约束类型和约束信息,也可以完全删除对草图对象的几何约束限制。

单击草图约束工具栏中的【显示/移除约束】按钮,进入图 4.20 所示的【显示/移除约束】对话框,进行相关操作。

6) 转换至/自参考对象

该选项是指将草图中的曲线或尺寸转换为参考对象,也可以将参考对象转换为正常的曲线或尺寸。有时在为草图对象添加几何约束和尺寸约束的过程中,有些草图对象和尺寸可能引起约束冲突,此时可以使用该选项来解决这个问题。

单击草图约束工具栏中的【转换至/自参考对象】按钮,进入【转换至/自参考对象】对话框,如图 4.21 所示,在对话框中再做相应设置。

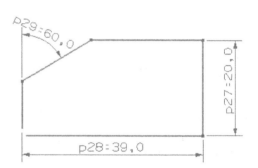

图 4.21 转换至/自参考对象设置

5. 草图操作

上面介绍了草图的定位和约束功能,下面来介绍草图的操作功能,包括镜像曲线、偏置曲线、添加现有的曲线和投影曲线等操作功能。

1) 镜像曲线

镜像曲线是指将草图几何对象以指定的一条直线为对称中心线,镜像复制成新的草图对象。镜像的对象与原对象形成一个整体,并且保持相关性。

在草图工作界面下,执行【插入】/【镜像曲线】命令(或单击【草图操作】工具栏中的【镜像曲线】按钮),进入【镜像曲线】对话框,如图 4.22(a)所示。

用户可以在绘图工作区选择镜像中心线和需要镜像的草图对象,此时所选的镜像中心线变为参考对象并显示成浅色。单击【确定】按钮,则系统会将所选的草图几何对象按指定的镜像中心线进行镜像复制,如图 4.22(b)所示。

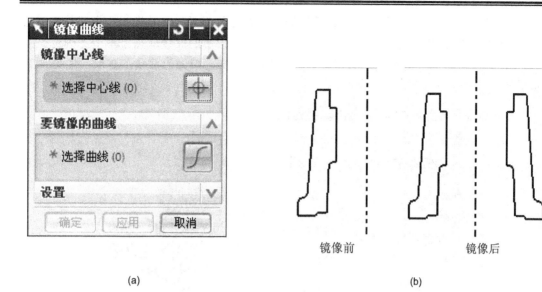

图 4.22　镜像曲线

2) 偏置曲线

偏置曲线是指对草图平面内的曲线或曲线链进行偏置，并对偏置生成的曲线与原曲线进行约束。偏置曲线与原曲线具有关联性，即对原曲线进行编辑修改，所偏置的曲线也会自动更新。

在【草图】工作界面下，执行【插入】/【偏置曲线】命令(或单击【草图操作】工具栏中【偏置曲线】按钮)，进入【偏置曲线】对话框进行相关操作，如图 4.23 所示。

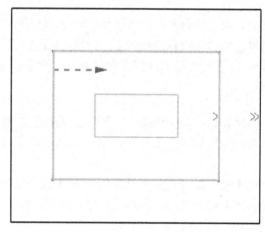

图 4.23　偏置曲线

利用该对话框，用户可以在【距离】文本框内设置偏置的距离。然后单击需偏置的曲线，系统会自动预览偏置结果。如有必要，单击【反向】按钮，可以使偏置方向反向。

3) 投影曲线

投影曲线是指将能够抽取的对象(关联和非关联曲线和点或捕捉点，包括直线的端点以及圆弧和圆的中心)沿垂直于草图平面的方向投影到草图平面上。

在草图工作界面下,执行【插入】/【投影曲线】命令(或单击【草图操作】工具栏中的【投影曲线】按钮),进入【投影曲线】对话框。选择要投影的曲线或点,单击【确定】按钮,系统将曲线从选定的曲线、面或边上投影到草图平面,成为当前草图对象,如图 4.24 所示。

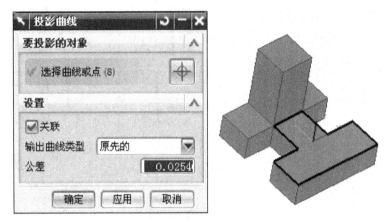

图 4.24　投影曲线

4.2.3　扫描特征

扫描特征包括拉伸体、回转体、沿轨迹扫掠体和管道等特征。其特点是创建的特征与截面曲线或引导线是相互关联的,当其用到的曲线或引导线发生变化时,生成的扫描特征也将随之变化。下面具体介绍几个常用的扫描特征。

1. 拉伸

拉伸是将实体表面、实体边缘、曲线、链接曲线或者片体通过拉伸生成实体或者片体。创建拉伸体,执行【插入】/【设计特征】/【拉伸】命令(或单击【特征】工具栏中的拉伸按钮),进入如图 4.25 所示的【拉伸】对话框进行相应操作。

2. 回转

回转操作与拉伸操作类似,不同之处在于使用此命令可使截面曲线绕指定轴回转一个非零角度,以此创建一个特征,也可以从一个基本横截面开始,生成回转特征或部分回转特征。

执行【插入】/【设计特征】/【回转】命令(或单击【特征】工具栏中的【回转】按钮),进入【回转】对话框。选择曲线和指定矢量,如图 4.26 所示,并设置回转参数。最后单击【确定】按钮完成回转体的创建。

3. 沿引导线扫掠

沿引导线扫掠与前面介绍的拉伸和回转类似,也是将一个截面图形沿引导线运动来创造实体特征。此选项允许用户通过沿着由一个或一系列曲线、边或面构成的引导线串(路径)拉伸开放的或封闭的边界草图、曲线、边缘或面来创建单个实体。该工具在创建扫描特征时应用非常广泛和灵活。

第4章 Unigraphics NX 软件及其应用

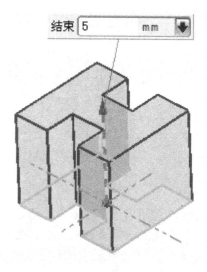

图 4.25 拉伸

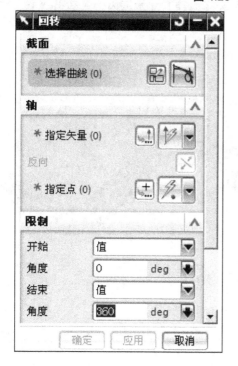

图 4.26 回转

执行【插入】/【扫掠】/【沿引导线扫掠】命令(或单击【特征】工具栏中的【沿引导线扫掠】按钮),进入【沿轨迹扫掠】对话框,并选择如图 4.27 所示的截面曲线和引导线进行相应操作。

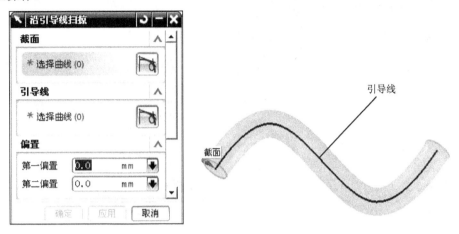

图 4.27　沿引导线扫掠

4. 管道

管道是指通过沿着一个或多个相切连续的曲线或边扫掠一个圆形横截面来创建单个实体。用户可以使用此选项来创建线捆、线束、管道、电缆或管道等模型。

执行【插入】/【扫掠】/【管道】命令(或单击【特征】工具栏中的【管道】按钮),进入【管道】对话框,如图 4.28 所示。

指定如图 4.28 所示的曲线,在【外径】和【内径】文本框内输入数值"3"、"0",并单击【确定】按钮,完成管道的创建。

 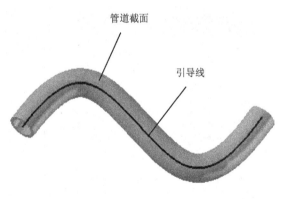

图 4.28　管道

4.2.4　成型特征

通过 CAD 建模生成简单的实体模型后,可以通过成型特征创建孔、凸台、刀槽等细部特征。下面分别介绍几种常用的成型特征的方法。

1. 孔

孔特征是指在实体模型中去除部分实体，此实体可以是长方体、圆柱体或圆锥体等。通常在创建螺纹孔的底孔时使用。

执行【插入】/【设计特征】/【孔】命令(或单击【特征】工具栏中【孔】按钮)，进入图 4.29 所示的【孔】对话框。

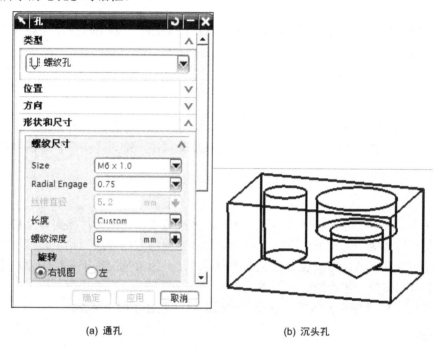

(a) 通孔　　　　　　　　　　(b) 沉头孔

图 4.29 【孔】特征创建对话框

2. 凸台

凸台特征与孔特征类似，区别在于生成方式和孔的生成方式相反。凸台是在指定实体面的外表面生成实体，而孔则是在定实体面内部去除指定的实体，其操作方法与孔的操作相似，这里不再叙述。

执行【插入】/【设计特征】/【凸台】命令(或单击【特征】工具栏中【凸台】按钮)，进入【凸台】对话框，单击【确定】按钮后会弹出【定位】对话框，如图 4.30 所示。

图 4.30　凸台

3. 腔体

型腔是创建于实体或者片体上的,其类型包括圆柱形型腔、矩形型腔和常规型腔。

执行【特征】/【腔体】命令,进入【腔体】对话框。

此对话框中提供了 3 种类型选项,各选项的操作基本类似,此处以圆柱形腔体为例简单介绍其创建步骤。

(1) 选中【腔体】对话框中的腔体类型。
(2) 在【腔体直径】、【深度】、【底部面半径】和【拔锥角】文本框分别输入数值,指定一个参考面。
(3) 指定"圆柱形腔体"的位置或单击【确定】按钮,完成圆柱形腔体的创建。

4. 凸垫

凸垫的生成原理与前面介绍的类似,都是向实体模型的外表面增加实体形成的特征。

创建凸垫时,单击【特征】工具栏中的【凸垫】按钮,进入【凸垫】对话框进行相关操作即可。

5. 键槽

键槽是指创建一个直槽的通道穿透实体或通到实体内,在当前目标实体上自动执行求差操作。所有键槽类型的深度值均按垂直于平面放置面的方向测量。此工具可以满足建模过程中各种键槽的创建。键槽在机械工程中应用广泛,通常情况用于各种轴类、齿轮等产品上,起到轴向定位和传递扭矩的作用。

执行【特征】/【键槽】按钮,进入【键槽】对话框进行相关操作。

6. 沟槽

沟槽用于用户在实圆柱形或圆锥形面上创建一个槽,就好像一个成形工具在旋转部件上向内(从外部定位面)或向外(从内部定位面)移动,如同车削操作。沟槽在选择该面的位置(选择点)附近创建并自动连接到选定的面上。

执行【特征】/【剖口焊】命令,进入【割槽】对话框进行相关操作。

4.2.5 特征操作

特征操作是对已创建特征模型进行局部修改,从而对模型进行细化,即在特征建模的基础上增加一些细节的表现,因此有时也叫细节特征。通过特征操作,可以用简单的特征创建比较复杂的特征实体。常用的特征操作有拔模、倒圆角、倒斜角、镜像、阵列、螺纹、抽壳、修剪和拆分等,下面分别介绍。

1. 拔模

拔模是将指定特征模型的表面或边沿指定的方向倾斜一定的角度。该操作通常广泛应用于机械零件的铸造工艺和特殊型面的产品设计中,可以应用于同一个实体上的一个或多个要修改的面和边。

执行【插入】/【细节特征】/【拔模】命令(或单击【特征操作】工具栏中的【草图】按钮),进入【拔模】对话框进行相关操作,如图 4.31 所示。

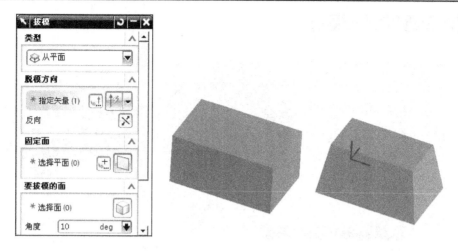

图 4.31　拔模

2. 倒圆角

倒圆角是为了零件方便安装、避免划伤和防止应力集中，采取在零件设计过程中对其边或面进行倒圆角操作，该特征操作在工程设计中应用广泛。

单击【边倒圆】按钮，弹出图 4.32 所示的【边倒圆】对话框进行相关操作。

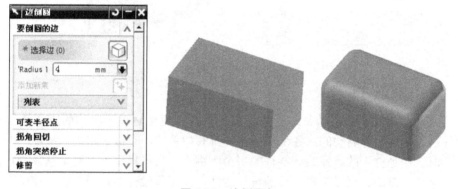

图 4.32　边倒圆角

3. 倒斜角

倒斜角是指对已存在的实体沿指定的边进行倒角操作，又称为倒角或去角特征。在产品设计中使用广泛，通常当产品的边或棱角过于尖锐时，为避免造成擦伤，需要对其进行必要的修剪，即可执行倒斜角操作。

执行【插入】/【细节特征】/【倒斜角】命令(或单击【特征操作】工具栏中的【倒斜角】按钮)，进入图 4.33 所示的【倒斜角】对话框进行相关操作。

4. 抽壳

抽壳是指按照指定的厚度将实体模型抽空为腔体或在其四周创建壳体，可以指定个别不同的厚度到表面并移去个别表面

执行【插入】/【偏置/缩放】/【抽壳】命令(或单击【特征操作】工具栏中的【抽壳】按钮)，进入图 4.34 所示的【壳单元】对话框进行相关操作。

图 4.33 倒斜角

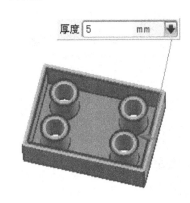

图 4.34 抽壳

5. 实例特征

实例特征是指根据已有特征进行阵列复制操作，避免对单一实体的重复性操作。因 UG 软件是通过参数化驱动的，各个实例特征具有相关性，类似于副本，编辑一个实例特征的参数时，则那些更改将反映到特征的每个实例上。故该操作可以避免重复操作，更重要的一点是便于修改，可以节省大量的设计时间，在工程设计中使用广泛。使用实例特征操作可以快速地创建特征，例如螺孔圆。另外创建许多相似特征，并用一个步骤就可将它们添加到模型中。

执行【插入】/【关联复制】/【实例特征】命令(或单击【特征操作】工具栏中的【实力特征】按钮)，进入图 4.35 所示的【实例】对话框进行相关操作(阵列特征前需做布尔和运算)。

图 4.35 实例特征

6. 螺纹

螺纹是指对孔或圆柱体表面创建螺纹特征，可以创建符号螺纹和详细螺纹。螺纹在机械工程中使用广泛，主要起到连接或传递动力等功能。

执行【插入】/【设计特征】/【螺纹】命令(或单击【特征操作】工具栏中的【螺纹】按钮)，进入【螺纹】对话框进行相关操作。螺纹创建分详细与符号两种，如图4.36、图4.37所示。

(a) 延伸效果示意　　(b) 不延伸效果示意

图4.36　详细螺纹创建

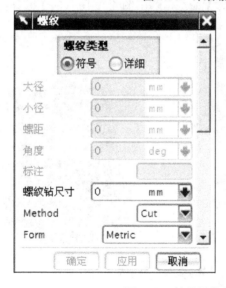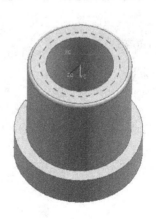

图4.37　符号螺纹创建对话框

7. 修剪体

修剪体用于使用一个平面或基准平面去切除一个或多个目标体。选择要保留的体的一部分，并且被修剪的体具有修剪几何体的形状。其中，修剪的实体和用来修剪的基准面或平面相关，实体修剪后仍然是参数化实体，并保留实体创建时的所有参数。

执行【插入】/【修剪】/【修剪体】命令(或单击【特征操作】工具栏中的【修剪】按钮)，进入【修剪体】对话框进行相应操作，如图 4.38 所示。

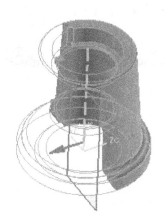

图 4.38　修剪体

8. 拆分

拆分操作是使用面、基准平面或其他几何体将一个或多个目标体分割成两个实体，同时保留两部分实体。拆分操作将删除实体原有的全部参数，得到的实体为非参数实体。拆分实体后实体中的参数将全部移除，同时工程图中剖视图中的信息也会丢失，因此应谨慎使用。当第一次选择该图标时会显示警告提示。

在【特征操作】工具栏中单击【拆分体】命令，弹出图 4.39 所示的【拆分体】对话框，并进行相关操作。

图 4.39　【拆分体】对话框及图样

9. 镜像特征

该选项用于将选定的特征通过基准平面或平面生成对称的特征。在 UG 建模中使用广泛，可以提高建模效率。

执行【插入】/【关联复制】/【镜像特征】命令(或单击【特征操作】工具栏中的【镜像特征】按钮),进入图 4.40 所示的【镜像特征】对话框并进行相关操作。

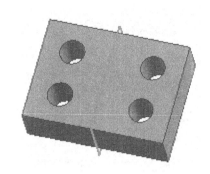

图 4.40　镜像特征

10. 镜像体

用于镜像整个体,与镜像特征不同的是后者是镜像一个体上的一个或多个特征。

执行【插入】/【关联复制】/【镜像体】命令(或单击【特征操作】工具栏中的【镜像体】按钮),进入【镜像体】对话框进行相关操作,如图 4.41 所示。

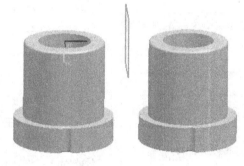

图 4.41　镜像体

4.2.6　特征编辑

特征编辑是指对前面通过特征建模创建的实体特征进行编辑和修改。通过编辑实体的参数来驱动特征参数的更新,可以极大地提高工作效率和制图的准确性,主要包括编辑特征参数、编辑定位尺寸、移动特征等,下面分别介绍。

1. 编辑特征参数

编辑特征参数是对已存在特征的参数值根据需要进行修改,并将所做的特征修改重新反映出来,另外还可以改变特征放置面和特征的类型。编辑特征参数包含编辑一般实体特征参数、编辑扫描特征参数、编辑阵列特征参数、编辑倒斜角特征参数和编辑其他参数 5 类情况。大多数特征的参数都可以用【编辑参数】选项进行编辑。

执行【编辑特征】/【编辑特征参数】命令(也可以在部件导航器中选择【编辑参数】命令)，进入图 4.42 所示的【倒斜角】原始特征编辑对话框。

图 4.42　编辑参数

2．移动特征

移动特征是指把一个无关联的实体特征移到指定的位置，对于存在关联性的特征，可通过编辑位置的尺寸的方法移动特征，从而达到编辑实体特征的目的。

执行【编辑】/【特征】/【移动】命令(或单击【编辑特征】工具栏中的【移动特征】按钮)，或在绘图区直接选取需要编辑的特征，进入【移动特征】对话框，在该对话框中选择要编辑的特征，如图 4.43 所示。

图 4.43　【移动特征】对话框

3．组合体：求和、求差和求交

(1) 求和：可以让两个或多个实体合并。不能对片体或片体与实体进行求和。

(2) 求差：在目标体中移除工具体。这个命令可以移除工具体存在的地方的所有实体。

(3) 求交：定义工具体和目标体共有的区域实体，不能对一个实体(目标体)和一个片体(工具体)进行求交。

4．编辑实体密度

密度是在分析命令中用来计算部件质量的。

每个实体在创建时都有一个默认的密度值，默认密度值由【模型首选项】对话框中设置的密度决定。

有两种方法可以改变当前实体的密度值。

(1) 编辑实体的密度值：执行【编辑】/【特征】/【实体密度】命令，指定实体密度。

(2) 对实体赋予一个材料属性。执行【工具】/【材料属性】命令，指定实体材料。

5．抑制和取消抑制

可以使用抑制命令从模型中临时移除一个特征。被抑制的特征并没有被删除，它们依然存在于部件中，只是在图形窗口中不显示出来。可以通过取消抑制命令恢复该特征。

抑制或取消抑制特征时可以通过选择"部件导航器"中【特征节点】复选框来实现，或者通过方位编辑菜单或编辑特征工具栏中的命令来实现。

当抑制一个特征时，其子特征也会被自动抑制。

当选择了更新延迟至编辑完选项时，抑制命令不可用。抑制特征依然存在于部件中，只是从模型中被移除。通过取消抑制命令可以恢复这些特征。

抑制特征有以下一些用途。

(1) 临时移除一个复杂模型的特征，以便加速创建、对象选择、编辑和显示时间。

(2) 为了进行分析工作，可从模型中移除像小孔和圆角之类的非关键特征。

(3) 在冲突几何体的位置创建特征。例如：如果需要用已经圆角处理的边来放置特征，则不需要删除圆角。可以抑制圆角，创建并放置新特征，然后取消抑制圆角。

4.3 UG 装配

UG 装配过程是在装配中建立部件之间的链接关系。它通过关联条件在部件间建立约束关系，进而来确定部件在产品中的位置，形成产品的整体机构。在 UG 装配过程中，部件的几何体被装配引用，而不是复制到装配中的。因此，无论在何处编辑部件和如何编辑部件，其装配部件必须保持关联性。如果某部件修改，则引用它的装配部件将自动更新。本节将在前面章节的基础上，讲述如何利用 UG NX 的强大装配功能将多个部件或零件装配成一个完整的组件。

4.3.1 装配综述

在学习装配操作之前，首先要熟悉 UG NX 中的一些装配术语和基本概念，以及如何进入装配模式，下面主要介绍上述内容。

1. 装配术语及定义

在装配中用到的术语很多，下面介绍在装配过程中经常用到的一些术语。

(1) 装配部件：是指由零件和子装配构成的部件。在 UG 中可以向任何一个 .prt 文件中添加部件构成装配，因此任何一个 .prt 文件都可以作为装配部件。在 UG 装配学习中，零件和部件不必严格区分。需要注意的是，当存储一个装配时，各部件的实际几何数据并不是存储在装配部件文件中，而存储在相应的部件或零件文件中。

(2) 子装配：是指在高一级装配中被用做组件的装配，子装配也拥有自己的组件。它是一个相对的概念，任何一个装配部件都可在更高级装配中用做子装配。

(3) 组件部件：是指装配中的组件指向的部件文件或零件，即装配部件链接到部件主模型的指针实体。

(4) 组件：是指按特定位置和方向使用在装配中的部件。组件可以是由其他较低级别的组件组成的子装配。装配中的每个组件仅包含一个指向其主几何体的指针。在修改组件的几何体时，会话中使用相同主几何体的所有其他组件将自动更新。

(5) 主模型：是指供 UG 模块共同引用的部件模型。同一主模型可同时被工程图、装配、加工、机构分析和有限元分析等模块引用，当主模型修改时，相关应用会自动更新。

(6) 自顶向下装配：是指在上下文中进行装配，即在装配部件的顶级向下产生子装配和零件的装配方法。先在装配结构树的顶部生成一个装配，然后下移一层，生成子装配和组件。

(7) 自底向上装配：自底向上装配是先创建部件几何模型，再组合成子装配，最后生成装配部件的装配方法。

(8) 混合装配：是将自顶向下装配和自底向上装配结合在一起的装配方法。

2. 进入装配模式

在装配前先切换至装配模式，切换装配模式有两种方法。一种是直接新建装配，另一种是在打开的部件中新建装配，下面分别介绍。

1) 直接新建装配

2) 在打开的部件中新建装配

在打开的模型文件环境即建模环境条件下，在工作窗口中的主菜单工具栏单击 开始 图标，并在下拉菜单中选择【装配】命令，系统自动切换到装配模式。

3. 装配工具条

装配模式下，在视图窗口中会出现【装配】对话框，如图 4.44 所示。

图 4.44 【装配】对话框

4. 部件工作方式

在一个装配件中部件有几种不同的工作方式，用于显示部件和工作部件。显示部件是指在屏幕图形窗口中显示的部件、组件和装配。工作部件是指正在创建或编辑的几何对象的部件。工作部件可以是显示部件，也可以是包含在显示部件中的任一部件。如果显示部件是一个装配部件，而工作部件是其中一个部件，此时工作部件自身颜色加强，其他显示部件变灰。

4.3.2 装配导航器

装配导航器是一种装配结构的图形显示界面，又被称为装配树。在装配树形结构中，每个组件作为一个节点显示。它能清楚反映装配中各个组件的装配关系，而且能让用户快速便捷选取和操作各个部件。例如，用户可以在装配导航器中改变显示部件和工作部件、隐藏和显示组件。下面介绍装配导航器的功能及操作方法。

1. 装配导航器的一般功能

打开装配导航器，会显示图 4.45 所示装配树形结构图。所有的组件、零件以及相互间的装配关系都有记录。

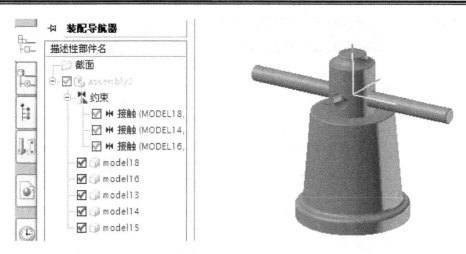

图 4.45 装配导航器

2. 装配导航器中预览面板和相关性面板

【预览】面板是装配导航器的一个扩展区域，显示装载或未装载的组件。

【相关性】面板是装配导航器的特殊扩展，其允许查看部件或装配内选定对象的相关性，包括配对约束等。

4.3.3 引用集

在装配中，由于各部件含有草图、基准平面及其他辅助图形数据。如果要显示装配中所有的组件或子装配部件的所有内容，由于数据量大，需要占用大量内存，不利于装配操作和管理。通过引用集能够限定组件装入装配中的信息数据量，同时避免了加载不必要的几何信息，提高了机器的运行速度。下面将介绍引用集的操作方法。

1. 基本概念

引用集是在组件部件中定义或命名的数据子集或数据组，其可以代表相应的组件部件装入装配。引用集可以包含下列数据。

(1) 名称、原点和方位。

(2) 几何对象、坐标系、基准、图样体素。

(3) 属性。

(4) 在系统默认状态下，每个装配件都有两个引用集，包括全集和空集。全集表示整个部件，即引用部件的全部几何数据。在添加部件到装配时，如果不选择其他引用集，默认状态使用全集。空集是不含任何几何数据的引用集，当部件以空集形式添加到装配中时，装配中看不到该部件。

(5) 模型和轻量化引用集：在系统装配时，系统还会增加上述两种引用集，从而定义实体模型和轻量化模型。

2. 创建引用集

执行【格式】/【引用集】命令，进入【引用集】对话框，如图 4.46 所示。利用该对话框可以添加和编辑引用。

创建目的：创建引用集有利于模型装配定位。

图 4.46　引用集

4.3.4　自底向上装配

自底向上装配是指先设计好了装配中的部件，再将该部件的几何模型添加到装配中。所创建的装配体将按照组件、子装配体和总装配的顺序进行排列，并利用关联约束条件进行逐级装配，最后完成总装配模型。装配操作可以通过执行【装配】/【组件】命令，在下拉菜单选择相应命令实现，也可以单击通过【装配】工具栏按钮图标实现。

1. 添加组件

在装配过程中，一般需要添加其他组件，将所选组件调入装配环境中，再在组件与装配体之间建立相关约束，从而形成装配模型。

执行【装配】/【组件】/【添加组件】命令，弹出【添加组件】对话框，添加组件。

2. 装配约束

装配约束类型见表 4-2。

表 4-2　装配约束类型

装配约束类型	描　　述
接触对齐	约束两个组件使其互相接触或对齐 注意：接触对齐是最常用的约束
角度	定义两个对象之间的角度尺寸
胶合	将组件"焊接"到一起，则其作为一个实体移动
中心	在一对对象之间定位中心，或沿另一对象定位一对对象的中心
同心	定位两个组件的圆形或椭圆边使其中心同心，且边所在的面共面

续表

装配约束类型	描 述
距离	指定两对象之间最小的三维距离
适合	将两半径相同的圆柱面相配合。该约束用于在孔内定位销钉或螺栓 如果半径随后变成不相等的，约束失效
固定	将组件固定在其当前位置 注意：固定约束很有用，因为在缺少方向的装配约束中的"配合组件"关系中推断静态对象是不存在的
平行	定义两个对象的方向互相平行
垂直	定义两个对象的方向互相垂直

4.3.5 自顶向下装配

自顶向下装配建模是工作在装配上下文中建立新组件的方法。上下文设计指在装配中参照其他零部件对当前工作部件进行设计。在进行上下文设计时，其显示部件为装配部件，工作部件为装配中的组件，所做的工作发生在工作部件上，而不是在装配部件上，利用链接关系建立其他部件到工作部件的关联。利用这些关联，可链接复制其他部件几何对象到当前部件中，从而生成几何体。

自顶向下的装配有两种方法，下面分别说明。

方法 1：先在装配中建立几何模型(草图、曲线、实体等)，然后建立新组件，并把几何模型加入到新建组件中。

方法 2：先在装配中建立一个新组件，它不包含任何几何对象，即"空"组件，然后使其成为工作部件，再在其中建立几何模型。

4.3.6 装配爆炸图

装配爆炸图是指在装配环境下，将装配体中的组件拆分开来，目的是为了更好地显示整个装配的组成情况。同时可以通过对视图的创建和编辑，将组件按照装配关系偏离原来的位置，以便观察产品内部结构以及组件的装配顺序。

1. 创建爆炸图

要查看装配体内部结构特征及其之间的相互装配关系时，需要创建爆炸视图。通常创建爆炸视图的方法是，执行【装配】/【爆炸图】/【创建爆炸图】命令(或单击【爆炸图】工具栏中的【创建爆炸图】按钮)，弹出【创建爆炸图】对话框，并进行相关操作，如图 4.47 所示。

图 4.47 创建爆炸图

2. 编辑爆炸图

在完成爆炸视图后，如果没有达到理想的爆炸效果，通常还需要对爆炸视图进行编辑。

执行【装配】/【爆炸图】/【编辑爆炸图】命令(或单击【爆炸图】工具栏中的【编辑爆炸图】按钮)，弹出【编辑爆炸图】对话框并进行相关操作，如图5.48所示。

图 4.48　编辑爆炸图

3. 自动爆炸组件

该项用于按照指定的距离自动爆炸所选的组件。执行【装配】/【爆炸图】/【自动爆炸组件】命令(或单击【爆炸图】工具栏中的【自动爆炸组件】按钮)，弹出【类选择】对话框。选择需要爆炸的组件，单击【确定】按钮，弹出【爆炸距离】对话框，在该对话框的【距离】文本框中输入偏置距离，单击【确定】按钮，将所选的对象按指定的偏置距离移动。如果选中【添加间隙】复选框，则在爆炸组件时，各个组件根据被选择的先后顺序移动，相邻两个组件在移动方向上以【距离】文本框输入的偏置距离隔开。

4. 取消爆炸组件

该选项用于取消已爆炸的视图。执行【装配】/【爆炸图】/【取消爆炸组件】命令(或单击【爆炸图】工具栏中的【取消爆炸组件】按钮)，弹出【类选择】对话框。选择需要取消爆炸的组件，单击【确定】按钮即可将选中的组件恢复到爆炸前的位置，如图 4.49 所示。

图 4.49　取消爆炸组件

4.3.7 装配实例

1. 脚轮装配

脚轮装配图及装配 caster_shaft_1 零件示意图分别如图 4.50、图 4.51 所示。

图 4.50　脚轮装配图　　　　　　图 4.51　装配 caster_shaft_1 零件示意图

1) 使用装配模板为脚轮装配一个英制单位部件
(1) 单击【新建】按钮。
(2) 在弹出的对话框中，从【单位】列表框中选择【英寸】选项。
(3) 从【模板】列表框中选择【装配】选项。
(4) 在【文件夹】文本框中，检查所显示的路径，确认打开的是允许写操作的文件。
(5) 在【名称】框中，输入"caster_complete"并单击【确定】按钮。

2) 添加脚轮轴到装配，并将其放置在绝对原点
(1) 在对话框中的【部件】组中，单击【打开】按钮。
(2) 在【部件名称】对话框中，找到装配部件文件夹并在部件清单中选择 caster_shaft_1 选项。
(3) 单击【确定】按钮。
(4) 在【添加组件】对话框中，单击【确定】按钮，结果如图 4.51 所示。

3) 固定脚轮轴位置
(1) 在【装配】工具栏上，单击【装配约束】按钮。
注意：如果弹出一个信息框警告装配约束与配合状况不相容，则单击【确定】按钮，此时会弹出【装配约束】对话框。
(2) 在对话框中，从【类型】下拉列表中，选择【固定】选项。
(3) 选定组件，注意视图中显示出一个约束标记。
(4) 单击【确定】按钮。
在装配导航器中，展开【约束】列表，在视图和导航器中显示约束。
(5) 在装配导航器中右击"固定(CASTER_SHAFT_1)约束"并查看快捷菜单。
(6) 可以使用快捷命令(【抑制】、【重命名】、【隐藏】、【删除】、【布置明细】、【在布置中编辑】、【信息】)来执行多种功能。抑制约束的另一种方法，是取消选中【约束】复选框。
(7) 右击【约束】按钮并查看弹出的命令项，可以选择在图形窗口中显示或不显示约束。

(8) 在装配导航器工具栏上，单击几次【包含约束】按钮，注意到这样可以控制装配导航器窗口中的约束显示。

(9) 需要时单击【包含约束】按钮，则全部约束在导航器窗口中列出。

4) 添加隔套

(1) 在【装配】工具栏上，单击【添加组件】按钮。

(2) 在【部件】选项组中，单击【打开】按钮。

(3) 在【部件名称】对话框中，选择 caster_spacer_1 选项并单击【确定】按钮。

(4) 在【添加组件】对话框中，单击【确定】按钮。

5) 约束隔套

(1) 在【装配约束】对话框中，从【类型】列表框中选择接触对齐选项。

(2) 在【要约束的几何体】选项组中，从【方位】列表框中选择【自动判断中心/轴】选项，如图 4.52 所示。

图 4.52　caster_spacer_1 自动判断中心约束

(3) 在【组件预览】对话框中，选择 caster_spacer_1 的中心线。

(4) 在视图中，选择 caster_shaft_1 的中心线。

(5) 此时 caster_spacer_1 部分被约束。

(6) 单击【应用】按钮。装配导航器将约束列表。要充分限制隔套移动，可以指定隔套后端面与轴肩面相接触。

(7) 选择 caster_spacer_1 的后端面(需要时使用快速拾取光标)，如图 4.53 所示。

(8) 选择 caster_shaft_1 的轴肩面，如图 4.54 所示。

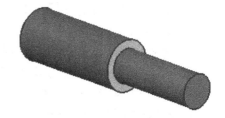

图 4.53　caster_spacer_1 后端面　　　　图 4.54　caster_spacer_1 轴肩面

(9) 单击【确定】按钮，结果如图 4.55 所示。要查看用于放置部件的所有基准面，可以选择多个部件分散在装配中。

注意：确认对话框中的【分散】复选框是选中的。

6) 添加叉件、轮子和销轴

(1) 在【添加组件】对话框中，单击【打开】按钮。

(2) 在【部件名称】对话框中，选择 caster_fork 选项并单击【确定】按钮。继续添加组件到【加载的部件】列表中并将它们同时全部分散在装配中。

(3) 在【添加组件】对话框中，单击【打开】按钮。

(4) 在【部件名称】对话框中，选择 caster_wheel 选项并单击【确定】按钮。

(5) 在【添加组件】对话框中，单击【打开】按钮。

(6) 在【部件名称】对话框中，选择 caster_axle_1 选项并单击【确定】按钮。尽管部件在预览窗口是重叠的，但它们将分散在视图中。

(7) 在【添加组件】对话框中，单击【确定】按钮。

7) 约束叉件

(1) 在【装配】工具栏上，单击【装配约束】按钮。

(2) 在【装配约束】对话框中，从【类型】列表框中选择【接触对齐】选项。

(3) 选择隔套的前端面，如图 4.56 所示。

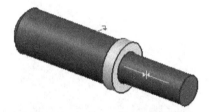
图 4.55　caster_spacer_1 装配结果

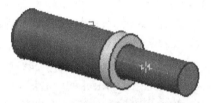
图 4.56　caster_fork 隔套前端面装配

(4) 选择叉件的后端平面，如图 4.57 所示。

(5) 在【要约束的几何体】选项组中，从【方位】列表框中，选择【自动判断中心/轴】选项。

(6) 选择 caster_fork 的孔中心线，如图 4.58 所示。

图 4.57　caster_fork 后端面装配

图 4.58　caster_fork 自动判断中心/轴装配

(7) 选择 caster_shaft_1 的中心线，如图 4.59 所示。

(8) 单击【应用】按钮完成约束，如图 4.60 所示。在装配导航器约束暂时列中，约束标记将显示在视图中。

图 4.59 caster_shaft_1 中心线装配

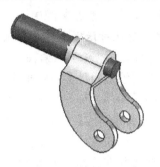

图 4.60 caster_fork 零件装配结果

8) 约束轮子

选择 Caster_wheel 的 X-Z 基准面。

(1) 选择 caster_fork 的 X-Z 基准面。

(2) 选择 caster_wheel 的中心线。

(3) 在 caster_fork 中选择下端两孔之一的中心线。

(4) 单击【应用】按钮完成轮子的定位,如图 4.61 所示。

9) 约束销轴

使用【接触对齐】功能来约束销轴。

(1) 选择 caster_axle_1 的 X-Z 基准面。

(2) 选择 caster_wheel 的 X-Z 基准面。

(3) 选择 caster_axle_1 的中心线。

(4) 选择 caster_wheel 的中心线。

(5) 单击【确定】按钮完成约束,如图 4.62 所示。

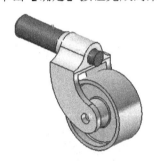

图 4.61 caster_wheel 零件装配结果

图 4.62 caster_axle_1 零件装配结果

在装配导航器中浏览列出的约束。注意:每个约束识别两个部件之间的关系。如果在视图中看到约束,则在【装配导航器】中,右击约束然后取消选中【在图形窗口显示约束】复选框。

2. 编辑装配修改

为修改已有约束,在装配导航器中右击约束并选择以下命令之一。

(1) 重新定义:【装配约束】对话框弹出后,可以修改约束类型(Type),要约束的几何体及约束的任意设置。

(2) 反向：如果约束有不止一个方案，可以只将其反向。例如，将一个接触约束反向为一个对齐约束，但却不能将一个固定约束进行反向操作，因为其没有其他可选方案。

(3) 转换为：将一种类型约束转换为其他类型。例如，将一个接触或对齐约束转换为平行或垂直约束，但不能转换固定约束。

(4) 抑制：用该命令去抑制选定的约束。通过取消选中紧邻约束的复选框来抑制约束。

(5) 重命名：更换约束的名称。名称不能多于 30 个字母。

(6) 隐藏和显示：用该命令来隐藏或显示图形窗中的约束标记。

(7) 删除：从装配中完全地删除约束。

(8) 特定布置：当选择该命令时，则在当前布置中为该约束定义一个特定布置抑制状态和(如果可应用)一个特定布置公式值。

(9) 在布置中编辑：在布置中编辑约束对话框出现并显示约束的特定布置状态，随后做必要的修改。

(10) 信息：在信息窗口中显示关于约束的数据。

4.4 UG 工程图

可以用下面的方法启动工制图。

(1) 在【应用】工具栏中，单击【制图】按钮。

(2) 在【标准】工具栏中，执行【启动】/【制图】命令。

(3) 按 Ctrl+Shift+D 组合键。

在产品实际加工制作过程中，一般都需要二维工程图来辅助设计，UG 工程制图模块主要是为了满足二维出图功能需要，是 UG 系统的重要应用之一。通过特征建模创建的实体可以快速的引入工程制图模块中生成二维图。下面主要介绍工程制图的基础准备工作。

4.4.1 工程图概述

UG NX 制图模块可以把由【建模】模块创建的特征模型生成二维工程图。创建的工程图中的视图与模型完全关联，即对模型所做的任何更改都会引起二维工程图的相应更新。此关联性使用户可以根据需要对模型进行多次更改，从而极大地提高设计效率。对初学者来讲，首先需要了解工程图的一般过程及工程图工作界面，下面将介绍这些内容。

1. 创建工程图一般过程

通常，创建工程图前，用户需要完成三维模型的设计。在三维模型的基础上就可以应用工程图模块创建二维工程图了，其一般的操作步骤如下。

(1) 创建图纸。在三维模型界面下，执行【开始】/【制图】命令，弹出【工作表】对话框，利用该对话框为图纸页指定图纸大小、缩放比例、测量单位和投影角度等图纸参数。

(2) 参数预设置。执行【首选项】/【制图】命令，进入【制图首选项】对话框，对制图相关参数进行预设置。

(3) 导入模型视图。

(4) 在工程视图中添加视图。

(5) 添加尺寸标注、公差标注、文字标注等。
(6) 存盘，打印输出。

2. 工程图工作界面

由特征模型创建工程图，单击标准工具栏中的【开始】按钮，在下拉列表中选择【制图】命令，或者在应用模块工具栏上单击【制图】按钮，进入工程图工作界面，如图4.63所示。

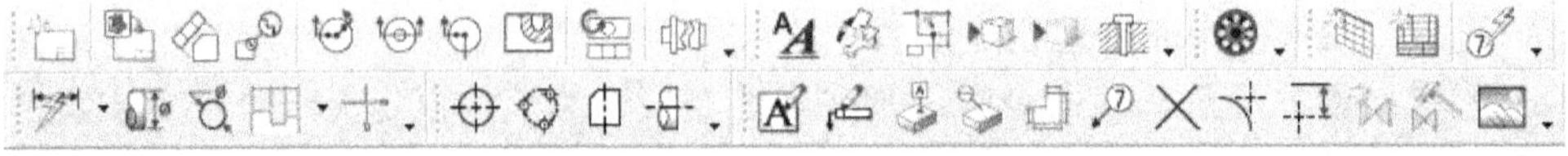

图 4.63 工程图工作界面

4.4.2 工程图参数

工程图参数用于在工程图创建过程中根据用户需要进行相关参数的预设。例如箭头的大小、线条的粗细、隐藏线的显示与否、视图边界面的显示和颜色设置等。

参数预设置可以通过执行【文件】/【实用工具】/【用户默认设置】命令进行设置，也可以到工程图设计界面中选择【首选项】下拉列表中的命令，或在【制图首选项】工具栏中分别设置。下面对各设置参数分别进行介绍。

1. 预设置制图参数

UG 工程制图在添加视图前，应先进行制图的参数预设置。预设置制图参数的方法是在主菜单条上执行【首选项】/【制图】命令，弹出【制图首选项】对话框。

该对话框共包括4个选项卡，各选项卡说明如下。

常规：用于对图纸的版次、图纸工作流和图纸设置。

预览：用于设置视图样式和光标追踪，也可以设置注释样式和动态对准选项。

视图：在视图选项中，可分别对是否延迟视图更新、边界显示、抽取的边缘面显示、加载组件、视觉及定义渲染集进行设置。

注释：用于对线型进行注释。

2. 预设置视图参数

视图参数用于设置视图中隐藏线、轮廓线、剖视图背景线和光滑边等对象的显示方式。如果要修改视图显示方式或为一张新工程图设置其显示方式，可通过设置视图显示参数来实现，如果不进行设置，则系统会默认选项进行设置。

预设置视图参数的方法是在主菜单条上执行【首选项】/【视图】命令(或单击【制图首选项】工具栏上的【视图首选项】按钮)，进入【视图首选项】对话框。

3. 预设置注释参数

预设置注释参数包括尺寸、尺寸线、箭头、字符、符号、单位、半径、剖面线等参数的预设置。可以使用【注释首选项】对话框中的选项为新创建的对象设置首选项。

执行【首选项】/【注释】命令(或单击【制图首选项】工具栏中的【注释首选项】按钮)，进入【注释首选项】对话框。

对话框上部是【尺寸】、【直线和箭头】、【文字】、【符号】、【单位】、【径向】和【填充剖面线】等注释参数设置选项卡，对话框下部为各选项卡对应的参数设置内容可变显示区。下面主要介绍常用的 7 种注释参数的设置方法。

4. 预设置剖切线参数

预设置剖切线参数是指设置剖切线的箭头、颜色、线型和文字等参数。

执行【首选项】/【剖切线】命令(或单击【制图首选项】工具栏中的【剖切线首选项】按钮)，进入【剖切线首选项】对话框。

5. 预设置视图标签参数

预设置视图标签参数主要用于设置投影图、局部放大图和剖视图的指示文字和视图比例等参数。利用【视图标签首选项】对话框可以控制视图标签的显示并查看图纸上成员视图的视图比例标签。当选择视图标签时，【视图标签样式】对话框将更新为显示该视图标签的当前设置。

执行【首选项】/【视图标签】命令(或单击【制图首选项】工具栏中的【视图标签首选项】按钮)，进入【视图标签首选项】对话框。

4.4.3 工程图管理

一般情况下，对三维特征模型创建二维工程图时，默认的工程图纸空间参数与用户的实际需求不相符。此时需要用户对图纸进行管理，包括部件导航器管理，新建、打开、删除和编辑工程图。下面主要介绍部件导航器的操作以及工程图的管理。

1. 部件导航器管理

部件导航器主要是将工程图中的各视图名称及视图相关信息进行显示，包括部件的图纸页、成员视图、剖面线和表格的可视化等。便于用户操控图纸、图纸上的视图，也可以用右击选项来打开对话框以更改图纸，如图 4.64 所示。

图 4.64 【部件导航器】窗格

2. 创建工程图

进入【制图】应用模块后，系统会按默认设置，自动新建一张工程图，并将图名默认为 Sheet1。通常系统生成工程图中的设置不一定适合于用户的需求。一般情况下，在添加视图前用户最好新建一张工程图。按输出三维实体的要求来设置工程图的名称、图幅大小、绘图单位、视图默认比例和投影角度等工程图参数。下面对新建工程图的过程和方法进行说明。

在【图纸】工具栏中单击【新建图纸页】按钮，弹出【工作表】对话框，如图 4.65 所示。

图 4.65 【工作表】对话框

3. 打开工程图

在创建一个比较复杂模型的工程图时，用户往往为表达清楚，需要采用不同的投影方法、不同的图纸规格和视图比例，建立多张二维工程图。如果要编辑其中的一张工程图时，就需要首先将其在绘图工作区中打开。

4. 删除工程图

删除工程图操作简单，当需要删除多余的工程图纸时，只需在图纸导航器中用鼠标右击所需的图纸名称，选择【删除】命令即可删除所选图纸。

5. 编辑工程图

在工程图的绘制过程中，如果想更换一种表现三维模型的方式(比如增加剖视图等)，那么原来设置的工程图参数不能满足要求，此时就需要对已有的工程图有关参数进行编辑修改。

在部件导航器中选中需要编辑的工程图,右击后在弹出的快捷菜单中选择【编辑图纸页】命令,打开【图纸页】对话框。可参照创建工程图的方法,在对话框中编辑修改所选工程图的名称、尺寸和比例等参数。完成编辑修改后单击【确定】按钮,系统将按新的工程图参数自动更新所选的工程图。

4.4.4 图幅管理

绘制一张完整的工程图时,需要添加图框,UG NX 提供了利用模板文件来调用图框以减少绘图中重复性的工作,提高工作效率。下面主要介绍如何创建及调用图纸图框的方法。

1. 创建图纸图框

制作图样模板的操作步骤如下所述。

(1) 单击标准工具栏中的【新建】按钮,打开【新建】对话框。

(2) 选择【模型】选项,并为新建的模型命名,如 A0、A1、A2、A3 等。单击【确定】按钮,进入建模工作界面。

(3) 在建模环境下,执行【开始】/【制图】命令,将弹出【工作表】对话框,设置所需图纸幅面,并单击【确定】按钮。

(4) 弹出【基本视图】对话框,单击【关闭】按钮。

(5) 执行【插入】/【曲线】命令,绘制图纸图框。

(6) 执行【插入】/【表格】命令,绘制标题栏。

(7) 执行【文件】/【另存为】命令,保存模板图框。

2. 调用图纸图框

在主菜单中执行【文件】/【导入】命令,弹出图 4.66 所示的【导入部件】对话框,按图进行设置并单击【确定】按钮。该方法把图框添加到图上,从而将图框的所有对象复制进图中。

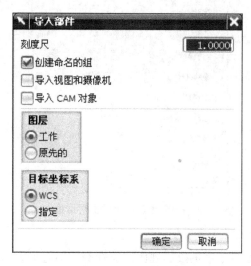

图 4.66 【导入部件】对话框

4.4.5 视图管理

当工程图基本参数设定、图幅和图纸确定后,下面就应该在图纸上创建各种视图来表达三维模型。用户可以根据零件形状,创建基本视图、投影视图、剖视图、半剖视图、旋转剖视图、折叠剖视图、局部剖视图和断开视图。通常一个工程图中包含多种视图,通过这些视图的组合来进行模型的描述。UG 的制图模块中提供了各种视图管理功能,如添加视图、移除视图、移动或复制视图、对齐视图和编辑视图等操作。利用这些功能,用户可以方便的管理工程图中所包含的各类视图,并可以修改各视图的缩放比例、角度和状态等参数。下面主要介绍常用视图的操作和编辑功能。

1. 视图操作

创建完工程图后,就可以从基本视图着手生成视图的相关投影视图和各种剖切视图,从而使图纸完整表达产品零部件的相关信息。本节主要介绍基本视图、投影视图、各种剖切视图、局部放大图以及断开视图及其他视图的操作方法。

1) 基本视图

基本视图是指特征模型的各种向视图和轴测图,包括俯视图、前视图、右视图、后视图、仰视图、左视图、正等测视图和正二侧视图等 8 种类型。通常情况下,在一个工程视图中至少包含一个基本视图。基本视图可以是独立的视图,也可是其他视图类型(如剖视图)的俯视图。

在制图模式下,执行【插入】/【视图】/【基本视图】命令(或单击【图纸布局】工具栏中的【基本视图】按钮),进入【基本视图】对话框,如图 4.67 所示。

图 4.67 【基本视图】对话框

2) 投影视图

投影视图是从父项视图产生正投影视图。该命令只有在有基本视图后才有效。当创建完基本视图后,继续移动鼠标将添加投影视图。如果已退出添加视图操作,可单击图纸工具栏中的【投影视图】按钮,进入【投影视图】对话框并进行相关操作,如图 4.68 所示。

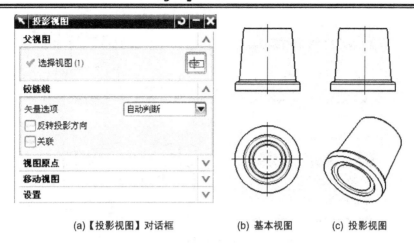

(a)【投影视图】对话框　　(b) 基本视图　　(c) 投影视图

图 4.68　【投影视图】对话框及相关操作结果

3) 局部放大图

局部放大图是指将模型的局部结构按一定比例进行放大，以满足放大清晰和后续标注注释的需要。其主要用于表达模型上的细小结构或在视图上由于过小难以标注尺寸的模型，例如退刀槽、键槽、密封圈槽等细小部位。

单击 按钮(或单击【视图布局】工具栏中的【剖视图】按钮)，进入【局部放大图】对话框，并进行相关操作，如图 4.69 所示。

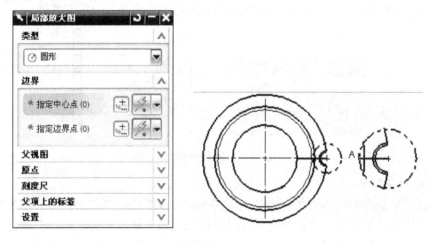

图 4.69　【局部放大图】对话框

4) 剖视图和半剖视图

剖视图是通过由一单个切割平面去分割部件，观看一个部件的内侧或一半。通常用于特征模型内部结构比较复杂，则在工程图创建过程中会出现较多的虚线，致使图纸的表达不清晰，往往会给看图和标注尺寸带来困难。此时，需要绘制剖视图，以便更清晰、更准确地表达特征模型内部的详细结构，如图 4.70(a)所示。

半剖视图是指当特征模型具有对称平面时，向垂直于对称平面的投影面上投影所得的视图。可以利用【半剖视图】功能，以对称中心为边界，将视图的一半绘制成剖视图，如图 4.70(b)所示。

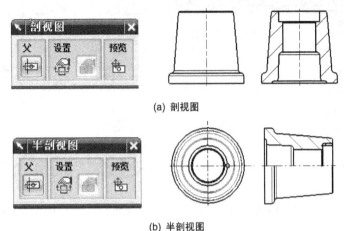

(a) 剖视图

(b) 半剖视图

图 4.70　剖视图和半剖视图

5) 旋转剖视图

旋转剖视图是指用两个成用户定义角度的剖切面剖开特征模型，以表达特征模型内部形状的视图。

执行【插入】/【视图】/【旋转剖视图】命令(或单击【视图布局】工具栏中的【旋转剖视图】按钮)，进入【旋转剖视图】对话框，并进行相关操作，如图 4.71 所示。旋转剖视图的创建方式与剖视图类似，只是在指定剖切面时需指定两条相交的剖切面。

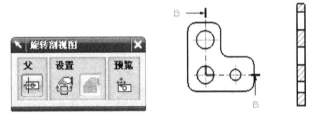

图 4.71　旋转剖视图

6) 折叠剖视图

折叠剖视图是指使用不同角度的多个剖切平面对视图进行剖切操作，所得到的视图即为通过父视图上一系列点定义剖切线建立折叠的剖视图。该剖切方法多用于多孔的板类零件，或内部结构较复杂的不对称类零件。其基本操作过程与一般剖视图类似，只是多选几次剖切位置即可。图 4.72 所示为【折叠剖视图】对话框及示意图。

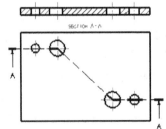

图 4.72　【折叠剖视图】对话框及示意图

7) 局部剖视图

局部剖视图是指用剖切面局部地剖开特征模型所得到的视图，通常使用局部剖视图表达零件内部的局部特征。局部剖视图与其他剖视图不同，局部剖视图是从现有的视图中产生，而不生成新的剖视图。

选择图 4.73 所示的局部剖放置视图，右击后在弹出的菜单中选择图 4.74 所示的【扩展成员视图】命令。

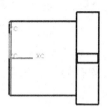 

图 4.73　局部剖放置视图　　　　　　　图 4.74　扩展成员选择下拉菜单

选择【扩展成员视图】命令后左视图被放大至充满绘图窗口，调出【曲线】工具栏并单击【艺术样条】命令，弹出如图 4.75 所示的【艺术样条】对话框，绘制如图 4.76 所示的曲线(注意：一定要选中【封闭的】复选框)。

 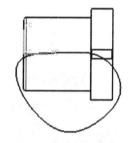

图 4.75　【艺术样条】对话框　　　　　　图 4.76　绘制完成的艺术样条

(1) 再次选中视图后右击，在弹出的菜单中选择【扩展】命令，退出对视图的编辑，如图 4.77 所示。

(2) 执行【图纸】/【局部剖】命令，弹出【局部剖】对话框(图 4.78)。

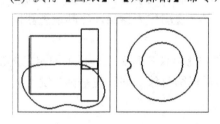 

图 4.77　退出扩展　　　　　　　　　图 4.78　【局部剖】对话框

(3) 单击主视图，从该视图创建局部剖。

(4) 定义基点，图 4.78 中第 2 项，用鼠标捕捉左视图圆心，定义拉伸矢量，如图 4.79 所示。

(5) 选择曲线，图 4.78 中第 4 项，选择前面绘制好的样条曲线。

(6) 单击【应用】按钮，结果如图 4.80 所示。

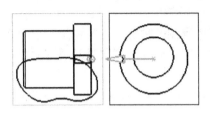 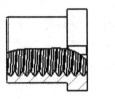

图 4.79　拉伸矢量　　　　　　　　　　图 4.80　完成的局部剖

8) 断开视图

断开视图可以建立、编辑和更新由若干条边界线所定义的压缩视图。

执行【插入】/【视图】/【断开视图】命令(或单击【视图布局】工具栏【断开视图】按钮，进入【断开视图】对话框，如图 4.81 所示。

 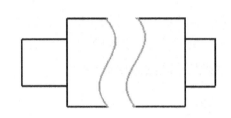

(a)【断开视图】对话框　　　　　　　　　　(b) 断开视图

图 4.81　【断开视图】对话框及相关视图

2. 编辑视图

利用上面介绍的视图操作在工程图中创建了各类视图后，当用户需要调整视图的位置、边界或显示等有关的参数时，就需要用到编辑视图操作。下面来介绍编辑视图。

1) 对齐视图

对齐视图是指在工程图中将不同的实体按照用户所需的要求对齐，其中一个为静止视图，与之对齐的视图称之为齐视图。对齐视图选择一个视图作为参照，使其他视图以参照视图进行水平或竖直方向的对齐。

执行【编辑】/【视图】/【对齐视图】命令(或单击【视图布局】工具栏上的相应按钮)，进入【对齐视图】对话框。对齐视图也可以直接选择视图对象，并按住鼠标左键不放拖动视图对象来实现。

2) 移动和复制视图

移动和复制视图是指选择一个视图作为参照，使其他视图以参照视图进行水平或竖直方向的移动或移动复制。二者都可以改变视图窗口中的位置，不同之处在于前者是将原视图直接移动到指定位置，可以在当前或同文件下的另一张工程图上复制现有的视图。而后者是在原视图的基础上新建一个副本，并将副本移动至指定位置。

执行【编辑】/【视图】/【移动/复制视图】命令(或单击【视图布局】工具栏上的相应按钮)，弹出【移动/复制视图】对话框，并进行相关操作，如图 4.82 所示。

3) 编辑剖切线

该选项用于编辑现有的剖切线，可用来添加、删除或移动剖切线的各段，剖切线由剖切段、箭头段和折弯段组成。还可以重新定义现有的铰链线或移动旋转剖视图的旋转点。

执行【编辑】/【视图】/【剖切线】命令，弹出【剖切线】对话框进行相关操作，如图 4.83 所示。

图 4.82 【移动/复制视图】对话框

图 4.83 编辑剖切线

4) 编辑视图边界

编辑视图边界主要是指为视图定义一个新的视图边界类型，改变视图在图纸页中的显示状态。在创建工程图的过程中，经常会碰到先前定义的视图边界不满足要求，此时就需要用户来编辑视图边界。

执行【编辑】/【视图】/【视图边界】命令(或单击【制图布局】工具栏上的【编辑视图边界】按钮)，进入【视图边界】对话框。

5) 视图相关编辑

视图相关编辑是指对视图中几何对象的显示进行编辑和修改，但不影响其在其他视图中的显示。利用视图相关编辑功能可以在工程图上直接编辑存在的对象(如曲线)，也可以擦除或编辑完全对象或选定的对象部分。

执行【编辑】/【视图】/【视图相关编辑】命令(或单击制图编辑工具栏上的【视图相关编辑】按钮)，进入【视图相关编辑】对话框。

4.4.6 工程图标注和符号

当工程图各种视图清楚表达模型的信息后，需要对视图进行添加各种使用符号、进行尺寸标注、各种注释等制图对象的操作。当对工程图进行标注后，才可以完整地表达出零部件的尺寸、形位公差和表面粗糙度等重要信息。此时的工程图才可以作为生产加工的依据。工程图的标注是反应零件尺寸和公差信息的最重要的方式，在本小节中将介绍如何在工程图中使用标注功能。利用标注功能，用户可以向工程图中添加尺寸、形位公差、制图符号和文本注释等内容。

1. 尺寸标注

尺寸标注用于标识对象的尺寸大小。由于 UG 工程图模块和三维实体造型模块是完全关联的，因此，在工程图中进行标注尺寸就是直接引用三维模型真实的尺寸，具有实际的含义，因此无法像二维软件中的尺寸那样可以进行改动，如果要改动零件中的某个尺寸参数，则需要在三维实体中修改。如果三维被模型修改，工程图中的相应尺寸会自动更新，从而保证了工程图与模型的一致性。下面主要介绍尺寸标注的设置和操作方法。

执行【插入】/【尺寸】命令，在级联菜单中选择各尺寸命令，或单击【尺寸】工具栏中相应的标准按钮，都可以对工程图进行尺寸标注。在标准尺寸时，首先需要选择尺寸类型，UG NX 提供了 20 种尺寸标注类型，之后按照草图的标注方法进行尺寸标注。

2. 注释和标签

下面将介绍各种注释标签的设置及放置位置，各功能可以通过【插入】主菜单，在弹出下拉菜单中选择或在【制图编辑】工具栏上直接单击图标来选择各种注释方法和操作。

1) 文本注释

文本注释主要用于对图纸相关内容进一步说明。例如特征某部分的具体要求，标题栏中的有关文本以及技术要求等。

执行【插入】/【注释】命令(或在【制图编辑】工具栏上直接单击【注释】按钮)，进入【注释】对话框进行相应操作。

2) 特征控制框

该命令的作用主要为标注形位公差等。

执行【插入】/【特征控制框】命令(或在【制图编辑】工具栏上直接单击图标)，弹出【特征控制框】对话框进行相关操作。

3) 基准特征

该命令主要为注释基准符号。

执行【插入】/【基准特征符号】命令(或在【制图编辑】工具栏上单击相应的按钮)，弹出【基准特征符号】对话框进行相关操作，如图 4.84 所示。

4) 基准目标

该命令主要为注释基准目标符号。

执行【插入】/【基准目标符号】命令(或在【制图编辑】工具栏上单击相应的按钮)，弹出【基准目标】对话框进行相关操作，如图 4.85 所示。

图 4.84 【基准特征符号】对话框

图 4.85 【基准目标】对话框

5) 注释表格

该命令用于工程图创建和表格格式注释。执行【插入】/【表格注释】命令(或在【表格与零件明细表】工具栏上单击【注释表格】按钮)，弹出 5 行 5 列的空表格，方法同图框模板。用鼠标拖动表格到合格的位置，选中要输入内容的单元格后双击，直接写入内容，并按 Enter 键即可。

6) 零件明细表

该命令用于在装配工程图时创建明细表。在【表格与零件明细表】工具栏上单击【零件明细表】按钮，弹出 3 列多行并带有标题栏名称(部件名、序号、数量)的空表格，如图 4.86 所示。

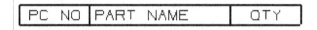

图 4.86　明细表

3. 实用符号

实用符号包括标识符号、目标点符号、相交符号、偏置中心点符号、使用定义的符号、定制符号和焊接符号等。下面主要介绍实用符号的操作方法。

1) 标识

利用该选项可在图纸上创建和编辑标识符号，可以将标识符号作为独立的符号进行创建，也可以使用指引线创建。

执行【插入】/【符号】/【标识符号】命令，弹出图 4.87(a)所示的【标识符号】对话框。

(a)【标识符号】对话框　　　　(b)【目标点符号】对话框

图 4.87　符号对话框

在该对话框的【类型】下拉列表中，系统提供了 10 种标识符号的类型。用户要创建标识符号，需要在【类型】下拉列表中选择符号类型，并在【文本】文本框中输入文本内容，然后在【设置】文本框中定义符号大小和字体类型等参数，选择需要的指引线类型和方向。最后在视图中选择指引线端点位置，按住鼠标左键不放拖动至适当位置即可。

2) 目标点

该选项可用于创建进行尺寸标注的目标点符号。

执行【插入】/【符号】/【目标点符号】命令(或单击【目标点】按钮),进入如图 4.87(b) 所示的【目标点符号】对话框进行相关操作。

3) 相交符号

该对话框用于将两条曲线延伸,在延伸曲线的交点处标注相交符号,目的是为了尺寸标方便。

执行【插入】/【符号】/【相交符号】命令(或单击【相交符号】按钮),进入【相交符号】对话框进行相关操作。

4) 偏置中心点

该选项用于在任意位置指定圆弧的中心。当在标注大半径圆弧时,尤其是标注真实中心位于图纸页边界之外的大圆弧尺寸时,其中心点往往很难在绘图区找到,此时需要利用添加偏置中心点符号的方法产生一个标注半径的位置。

执行【插入】/【符号】/【偏置中心点符号】命令(或单击【偏置中心点】按钮),进入【偏置中心点符号】对话框进行相关操作。

5) 定制

该选择用于创建或编辑定制符号库中的符号。

执行【插入】/【符号】/【定制符号】命令(或单击【定制符号】按钮),进入【定制符号】对话框中进行相关操作。

6) 用户定义

该选项用于在视图上创建用户自定义的符号。这些符号可以是软件提供的,也可以是用户以前创建的。放置在图纸上的用户定义符号可以是单独出现的符号,也可以是添加到现有制图对象上的符号。

执行【插入】/【符号】/【用户定义符号】命令(或单击【用户定义符号】按钮),弹出【用户定义符号】对话框进行相关操作。

7) 焊接

该选项用于生成焊接符号。

执行【插入】/【符号】/【焊接符号】命令(或单击【焊接符号】按钮),弹出【焊接符号】对话框进行相关操作。

8) 表面粗糙度

用户在启动 UG 系统制图环境后,若执行【插入】/【符号】命令,在下拉菜单无表面粗糙度目录时,则需要在 UGII 子目录中找到环境变量设置文件 ugii_env.dat,用写字板打开,并设置 UGII-SURFACE-FINISH=ON。保存后重新启动 UG 系统,即可进行表面粗糙度标注工作。

执行【插入】/【符号】/【表面粗糙度符号】命令,弹出【表面粗糙度符号】对话框进行相关操作。

本 章 小 结

1. 本章简要介绍了 UG NX 的主要功能、应用模块、工作环境和基本操作等。通过本章的学习，初学者可以了解 UG NX 的概况，读者应掌握基础建模和参数设置的方法。

2. 介绍了 UG NX 的草绘功能、基本实体建模的建模方法、特征操作和特征编辑。在草绘功能中可以绘制直线、圆弧和矩形等，基本实体建模是 UG NX 的基本方法，是以后深入学习的基础，通过特征编辑和特征操作使读者能够快速掌握实体建模的一般方法。

3. 介绍了 UG NX 建立装配体模型的方法，利用实例介绍了添加已存在的组件到装配体中和在装配体中创建新组建的方法，说明了在装配体中添加组件关系的相关操作，最后通过脚轮装配的实例详细演示了创建装配体模型的全过程。

4. 介绍了 UG 中创建工程视图的一般方法，详细叙述了工程图的管理、操作和编辑的方法，介绍了工程图标注和符号的操作方法。UG 工程图和实体建模图具有完全的关联性，实体模型建好后工程图自动生成。因此，UG 工程图主要的操作还是工程图的管理和编辑操作及标注。

习 题

4.1 UG NX 有哪些模块？各自的功能有哪些？
4.2 如何打开、保存 UG 文件？
4.3 如何定义和改变坐标系？
4.4 如何设置 UG 的首选项？
4.5 已知零件的工程图，如第 3 章习题 3.7，建立图 4.88 所示的螺旋千斤顶螺套实体模型。
4.6 已知零件的工程图，如第 3 章习题 3.10，建立图 4.89 所示的螺旋千斤顶螺旋杆实体模型。

图 4.88　螺旋千斤顶螺套实体模型　　　　图 4.89　螺旋千斤顶螺旋杆实体模型

4.7 已知零件的工程图，如第 3 章习题 3.11，建立图 4.90 所示的螺旋千斤顶顶垫实体模型。

4.8 已知零件的工程图，如第 3 章习题 3.13，建立图 4.91 所示的螺旋千斤顶底座实体模型。

图 4.90　螺旋千斤顶顶垫实体模型　　　　图 4.91　螺旋千斤顶螺旋杆实体模型

4.9　装配习题 4.5 至习题 4.8 建好的实体模型。

4.10　按照自顶向下的方法创建 caster_wheel 装配体中的各个零件。

4.11　根据国家标准设置 UG 制图模块的首选项。

4.12　创建习题 4.5 至习题 4.8 建好的实体模型的工程图，工程图结果参见第 3 章习题。

4.13　应用 UG 草绘、实体建模和孔直接特征功能按图 4.92 所示的尺寸建立零件三维模型。

4.14　应用 UG 编辑和重定义将如图 4.92 所示图形的尺寸改为如图 4.93 所示的支架零件(2)。

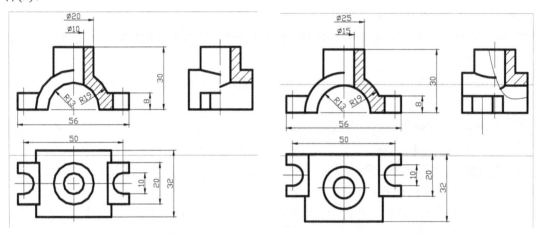

图 4.92　支架零件(1)　　　　　　　　图 4.93　支架零件(2)

4.15　如图 4.94 所示，应用旋转、阵列等命令建立端盖模型，尺寸自定。

4.16　如图 4.95 所示，应用拉伸、旋转、阵列等命令建立支架模型，尺寸自定。

图 4.94　法兰盖零件(1)　　　　　　　　图 4.95　法兰盖零件(2)

4.17 应用 UG 阵列、筋、倒圆角等特征建立图 4.96 所示的零件三维模型。

4.18 如图 4.97 所示,应用旋转、拉伸剪切命令建立轴模型,尺寸自定。

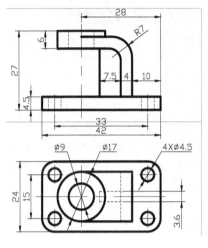

图 4.96 支架零件(3)

图 4.97 轴零件

4.19 用 UG 工程图完成安全阀各个零件三维图的二维工程图。

4.20 用 UG 自主完成螺旋千斤顶零件建模、装配、工程图,比较两个软件的异同。

第 5 章　Creo 软件及其应用

本章学习目标

通过本章的学习，要求学生能够利用三维软件 Creo(Pro/ENGINEER)实现三维实体建模、虚拟样机装配，以及工程图的绘制；要求学生熟悉软件操作界面；掌握三维实体模型的创建和编辑的常用方法和常用模块；掌握零件装配的基本方法；掌握工程图的创建和编辑方法。

本章教学要求

能力目标	知识要点	权重	自测分数
Creo 的基本操作	Creo 的基本操作管理方式，参照几何及特征的编辑	10%	
Creo 零件实体建模	草绘特征、拉伸特征、旋转特征、扫掠特征、直接建模特征及特征的复制	40%	
Creo 装配	元件装配的步骤和方法、爆炸图的创建	20%	
Creo 工程图的绘制	工程图的创建流程及方法	20%	
Creo 的基本操作	Creo 的基本操作管理方式，参照几何及特征的编辑	10%	

引例

相对于图 5.1 所示手电钻造型，我们可以把它看成几何模型，而无论多么复杂的几何模型，都可以分解成有限数量的构成特征，每一种构成特征，都可以单独建模实现。Creo 正是基于特征的实体模型化系统，工程设计人员采用具有智能特性的基于特征的功能去生成模型，如腔、壳、倒角及圆角等，用户可以随意勾画草图，轻易改变模型。这一功能特性给工程设计者提供了在设计上从未有过的简易和灵活。

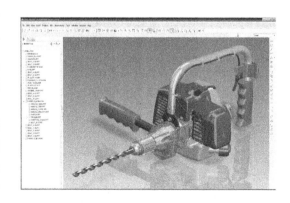

图 5.1　手电钻

5.1　Creo 基本操作

Creo 是美国 PTC 公司于 2010 年 10 月推出 CAD 设计软件包。Creo 是整合了 PTC 公司的三个软件 Creo 的参数化技术、CoCreate 的直接建模技术和 ProductView 的三维可视化技术的新型 CAD 设计软件包，是 PTC 公司闪电计划所推出的第一个产品。PTC 公司提出的单一数据库、参数化、基于特征和完全关联的概念从根本上改变了机械 CAD/CAE/CAM 的传统概念，这种全新的设计理念已经成为当今世界机械 CAD/CAE/CAM 领域的新标准。

1. 基本操作模式

Creo 常用的 3 个基本模式为零件模式、组件模式和工程图模式。

1) 零件模式

该模式主要用于创建零件文件(*.prt)，即在组件文件(*.asm)中被组装到一起的独立元件。该模式下可创建和编辑拉伸、旋转、扫掠、混合和倒圆角等基本建模特征，这些特征构成了要建模的每个零件。

在该模式下，可应用草绘器绘制 2D 截面，草绘器粗略地绘制出具有线、角度或弧的截面，然后再输入精确的尺寸值。定义截面后，可为其指定第三维的值，使其成为 3D 形状即特征。3D 特征一经创建，即可直接在图形窗口中对其进行编辑。

执行【新建】/【零件】命令，可进入到该模式。

2) 组件模式

该模式主要用于组装各个零件，并为零件分配其在成品中的位置，还可定义分解视图，以更好地检查或显示零件关系。该模式还提供自顶向下设计的方法，从骨架零件的零件开始创建每个零件(和零件文件)，对某个零件所进行的编辑会自动影响到与其连接的其他零件。在普通组件中使用组件模式将某个零件与其他零件相关联，在零件尺寸改变时它们仍保持相关性。

执行【新建】/【组件】命令，可进入到该模式。

3) 工程图模式

绘图模式用于直接根据 3D 零件和组件文件中所记录的尺寸，设计创建成品的精确机械图。为 3D 模型创建的任何信息对象——尺寸、注释、曲面注释、几何公差、横截面等都会传送到绘图模式中。当 3D 模型传送这些对象时，它们会维持其关联性，且可以在绘图时对其进行编辑来影响此 3D 模型。

执行【新建】/【绘图】命令，可进入到该模式。

2. 操作界面

1) Creo 的启动

启动 Creo。

(1) 双击桌面上的 Creo 快捷方式图标。

(2) 在桌面上执行【开始】/【所有程序】/【PTC Creo】/【PTC Creo Parametric】命令。

2) Creo 的工作界面

Creo 中文版启动后的工作界面如图 5.2 所示。左侧为导航窗格。单击打开 按钮，浏览并选择安全阀体零件并打开。左侧导航栏显示该零件的模型树。模型树是一个包括零件文件中所有特征的列表，包括基准和坐标系。当用户处于零件文件中时，模型树会在根目录显示零件文件的名称，并在其下显示出零件中的每个特征。对于组件文件，模型树会在根目录显示组件的文件，并在其下显示出所包含的零件文件，如图 5.3 所示。模型树中的项目直接链接到设计数据库，当选中树中的项目时，它们所代表的特征会被加亮，并在图形窗口中呈现被选中的状态。初学时，模型树可用作选取工具。当用户有了更多经验后，就可以使用图 5.3 所示的选项，将模型树用于跟踪和编辑，或在操作过程中右击特征并从快捷菜单中访问操作。

图 5.2 Creo 工作界面

图 5.3 模型树

3. 文件管理

1) 工作目录

系统将程序启动目录自动设置为默认工作目录。默认情况下，自动创建的文件和用户未指定任何其他位置就进行保存的文件会保存在此工作目录中。

执行【文件】/【设置工作目录】命令，可将所有文件保存在所需的保存位置。

2) 打开文件

执行【文件】/【打开】命令，或单击工具栏上的 按钮。Creo 就会参照该工作目录打开文件。在【文件打开】对话框中可选择预览欲打开的文件。

3) 新建文件

执行【文件】/【新建】命令，或单击工具栏上的 按钮。Creo 系统会弹出【新建】对话框，提示用户选取文件类型以及子类型，默认选择为【元件】。

4. 模型操控

工作时用户将不断操控模型，使用鼠标上的按键对模型进行旋转、平移和缩放操作。

旋转：按住鼠标中键；平移：按住鼠标中键+Shift 键；缩放：按住鼠标中键+ Ctrl 键+垂直拖动或旋转鼠标滚轮。

5. 显示选项

1) 实体显示

当模型变得更大、更复杂时，用记会在实体与线框显示之间进行切换，以便于选取和提高计算机的性能。两个主要的显示模式为着色(实体)和线条。线条显示有 3 种形式，每种形式均较详细地显示模型的轮廓,见表 5-1。

表 5-1 显示选项

图标	说明	图标	说明
▢	着色——将模型显示成实体	▢	隐藏线——隐藏线以虚线形式显示
▢	无隐藏线——不显示被前面曲面遮住的线条	▢	线框——将前面与后面的线条都显示出来
▢ ⁄ × ✗	基准隐藏	▢ ⁄ × ✗	基准显示

2) 基准显示

在操作过程中,可以随时视需要全局显示或隐藏基准平面、基准点、轴点和坐标系。可以在模型树中选取一个基准,然后使用左击,在弹出的下拉菜单中去掉勾选可将其隐藏。屏幕上出现的基准 会使工作区显得混乱,且可能因重画而降低效率,因此,好的方法是隐藏大多数的基准对象,当操作或参照需要它们时再取消隐藏,见表 5-1。

6. 创建参照几何

参照几何可让用户轻松地找出 3D 空间中的基础模型特征。用户要开始设计一个新的模型时,需创建参照几何(称为基准平面)。启动新零件时,系统会在其中添加 3 个基准平面和一个坐标系。基准平面将被自动命名为"FRONT"、"TOP"和"RIGHT"。坐标系会标示出 X、Y 和 Z 轴,Z 轴正方向与 FRONT 基准平面相垂直。如果将基准定向成使 FRONT 平面与屏幕平行,Z 轴则垂直于屏幕。

装配元件或创建特征时,在整个建模过程中都会使用基准平面。基准可以是实际的点、平面或曲线,但它们没有厚度值,就像实体特征一样,创建的基准也添加到模型树中。默认情况下,它们以数字形式命名,例如 DTM1、DTM2(基准平面)或 PNT1、PNT2(基准点),可以对其重命名,以便在加入模型树后能更确切地说明其用途。

单击工作界面右侧的 ▢、⁄ 等按钮,进入创建基准对话框。

1) 创建基准平面

基准平面是 2D 几何参照,可以用来建立特征几何。例如,如果没有其他适当的平面,可以在基准平面上草绘或者放置特征。也可以指定基准平面的尺寸,就像指定边的尺寸一样,构建装配体时可以使用组件命令来参照基准平面。基准平面的创建通常通过指定约束来实现,常见的创建基准平面的方法有以下 5 类。

(1) 穿过:可约束平面使其穿过边、顶点、轴或点,如图 5.4 所示。

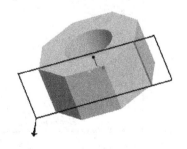

图 5.4 穿过两条边创建基准平面

(2) 偏移：可约束平面使其从曲面或其他基准平面开始偏移，如图 5.5 所示。

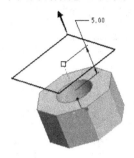

图 5.5　偏移 50mm 创建基准平面

(3) 平行：可约束平面使其与曲面或者其他基准平面平行，如图 5.6 所示。

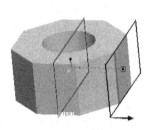

图 5.6　穿过边且平行于 RIGHT 面创建基准平面

(4) 垂直：可约束平面使其垂直于轴、曲面或其他基准平面，如图 5.7 所示。

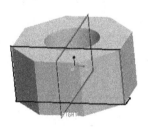

图 5.7　穿过边且垂直于 RIGHT 面创建基准平面

(5) 相切：可约束平面使其与边或者曲面相切，如图 5.8 所示。

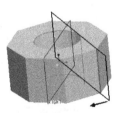

图 5.8　穿过边且与圆柱面相切创建基准平面

2) 创建基准轴

和基准平面一样，基准轴也可以用作特征创建的参照。基准轴尤其适合于生成基准平面、放置同轴项及创建径向阵列。创建圆柱特征时会在特征内创建一个特征轴。与特征轴不同之处在于基准轴是单独的特征，可被重定义、隐含、遮蔽或删除。基准轴可通过指定曲面创建，也可以通过指定两点创建，如图 5.9 所示。

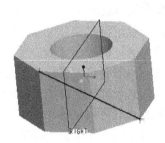

图 5.9　穿过两点创建基准轴

7. 特征的编辑

通过选取单个特征和几何，可指名要编辑的特征、几何和元件。例如在将孔特征添加到零件之前，必须选取放置参照和位置参照，这是整个建模过程中所用的常见技巧。选取操作非常重要，在特征、模型或几何上执行选取后，可在选定项目上进行修改。要对模型进行修改，必须要编辑模型。编辑操作也非常重要，因为在开发过程中模型和设计会不断地更改，而且原有设计是大多数新产品开发的出发点。

1) 选取特征、几何和元件

在编辑设计模型或在模型上创建新特征之前必须要选取模型，利用选取特征可以在零件模型中选取特征和几何，或在组件中选取元件。基本的选取方式有两种：直接选取和查询选取。

(1) 直接选取。将鼠标光标置于特征或元件之上后，单击将其选中。可以通过使用 Ctrl 键来选取或取消选取多个项目，也可以使用选取过滤器来缩小可选对象的范围。

直接选取的方式有两种。

① 直接在模型上选取。在将光标移动至模型上时，蓝色的边指定预选取的项目，在模型中单击某一项目后，该项目会以红色加亮，表明已将其选定。选定的项目视打开的项目是零件还是组件而定，如果打开的是零件，则会以红色线框加亮特征，如果打开的是组件，则会以红色线框加亮元件。

如果要取消选取，在绘图区空白处单击鼠标左键。还可利用 Ctrl 键再次选取这些项目、在图形窗口背景中进行点选。重画屏幕 不会取消选取项目。

② 在模型树中选取。在模型树的特征或元件列表中导航，然后选取所需的特征，Creo 会在图形窗口中加亮选定特征或元件。

(2) 查询选取。查询选取可以选取隐藏的特征、几何或元件，查询选取也有两种方式。

① 通过查询模型的方式选取。直接在图形窗口中选取模型时，蓝色的边指定一个预选取项目，右击，可越过初始模型或特征直接查询下一个模型或特征。继续右击可查询下一

个模型或特征，查询到所需模型或特征后，单击即可进行选取，即右键查询左键选取。

② 使用查询列表选取。查询列表针对目前光标所处位置列出所有可能的查询项目。将光标移至需查询的位置，右击，从浮动下拉菜单中选择【从列表中拾取】命令，再从列表中选取所需的项目。

2) 排序与隐含

模型树最有用的两个功能就是控制特征顺序和隐含或恢复模型中的特征。特征顺序就是特征在模型树中显示的顺序。添加一个特征时，该特征会附加到模型树的底部。最简单地说，排序就是一种组织工具，可以在树中向上拖动特征。将其与父特征或其他相关的特征放在一起，即使该特征是在父特征后创建的也可执行此操作，用户无法将子特征排在父特征之前。从另一种角度看，重新排序现有的特征可改变模型的外观。

隐含某个特征是暂时地在实体上和视觉上将其从模型中移除。如果只是为了简化显示，可以对模型树中的选定特征使用 隐藏 命令。但用户可能想要暂时地隐含某个特征，例如想将另一特征放在该特征位置处，或者是因为该特征可能会引起一些问题，需要将其调整到其他位置。

在模型树中选取一个基准，然后右击，选择 隐含 命令。

3) 隐藏与显示

隐藏功能是在图形窗口中暂时移除/显示非实体特征或元件。隐藏项目后选取操作会变得更加容易，显示效果也会更加清晰，完成任务后可取消隐藏。

选取需隐藏的项目，右击，在下拉菜单中同一位置选择 取消隐藏 命令。

4) 编辑设计模型

编辑操作： 包含三个命令，可以从模型树或单击选中绘图界面原件右键选择此命令。选择编辑命令后，选定的特征或元件尺寸会显示在图形窗口中。

如果要直接在模型上编辑，只需在尺寸上双击并输入修改尺寸，单击 重新生成 按钮即可。

5) 编辑定义

编辑定义用于重新定义特征，对模型进行重大更改。

(1) 类型：将伸出项更改为切割项。

(2) 大小：加大或缩小特征。

(3) 形状：将圆形切口更改为方形缺口。

(4) 位置：将切口从一个参照移到另一个参照上。

在编辑定义中，可以使用下列方式修改模型。

(1) 使用控制板来编辑。它是一个图形区域，可以在此区域中更改特征类型、大小、形状和位置。

(2) 使用拖动控制滑块进行编辑。控制滑块是一个图形对象，用于在创建或重新定义时实时操控几何。使用鼠标拖动控制滑块来重新调整大小、重新定向或移动特征几何，更改会动态地显示在图形窗口中。

(3) 在进行动态预览或拖动控制滑块时，可使用各种随上下文变动的鼠标右键命令。

5.2 Creo 零件实体建模

一般而言,用 Creo 进行零件实体建模的步骤通常为先创建基础特征,然后在基础特征的基础上创建放置特征,如倒角、孔、筋、壳等特征。基础特征是三维模型的基础,创建基础特征一般从 2D 草绘开始,经过拉伸、扫描、旋转或者混合等操作形成基础特征。

5.2.1 草图绘制

1. 草绘界面

(1) 执行【文件】/【新建】命令或单击【新建】按钮。在弹出的【新建】对话框中,选中【草绘】单选按钮,在【名称】文本框中输入文件名或者接受的默认的文件名(如 s2d0001),单击【确定】按钮,进入草绘模式环境。

(2) 执行【文件】/【新建】命令或单击【新建】按钮。在弹出的【新建】对话框中,选中【模型】单选按钮,单击【确定】按钮,进入模型模式环境。选取相应的基础特征,指定绘图基准平面进入草绘模式。

2. 草图绘制及编辑

草绘界面的右侧直列的按钮为草绘及草绘编辑工具栏,如图 5.10 所示,借助这些按钮可以完成截面的绘制、尺寸的标注与修改以及约束条件的定义等。

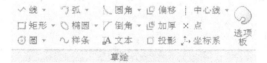

图 5.10 草绘编辑工具栏

在其下侧的下拉三角按钮是功能延伸指示按钮,表明生成这个几何特征的几种方式。最上面的按钮处于按下状态时为选取模式。表 5-2 具体介绍了草绘编辑工具栏中各按钮的含义。

表 5-2 草绘编辑工具

图标	功用	图标	功用
线链 直线相切	绘制直线、切线,单击延伸功能按钮可选择	样条	绘制样条线
拐角矩形 斜矩形 中心矩形 平行四边形	通过定义矩形对角点的位置,绘制矩形	偏移	以物体边界为像素,以及选取物体边界并以偏移量作为像素

续表

图标	功用	图标	功用
圆心和点 同心 3点 3相切	绘制圆、同心圆、外接圆及内切圆	删除段 拐角	动态修剪，修剪以及截断
3点/相切端 圆心和端点 3相切 同心 圆锥	绘制圆弧、同心圆弧、切线弧以及圆锥曲线	镜像 旋转调整大小	镜像，像素缩放与旋转，以及像素复制
轴端点椭圆 中心和轴椭圆	绘制椭圆	法向	手动标注尺寸
圆形 圆形修剪 椭圆形 椭圆形修剪	倒圆及倒椭圆弧	竖直 相切 对称 水平 中点 相等 垂直 重合 平行 约束 ▼	定义或修改截面中各线段的约束条件
倒角 倒角修剪	倒直角	修改	修改尺寸或文字的内容
取消	放弃绘制	确定	完成绘制

3. 草绘约束

约束条件按钮可以定义也可以修改几何特征之间的关系，这就使得绘图变得方便，可以使用户精准定位、定形。

单击草绘编辑工具栏的按钮，系统打开图 5.11 所示的【约束】面板，用户可以通过此面板添加或查询各种约束条件。表 5-3 具体介绍了这 9 种约束条件的具体含义和基本用法。

【例 5-1】应用草绘，建立图 5.12 所示的几何特征。

图 5.11 草绘约束面板　　　　　　　图 5.12 草绘模型实例

(1) 执行【文件】/【新建】命令或单击【新建】按钮。在弹出的【新建】对话框中，选中【模型】单选按钮，单击【确定】按钮，进入模型模式环境。

(2) 单击拉伸按钮，进入图 5.13 所示的拉伸属性面板，单击【定义】按钮，在草绘工作界面中选取 TOP 为绘图基准面，RIGHT 为参照基准面，点击 转至图 5.14 所示草绘模式。

表 5-3 在地几何约束功能表

按 钮	名 称	功 能
竖直	竖直约束	使直线维持竖直或两点在同一竖直直线上
水平	水平约束	使直线维持水平或两点在同一水平线上
垂直	垂直约束	使两直线相互垂直
相切	相切约束	使两图素相切
中点	中点约束	定义直线的中点
重合	对齐约束	使两图素共线、两点重回、两点对齐或点在直线上
对称	对称约束	使两图素对称
相等	相等约束	等半径、直径或长度
平行	平行约束	使两图素平行

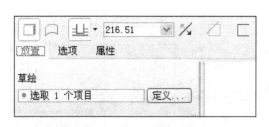

图 5.13 拉伸属性面板

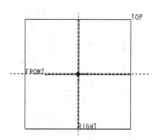

图 5.14 草绘模式

(3) 单击中心线按钮 中心线在 FRONT 面和 RIGHT 面上绘制两条中心线。

(4) 单击矩形按钮 矩形，系统将自动捕捉对称并生成一个矩形，如图 5.15 所示。

(5) 双击尺寸值，并输入图示尺寸值，系统自动将图形缩放至修改后的尺寸，如图 5.16 所示。(6) 单击圆形按钮 圆，绘制图 5.17 所示的圆形，并单击按钮 相等约束两半径，使它们相等，如图 5.18 所示。

(7) 单击倒圆角按钮 圆角，绘制图 5.19 所示的圆角并修改尺寸，图中出现的数值"75.00"为弱尺寸(即缺少约束定位)如图 5.20 所示。

(8) 单击按钮 对称对称约束，并如图 5.21 所示依次选择两端点及中心线，弱尺寸"75.00"将消失，单击 按钮。

(9) 在图 5.13 所示的拉伸属性面板中输入深度 30，并确定，结果如图 5.12 所示。

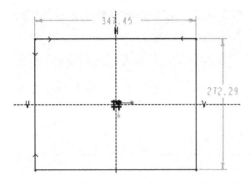
图 5.15 系统捕捉对称生成的矩形

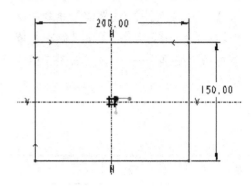
图 5.16 修改后的矩形

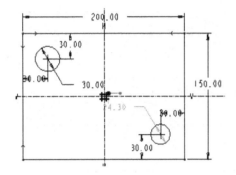
图 5.17 绘制圆形

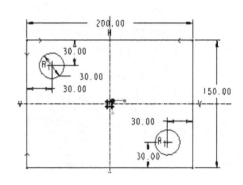
图 5.18 修改后的圆形

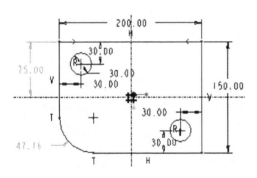
图 5.19 绘制圆角

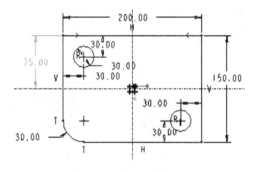
图 5.20 修改后的圆角

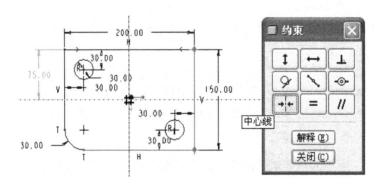
图 5.21 对称约束

5.2.2 实体建模

实体建模特征包括拉伸体、旋转、扫描、螺旋扫描和混合等特征。其特点是创建的特征与截面曲线或引导线是相互关联的，当其用到的曲线或引导线发生变化时，生产的扫描特征也将随之变化。下面具体介绍几个常用的实体建模特征。

1. 拉伸

拉伸就是将实体表面、实体边缘、曲线、链接曲线或者片体通过拉伸生成实体或者片体。

创建拉伸体：执行【插入】/【拉伸】命令或单击基础特征工具栏中的按钮，进入拉伸属性面板。拉伸属性面板的操作选项说明如图 5.22 所示。

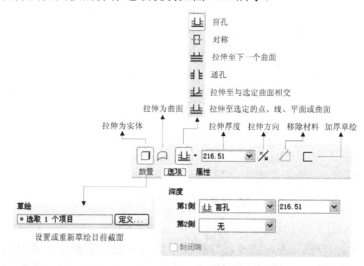

图 5.22 拉伸选项说明

【例 5-2】绘制图 5.23 所示的垫片。

(1) 单击拉伸按钮，进入拉伸属性面板，单击【定义】按钮，在草绘工作界面中选取 TOP 为绘图基准面，RIGHT 为参照基准面，系统自动转至草绘模式，按照图 5.23 绘制草图。

(2) 绘制好草图后单击 ✔ 按钮，拉伸厚度输入 "2"，单击 ✔ 按钮，结果如图 5.24 所示。

图 5.23 安全阀垫片

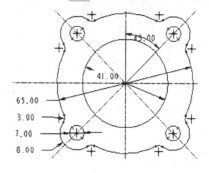

图 5.24 拉伸草图

2. 旋转特征

旋转特征属于旋转扫描，回转操作与拉伸操作类似，它们的不同之处在于使用此命令可使截面曲线绕指定轴回转一个非零角度，以此创建一个特征。用户可以从一个基本横截面开始，然后生成回转特征或部分回转特征。

单击特征工具栏中的 旋转 按钮，进入旋转属性面板。旋转属性面板的操作选项说明如图 5.25 所示。

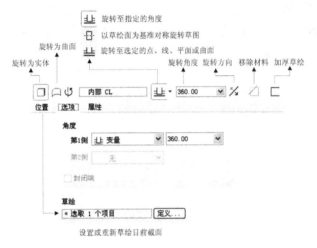

图 5.25 旋转选项说明

【例 5-3】绘制图 5.26 所示安全阀罩。

(1) 单击 旋转 按钮，进入旋转属性面板，单击【定义】按钮，在草绘工作界面中选取 FRONT 为绘图基准面，RIGHT 为参照基准面，系统自动转至草绘模式，按照图 5.27 绘制草图。

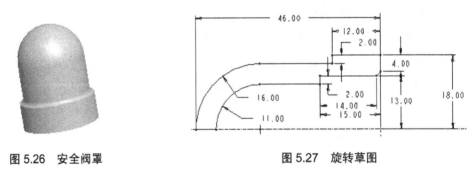

图 5.26 安全阀罩　　　　　　　　图 5.27 旋转草图

(2) 单击中心线按钮 中心线，在 TOP 面上绘制一条中心线。

(3) 绘制好草图后单击 ✓ 按钮，旋转角度输入 "360"，单击 ✓ 按钮，结果如图 5.26 所示。

3. 扫描特征

扫描特征是通过草绘或选取轨迹，然后扫描沿该轨迹的截面来创建实体。

执行【插入】/【扫描】/【伸出项】命令，弹出图 5.28 所示菜单面。扫描特征的选项流程如图 5.29 所示。

【例 5-4】绘制图 5.30 所示回形针零件。

(1) 选择基准选项板中的 按钮，点击进入草绘界面，选取 TOP 为绘图基准面，点击转至绘图画面，按照图 5.31 绘制草图。

(2) 单击特征工具栏中的 扫描按钮，进入图 5.29 所示扫描属性面板。

图 5.28　扫描特征菜单栏

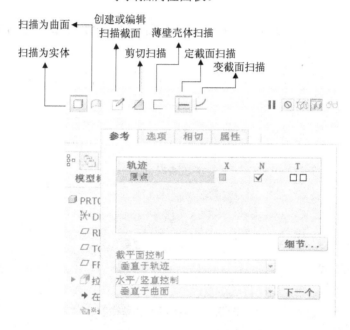

图 5.29　扫描特征选项流程

(3) 选择图 5.31 绘制的曲线作为轨迹线，点击 按钮，系统自动转至截面模式，在十字光标处绘制图 5.33 所示的直径为 10 的圆形截面；要改变扫描起始点鼠标左键双击图 5.32 所示的箭头。

(4) 单击 按钮，结果如图 5.30 所示。

4. 混合

混合特征是由一系列、至少两个平面截面(剖面)组成的，Creo 将在这些平面截面的边界处用一个过渡曲面来连接，以形成一个连续的特征。它具有以下 3 种类型。

(1) 平行：所有混合截面(剖面)都位于截面草绘中的多个平行面上。

(2) 旋转：混合截面将绕 Y 轴旋转，最大角度可达 120°。每个截面都单独草绘，并和截面坐标对齐。

(3) 一般：一般混合截面可以绕 X 轴、Y 轴和 Z 轴旋转，也可以沿这 3 个轴平移。每个截面都单独草绘，并和截面坐标对齐。

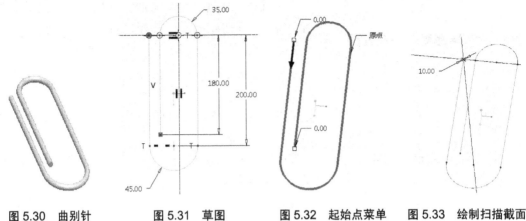

图 5.30　曲别针　　　图 5.31　草图　　　图 5.32　起始点菜单　　　图 5.33　绘制扫描截面

混合特征的操作方法如下。

执行【形状】/【混合】命令，位置如图 5.34 所示。混合特征的属性面板如图 5.35 所示。

图 5.34　混合特征菜单栏

图 5.35　混合特征属性面板

【例 5-5】绘制图 5.36 所示的上圆下方混合零件。

(1) 单击特征工具栏中的 混合 按钮，进入图 5.35 所示扫描属性面板。

(2) 在图 5.35 中点击 定义... ，选取 TOP 为绘图基准面，点击转至绘图画面，按照图 5.37 绘制草图。系统默认为 Creo 版本的【平行】/【规则截面】/【草绘截面】/【完成】命令。

(3) 在激活的属性面板中按照 截面1 50.00 输入混合高度 50，图 5.37 中的箭头是混合的起始点。

(4) 此时截面 2 被激活，按照图 5.35 截面位置，找出截面 2，并单击  中草绘按钮。

(5) 鼠标点选 TOP 面作为草绘平面，点击转至绘图画面，按照图 5.38 绘制草图，绘制时在约束面板中使用与第一截面重合命令。

(6) 在激活的属性面板中按照 截面1 50.00 输入混合高度 50，图 5.38 中的箭头是混合的起始点。

(7) 在图 5.35 中将鼠标放置截面 1 上，单击左键，选择新建截面。

图 5.36 混合零件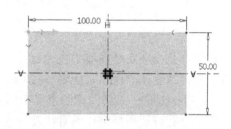

图 5.37 第一混合截面

(8)截面 3 被激活，按照图 5.35 截面位置，找出截面 3，输入截面三的深度"40"，并单击 草绘... 按钮。

(9)按图 5.39 所示绘制两条中心线，以及绘制圆与矩形相切。单击修剪功能中的分割按钮 分割，将整圆分割为图 5.40 所示的 4 段圆弧(注意起始点方向，起始点可选择后右键设置，起始点结果如图 5.40 所示)。

(10) 绘制好草图后单击 ✓ 按钮，选择图 5.41 中选项命令，选择"直"如图 5.41 所示。单击 ✓ 按钮，结果如图 5.36 所示。

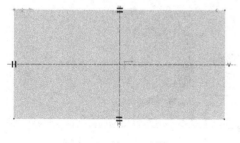

图 5.38 第二混合截面

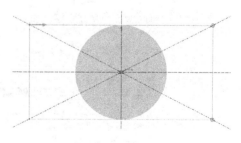

图 5.39 第三混合截面

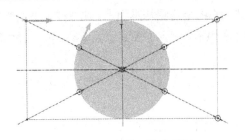
图 5.40 分割第三混合截面

图 5.41 混合截面混合特性

5.2.3 直接特征

在 Creo 中创建几何特征有很多方法。可以使用传统方式，即从 2D 草绘开始，然后进行实体拉伸、标注尺寸和放置。

或者，使用直接特征，通过将预定义的形状放置在设计模型上，这些特征可以快速添加孔、倒角、倒圆角、拔模等。此过程将跳过草绘阶段，直接在设计模型上放置特征并标注尺寸，因此可以简化并加快特征的创建。

1. 孔特征

孔特征是指在实体模型中去除部分实体，此实体可以是长方体、圆柱体或圆锥体等，通常在创建螺纹孔的底孔时使用。在 Creo 中，孔特征将分为以下 3 种。

(1) 简单直孔：指剖面为圆形且有固定直径的一类孔特征，它是孔特征中最简单的一种，构建直孔特征需指定孔的直径及深度。

(2) 简单标准孔：操作原理类似直孔，但可根据螺纹标准来绘制。

(3) 草绘孔：在草绘模式下草绘一旋转剖面，系统将自动生成旋转切割孔。

孔创建选项操控板说明如图 5.42 所示。

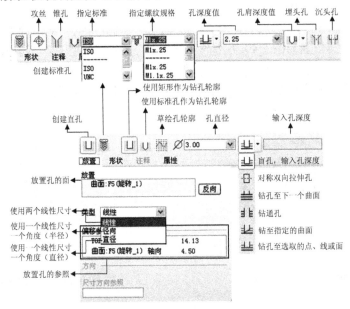

图 5.42 孔特征选项说明

【例 5-6】建立图 5.45 所示的阀门零件主模型，按图 5.45 所示打 M6×1 螺纹孔及 $\phi 3$ 通孔。

(1) 参照例 5-3 的方法，应用旋转建模法按图 5.43 所示尺寸建立阀门零件。

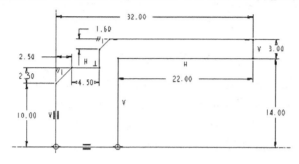

图 5.43　零件的二维草图

(2) 执行【插入】/【孔】命令，进入孔选项控制板，如图 5.41 所示。

(3) 创建直孔，选通孔，输入深度，选择图 5.44 所示的圆柱曲面为孔放置面，类型选择"线性"，鼠标捕捉绿色方块，分别放置在参照面 1 和参照面 2 上，值分别为"5.5"和"0"。

(4) 单击 ✓ 按钮，完成盲孔创建，如图 5.44 所示。

(5) "创建标准孔，指定标准选择"ISO"，指定螺纹规格 M6×1，输入深度"5"，选择如图 5.44 所示的"放置面"为螺纹孔放置面，类型选择"径向"，鼠标捕捉绿色方块，一个放置在参照轴 A-2 上，半径值为"0"，另一个放置在参照面 FRONT 面，角度值为"90°"。

(6) 单击 ✓ 按钮，完成螺纹孔创建，如图 5.46 所示。

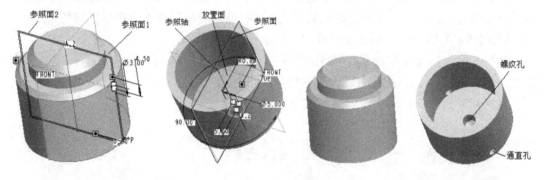

图 5.44　放置孔　　　图 5.45　阀门主零件　　图 5.46　阀门零件(1)

2. 倒圆角

倒圆角是为了零件造型更为美观或达到增加零件强度的目的。

【例 5-7】为图 5.47 所示安全阀门上盖零件倒 R3 圆角。

执行【插入】/【倒圆角】命令或单击工程特征工具栏中的 ⌇ 按钮，进入倒圆角选项面板，在圆角半径栏输入值"3"，选择需进行倒角的边，结果如图 5.48 所示。

3. 倒直角

倒直角特征是在零件的边线或角落上切削材料，在相应位置生成一个斜面以达到设计要求的一类切割特征。

图 5.47 上盖零件　　　　图 5.48 倒圆角

【例 5-8】分别为图 5.49 所示的安全阀门零件倒 C2.5 和 C1.6 角。

(1) 执行【插入】/【倒直角】命令(或单击工程特征工具栏中的 按钮),进入倒直角选项面板,在 D 值中输入 "2.5",选择小圆柱体上边界,确定。

(2) 重复动作选择需进行倒角的边,在 D 值中输入 "1.6",选择大圆柱体上边界,确定。结果如图 5.50 所示。

图 5.49 阀门零件(2)　　　　图 5.50 倒直角

4. 壳

壳特征即抽壳特征,指在模型上选择一个或多个移除面,并设置抽壳厚度,系统从选取的移除面开始,掏空所有和选取表面有结合的特征材料,只留下指定壁厚的壳体。

【例 5-9】为图 5.51(a)所示安全阀门零件抽壳,厚度为 5。

执行【插入】/【壳】命令或单击工程特征工具栏中的 按钮,进入壳选项面板,在厚度栏中输入 "5",选择图 5.51(b)所示的上下两个平面,确定。

抽壳结果如图 5.51(c)所示,壁厚均为 5mm。

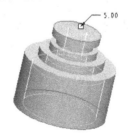

(a) 原始零件　　　　(b) 选择移除面　　　　(c) 抽壳

图 5.51 抽壳

5. 筋

筋又称为加强筋,是设计中连接到实体曲面的薄伸出特征,对提升薄壳外形产品的强度有十分重要的作用。

【例 5-10】为图 5.52(a)所示的安全阀门的阀体零件创建筋板特征,筋板厚度为 6。

(1) 执行【插入】/【筋】命令或单击工程特征工具栏中的 按钮，进入筋板选项面板。

(2) 选择筋板的对称平面作为绘图平面，绘制如图 5.52(b)、图 5.52(c)所示的筋曲线，在厚度栏中输入"6"，确定。

筋结果如图 5.52(d)所示，筋板壁厚 6mm。

注意：绘制筋板时零件必须能够形成封闭的界面，未封闭处系统自动寻找并封闭图形。

5.2.4 复制特征

复制特征主要针对单个特征、局部组或数个特征，特征经复制后产生相同的特征。由复制产生的特征与原特征的外形和尺寸可以相同也可以不同。

1. 阵列特征

在三维建模需要创建多个相同结构的特征时，而这些特征在模型特定位置上规则地排列，这时特别适合用阵列的方法创建这些特征。需注意的是：由于系统只允许一次阵列一个单独特征，如果要阵列多个特征，则可创建一个局部群组，然后再阵列这个群组。

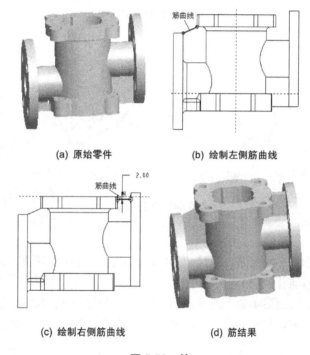

(a) 原始零件　　(b) 绘制左侧筋曲线

(c) 绘制右侧筋曲线　　(d) 筋结果

图 5.52　筋

执行【编辑】/【阵列】命令，或单击特征编辑工具栏中的 按钮，进入阵列特征选项面板，如图 5.53 所示。

【例 5-11】为图 5.54(a)所示的安全阀门阀体零件阵列孔特征。

(1) 按例 5-11 所示创建沉孔，沉孔尺寸如图 5.54(b)所示，打孔结果如图 5.54(c)所示。

(2) 执行【编辑】/【阵列】命令或单击编辑特征工具栏中的 按钮，进入阵列选项面板。

(3) 选择图 5.53(c)中轴选项，选择中心轴 A-2 为阵列旋转轴，数量输入"4"，角度输入"90"。

阵列结果如图 5.54(d)所示。

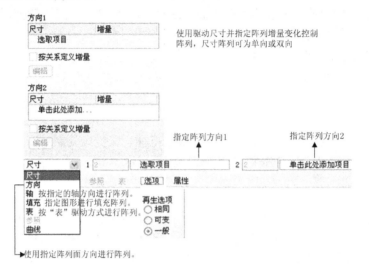

图 5.53　阵列特征选项板

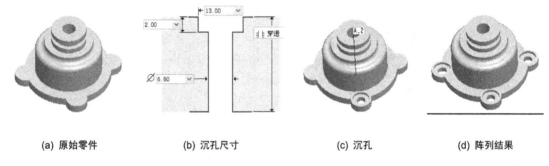

(a) 原始零件　　　(b) 沉孔尺寸　　　(c) 沉孔　　　(d) 阵列结果

图 5.54　阵列特征

2. 镜像复制

镜像复制可以当作一面镜子，将尺寸相同的特征或零件沿对称面重新复制一个。

【例 5-12】镜像复制图 5.55 所示零件。

(1) 执行【编辑】/【复制】命令或单击编辑特征工具栏中的 按钮，进入镜像选项面板。

(2) 选择图 5.55 中零件的底面作为镜像平面，镜像结果如图 5.55(b)所示。

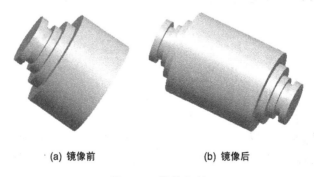

(a) 镜像前　　　　　　(b) 镜像后

图 5.55　镜像复制

5.3 Creo 装配

Creo 具有一个专门的组件设计(装配设计)模块。它是通过关联条件在部件间建立约束关系，进而来确定部件在产品中的位置，形成产品的整体机构。在 Creo 装配过程中，部件的几何体是被装配引用，而不是复制到装配中的。因此无论在何处编辑部件和如何编辑部件，其装配部件保持关联性。如果某部件修改，则引用它的装配部件将自动更新。本节将在前面几节的基础上，介绍组件设计模块的基本设计功能和设计方法，利用 Creo 的强大装配功能将多个部件或零件装配成一个完整的组件。

5.3.1 组件设计界面简介

在学习装配操作之前，首先要学习如何进入 Creo 装配模式以及熟悉组件设计界面，本节主要介绍上述内容。

零件设计完成后，可以在组件设计模式下将其装配起来，组件文件的扩展名为 asm。下面介绍创建组件文件的步骤。

(1) 在工具栏中单击 (创建新对象)按钮，或在菜单栏中执行【文件】/【新建】命令，打开【新建】对话框。

(2) 在【新建】对话框中，从【类型】选项组中选中【组件】单选按钮，从【子类型】选项组中选择【设计】单选按钮，接着在【名称】文本框中输入组件名称，取消选中【使用缺省模板】复选框，单击【确定】按钮。

(3) 弹出【新文件选项】对话框，选择"mmns_asm_design"模板，单击【确定】按钮，进入组件设计模式。

组件设计模式的界面系统会自动设置好组件设计的环境，包括 3 个基准平面 ASM_FRONT、ASM_RIGHT、ASM_TOP 及坐标系 ASM_DEF-CSYS。导航区的组件模型树在默认状态下只显示组件，不显示其组成的元件名称及特征。

要在组件模型树中显示特征，则应单击位于模型树上方的【设置】按钮，打开图 5.56(a)所示的菜单中选择【树过滤器】命令，弹出【模型树项目】对话框。在【显示】选项组中，选中【特征】复选框，如图 5.56(b)所示，单击【应用】按钮或者【确定】按钮即可。

在组件中，顶级组件的下一级组成对象(如零件、子组件等)，都被统称为元件。元件的装配方式是一个接着一个的，装配完一个元件之后才能继续装配下一个元件。

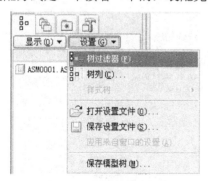
(a)选择【树过滤器】命令

(b)【模型树项目】对话框

图 5.56　在组件模型树中显示特征

5.3.2 约束装配

约束装配是最基本的装配方式，组件约束和草绘器使用的约束很相似，必须有足够的约束才能在三维环境下相对一个零件完成对另一个零件的放置。用户必须在两个方向建立参照，定义一个曲面或边关系(配对或对齐，必要时可具有偏移)并输入参照值。组件的零件上有足够的约束时，零件被认为完全约束。零件在未完全约束时可添加进组件，在这种情况下，零件被认为已封装。

用户可以交互式地导入、放置和约束零件来逐个对象地生成组件。用户也可使用自动确定放置约束加快处理过程。

开始装配新组件时，用户必须首先确定哪个零件应为基础元件。所有后续装配的元件都要直接或间接地参照此元件。因此，通常使用一个不太可能从组件中移除的元件作基础元件。

5.3.3 元件放置操控板

完全约束一个元件，通常需要定义 1～3 个约束。Creo 为装配零件提供了许多放置约束。约束类型的选择操作是在元件放置操控板上进行的。

单击 (将元件添加到组件)按钮，或者在菜单栏中执行【插入】|【元件】|【装配】命令，弹出【打开】对话框。接着选择要装配的元件(零件文件或组件文件)，单击对话框的【打开】按钮，则在模型窗口中出现所选取的文件，并且出现如图 5.57 所示的元件放置操控板。

图 5.57　元件放置操控板(1)

第 1 个约束的类型选项通常在如图 5.58 所示的约束列表框中选择。打开【放置】操控面板，也可以选择约束类型选项及相关的偏移类型选项，如图 5.59 所示。

要新建一个约束，可以在【放置】操控板上单击【新建约束】选项。

此外，在进行约束装配操作时，应该注意根据实际情况，巧用元件放置操控板上的 (在组件窗口显示元件)、 (在单独窗口显示元件)按钮，以方便在元件中选择所需的参照。

Creo 常见的几种约束类型见表 5-4。

图 5.58　约束操控板

图 5.59　【放置】操控板

表 5-4 几何约束功能表

约　　束	说　　明
匹配	面对面放置两个曲面或基准平面。配对类型可为"重合"或"偏移"
对齐	使两曲面或基准平面朝向同一方向，两轴同轴或两点重合
插入	将一旋转曲面插入另一旋转曲面，使其各自的轴同轴
坐标系	使两基准坐标系彼此重合
相切	控制两曲面在切点的接触
线上点	用一个点控制边、轴或基准曲线的接触
曲面上的点	约束两曲面配对以使一个曲面的基准点与另一个曲面接触
曲面上的边	约束边以接触曲面
固定	将被移动或封装的元件固定到当前位置
缺省	在系统默认位置装配元件

【例 5-13】安全阀装配范例。

范例目的：通过装配设计形成安全阀造型，使读者在实战中学习约束装配的方法及其操作技巧。

操作步骤如下。

1. 新建组件文件

(1) 在工具栏中单击 (创建新对象)按钮，或在菜单栏中执行【文件】|【新建】命令，打开【新建】对话框。

(2) 在【新建】对话框中，从【类型】选项中选择【组件】单选按钮，从【子类型】选项组中选择【设计】单选按钮，接着在【名称】文本框中输入组件"anquanfa"，取消选取【使用缺省模板】复选框，单击【确定】按钮。

(3) 弹出【新文件选项】对话框，选择"mmns_asm_design"模板，单击【确定】按钮，进入组件设计模式的界面。

2. 放置基础元件

创建组件的第一步是导入基础元件并自动将其零件坐标系对齐组件的坐标系。

(1) 在工具栏中单击 (将元件添加到组件)按钮，或者在菜单栏中执行【插入】/【元件】/【装配】命令，弹出【打开】对话框。从随书光盘中找到"fati.prt"文件，单击对话框中的【打开】按钮。

(2) 出现元件放置操控板。在约束列表中选择【缺省】选项，【状态】行指示基础元件已完全约束，如图 5.60 所示。

图 5.60 选择【缺省】选项

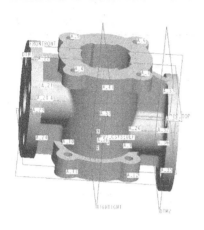

图 5.61 装配安全阀的阀体零件

(3) 单击元件放置操控板的☑(完成)按钮,在默认位置装配元件。此约束将零件坐标系与组件坐标系对齐。读者会看到零件的 FRONT、RIGHT 和 TOP 零件基准平面与它们各自的组件基准平面对齐,如图 5.61 所示。

3. 将元件装配到基础元件

基础元件就位后读者可开始向组件添加其他零件。从组件和装配的零件各选 取一个参照时,Creo 自动为这对指定的参照选取一个合适的 约束类型。此时还要考虑零件彼此定向的方式。

1) 装配阀门

(1) 在工具栏中单击 (将元件添加到组件)按钮,或者在菜单栏中执行【插入】/【元件】/【装配】命令,弹出【打开】对话框。从随书光盘中找到 famen.prt 文件,单击对话框中的【打开】按钮。

(2) 在元件放置操控板中,设置使 (在组件窗口显示元件,在单独装配窗口难以捕捉特征时选用此项)和 (在单独窗口显示元件)按钮同时处于被选中状态,如图 5.62 所示。

图 5.62 元件放置操控板(2)

(3) 从约束列表框中选择【匹配】选项,即设置第一个约束类型为【匹配】。在图 5.63 所示元件窗口中选取阀门的底面,在组件窗口中选择阀体内腔的上表面,该匹配约束的默认偏移类型为 ·(重合)。放置完成后,【状态】行指示为部分约束。

图 5.63 选取匹配参照(1)

(4) 为下一个参照集选中【放置】面板中的【新建约束】命令,然后从 【约束类型】列表中选择【对齐】。放大以选取图 5.64 所示的阀门中心轴和阀体中心轴为组件参照,放置完成后【状态】行指示为完全约束。

(5) 单击元件放置操控板的☑(完成)按钮,并保存组件。装配结果如图 5.65 所示。

2) 装配弹簧

(1) 在工具栏中单击 按钮，从随书光盘中找到"tanhuang.prt"文件并打开。

(2) 在元件放置操控板的约束列表框中选择【对齐】选项，即设置第一个约束类型为【对齐】。选取图 5.66 所示弹簧的底面和阀门内腔的上表面。该匹配约束的默认偏移类型为 -(重合)。放置完成后【状态】行指示为部分约束。

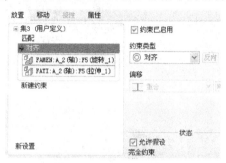

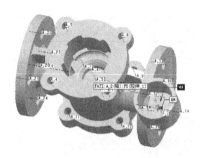

图 5.64 选取对齐参照(1)

图 5.65 装配阀门的完成效果

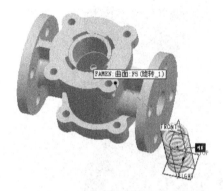

图 5.66 选取对齐参照(2)

(3) 为下一个参照集选中【放置】面板中的【新建约束】命令，然后从【约束类型】列表中选择【对齐】。放大以选取图 5.67 所示的弹簧中心轴和阀门中心轴为组件参照，放置完成后【状态】行指示为完全约束。

(4) 单击元件放置操控板的 (完成)按钮，并保存组件。装配结果如图 5.68 所示。

3) 装配托盘

(1) 在工具栏中单击 按钮，从随书光盘中找到"tuopan.prt"文件并打开。

(2) 在元件放置操控板的约束列表框中选择【匹配】选项，选取图 5.69 所示托盘的底面和弹簧的上表面，该匹配约束的默认偏移类型为 。

(3) 选中【放置】面板中的【新建约束】命令，然后在【约束类型】列表中选择【对齐】，放大以选取图 5.70 所示的托架中心轴和弹簧中心轴为组件参照。

(4) 单击元件放置操控板的 (完成)按钮，并保存组件。装配结果如图 5.71 所示。

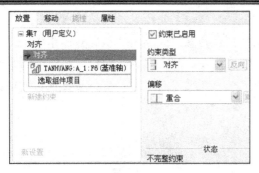 

图 5.67 选取对齐参照(3)

 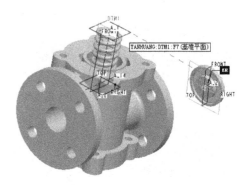

图 5.68 装配弹簧的完成效果　　　　图 5.69 选取匹配参照(2)

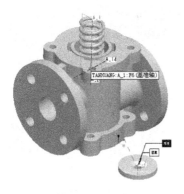 

图 5.70 选取对齐参照(4)　　　　图 5.71 装配托架的完成效果

4) 装配垫片

(1) 在工具栏中单击 按钮，从随书光盘中找到"dianpian.prt"文件并打开。

(2) 在元件放置操控板的约束列表框中选择【匹配】选项，选取图 5.72 所示垫片的底面和阀体的上表面，该匹配约束的默认偏移类型为 (重合)。

(3) 选中【放置】面板中的【新建约束】命令，然后在【约束类型】列表中选择【对齐】。放大以选取图 5.73 所示的垫片中心轴和阀体中心轴为组件参照。

(4) 单击元件放置操控板的 (完成)按钮，并保存组件。装配结果如图 5.74 所示。

图 5.72 选取匹配参照(3)

图 5.73 选取对齐参照(5)

5) 装配螺杆

(1) 在工具栏中单击 按钮，从随书光盘中找到"luogan.prt"文件并打开。

(2) 在元件放置操控板的约束列表框中选择【对齐】选项。选取图 5.75 所示螺杆的底面和托盘的下底面，匹配约束的默认偏移类型为 ·(重合)。

图 5.74 垫片装配结果

图 5.75 选取匹配参照(4)

(3) 选中【放置】面板中的【新建约束】命令，然后在【约束类型】列表中选择【对齐】。放大图 5.76 所示选取螺杆中心轴和阀体中心轴为组件参照。

(4) 单击元件放置操控板的 (完成)按钮，并保存组件。装配结果如图 5.77 所示。

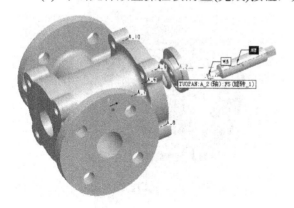
图 5.76 选取对齐参照(6)
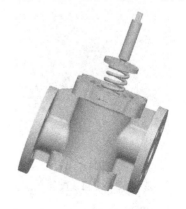
图 5.77 螺杆装配结果

6) 装配上盖

(1) 在工具栏中单击 ![icon] (将元件添加到组件)按钮,或者在菜单栏中执行【插入】/【元件】/【装配】命令,弹出【打开】对话框。从随书光盘中找到"shanggai.prt"文件,单击对话框中的【打开】按钮。

(2) 在元件放置操控板的约束列表框中选择【匹配】选项,选取图 5.78 所示上盖的底面和垫片的上表面,匹配约束的默认偏移类型为 ![icon]·(重合)。

(3) 选中【放置】面板中的【新建约束】命令,然后在【约束类型】列表中选择【对齐】。放大以选取图 5.79 所示的上盖中心轴和阀体中心轴为组件参照。

(4) 单击元件放置操控板的 按钮,并保存组件。装配结果如图 5.80 所示。

图 5.78 选取匹配参照(5)

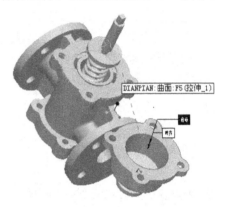

图 5.79 选取对齐参照(7)

7) 装配螺母 M10

(1) 在工具栏中单击 ![icon] 按钮,从随书光盘中找到"luomu10.prt"文件并打开。

(2) 在元件放置操控板的约束列表框中选择【匹配】选项,选取图 5.81 所示螺母的底面和上盖的上表面,该匹配约束的默认偏移类型为 ![icon]·(重合)。

(3) 选择【放置】面板中的【新建约束】命令,然后在【约束类型】列表中选择【对齐】。放大以选取图 5.82 所示的螺母中心轴和阀体中心轴为组件参照。

(4) 单击元件放置操控板的 按钮,并保存组件。装配结果如图 5.83 所示。

图 5.80 上盖装配结果

图 5.81 选取匹配参照(6)

8) 装配罩

(1) 在工具栏中单击 ![icon] 按钮,从随书光盘中找到"zhao.prt"文件并打开。

(2) 在约束列表框中选择【匹配】选项，即设置第一个约束类型为【匹配】。选取如图 5.84 所示罩的下底面和上盖的表面，匹配约束的默认偏移类型为 ⊥ -(重合)。

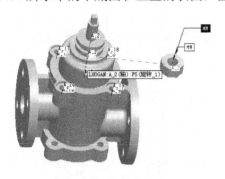

图 5.82　选取对齐参照(8)　　　　　　　图 5.83　螺母 M10 装配结果

(3) 选中【放置】面板中的【新建约束】命令，然后在【约束类型】列表中选择【对齐】。放大以选取图 5.85 所示的罩中心轴和阀体中心轴为组件参照。

(4) 单击元件放置操控板的☑(完成)按钮，并保存组件。装配结果如图 5.86 所示。

9) 装配锥形螺钉

(1) 在工具栏中单击 按钮，从随书光盘中找到"zhuixingluoding.prt"文件并打开。

(2) 在元件放置操控板的约束列表框中选择【对齐】选项，选取图 5.87 所示锥形螺钉的中心轴和罩螺钉孔的轴。

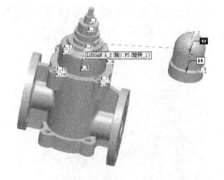

图 5.84　选取匹配参照(7)　　　　　　　图 5.85　选取对齐参照(9)

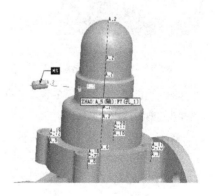

图 5.86　装配罩的完成效果　　　　　　　图 5.87　选取对齐参照(10)

(3) 选中【放置】面板中的【新建约束】命令，然后在【约束类型】列表中选择【对齐】选项。放大以选取图 5.88 所示锥形螺钉的上平面和阀体中心面为组件参照，匹配约束的默认偏移类型为 ▯(偏距)，偏距为 20。

(4) 单击元件放置操控板的 ☑(完成)按钮，并保存组件。装配结果如图 5.89 所示。

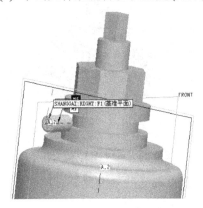 

图 5.88　选取对齐参照(11)　　　　　图 5.89　锥形螺钉装配结果

10) 装配螺柱 M6

(1) 在工具栏中单击 ☞ 按钮，从随书光盘中找到"luozhum6.prt"文件并打开。

(2) 在元件放置操控板的约束列表框中选择【匹配】选项，选取图 5.90 所示螺柱 M6 的下底面和下盖螺孔的下端面，匹配约束的缺省偏移类型为 ▯ (重合)。

(3) 选中【放置】面板中的【新建约束】命令，然后在【约束类型】列表中选择【对齐】。放大以选取图 5.91 所示的螺柱 M6 中心轴和下盖的螺孔中心轴为组件参照。

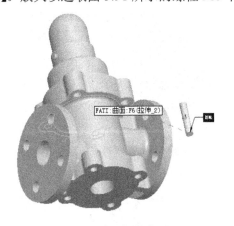 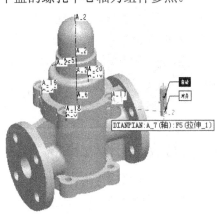

图 5.90　选取匹配参照(8)　　　　　图 5.91　选取对齐参照(12)

(4) 单击元件放置操控板的 ☑(完成)按钮，并保存组件。装配结果如图 5.92 所示。

11) 阵列螺柱 M6

选中螺柱 M6，在右侧基础特征面板上单击阵列按钮 ▦，在弹出的阵列操控面板的【设置阵列类型】中选择【轴】，鼠标点选阀体的中心轴，第一阵列输入 "4"，角度输入 "90°"，第二阵列默认为 "1"。单击 ☑ 按钮确认后，结果如图 5.93 所示。

图 5.92　螺柱 M6 装配结果

图 5.93　螺柱 M6 阵列结果

12) 装配垫圈 M6

(1) 在工具栏中单击 按钮，从随书光盘中找到"dianquanm6.prt"文件并打开。

(2) 在元件放置操控板的约束列表框中选择【匹配】选项，选取图 5.94 所示垫圈 M6 的下底面和上盖螺孔的内端面，匹配约束的默认偏移类型为 ·(重合)。

(3) 选中【放置】面板中的【新建约束】命令，然后从【约束类型】列表中选择【对齐】。放大以选取图 5.95 所示的垫片 M6 中心轴和螺柱 M6 中心轴为组件参照。

图 5.94　选取匹配参照(9)

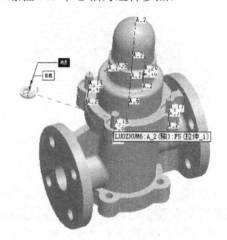
图 5.95　选取对齐参照(13)

(4) 单击元件放置操控板的 (完成)按钮，并保存组件。装配结果如图 5.96 所示。

13) 阵列垫圈 M6

选中垫圈 M6，在右侧基础特征面板上单击阵列按钮 ，在弹出的阵列操控面板的【设置阵列类型】中选择【轴】，鼠标点选阀体的中心轴，第一阵列输入"4"，角度输入"90°"，第二阵列默认为 1。单击按钮 确认后，结果如图 5.97 所示。

14) 装配螺母 M6

(1) 在工具栏中单击 按钮，从随书光盘中找到"luomum6.prt"文件并打开。

(2) 在元件放置操控板的约束列表框中选择【匹配】选项，选取图 5.98 所示螺母 M6 的下底面和垫圈的上端面，匹配约束的默认偏移类型为 ·(重合)。

(3) 选中【放置】面板中的【新建约束】命令,然后从【约束类型】列表中选择【对齐】。放大以选取图 5.99 所示的螺母 M6 中心轴和螺柱 M6 中心轴为组件参照。

(4) 单击元件放置操控板的☑(完成)按钮,并保存组件。装配结果如图 5.100 所示。

图 5.96　垫圈 M6 装配结果

图 5.97　垫圈 M6 阵列结果

图 5.98　选取匹配参照(10)

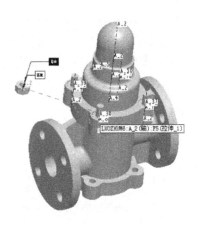

图 5.99　选取对齐参照(14)

15) 阵列螺母 M6

选中螺母 M6,在右侧基础特征面板上单击阵列按钮▦,在弹出的阵列操控面板的【设置阵列类型】中选择【轴】,鼠标点选阀体的中心轴,第一阵列输入"4",角度输入"90°",第二阵列默认为"1"。单击按钮☑确认后,结果如图 5.101 所示。

图 5.100　螺母 M6 装配结果

图 5.101　螺母 M6 阵列结果

4. 完成装配

整个安全阀的装配全部完成，完成后的效果如图 5.101 所示。

5.3.4 爆炸视图

装配爆炸视图相当于将装配好的组件拆散后形成的放置视图，目的是为了更好地显示整个装配的组成情况。同时可以通过对视图的创建和编辑，将组件按照装配关系偏离原来的位置，以便观察产品内部结构以及组件的装配顺序。

1. 创建爆炸图

要查看装配体内部的结构特征及其之间的相互装配关系，需要创建爆炸视图。在组件模式下执行【视图】/【分解】/【分解视图】命令，图 5.102 为安全阀分解实例。

2. 编辑爆炸图

在完成爆炸视图后，如果没有达到理想的爆炸效果，通常还需要对爆炸视图进行编辑。执行【视图】|【分解】|【编辑位置】命令，弹出图 5.103 所示的【分解位置】对话框，对图 5.104 自动分解视图进行编辑，选取要编辑的元件，选取运动参照，图 5.104 为以阀体曲面 F6 为平面参照的编辑结果。

3. 取消爆炸组件

该命令用于取消已爆炸的视图。执行【视图】/【分解】/【取消分解视图】命令即可将选中的组件恢复到爆炸前的位置。

图 5.102　分解视图　　　　图 5.103　【分解位置】对话框图　　　　图 5.104　编辑分解视图

【例 5-14】装配图 5.105 所示的滚轮。

范例目的：通过装配设计形成滚轮造型，使读者在实战中学习约束装配的方法及其操作技巧。

操作步骤如下。

1. 新建组件文件

(1) 在工具栏中单击 ▢(创建新对象)按钮，或在菜单栏中执行【文件】/【新建】命令，打开【新建】对话框。

(2) 在【新建】对话框中，从【类型】选项组中选择【组件】单选按钮，从【子类型】选项组中选择【设计】单选按钮，接着在【名称】文本框中输入组件名称 "gunlun"，取消选取【使用缺省模板】复选框，单击【确定】按钮。

(3) 弹出【新文件选项】对话框，选择 "mmns_asm_design" 模板，单击【确定】按钮，进入组件设计模式的界面。

图 5.105 滚轮装配

2. 放置基础元件

创建组件的第一步是导入基础元件并自动将其零件坐标系对齐组件的坐标系。

在工具栏中单击 ▦(将元件添加到组件)按钮，或者在菜单栏中执行【插入】/【元件】/【装配】命令，弹出【打开】对话框。从随书光盘中找到 "shili" 文件夹中的 "shili02.prt" 文件并打开。在约束列表框中选中【缺省】选项，【状态】行指示基础元件已完全约束，如图 5.106 所示。

3. 将元件装配到基础元件

1) 装配轴 1

(1) 在工具栏中单击 ▦ 按钮从随书光盘中找到 "shili01.prt" 文件并打开。

(2) 从约束列表框中选择【对齐】选项，选取图 5.107 所示轴 1 的中心轴和 shili02 的上孔轴，匹配约束的默认偏移类型为 ⊥·(重合)。

(3) 从约束列表框中选择【匹配】选项，即设置第一个约束类型为【匹配】。选取图 5.108 所示轴 1 的 FRONT 面和 shili02 的 RIGHT 面，匹配约束的默认偏移类型为 ⊥·(重合)。

图 5.106 放置基础元件

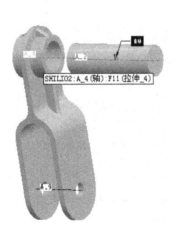

图 5.107 选取对齐参照(15)

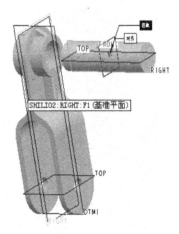

图 5.108 选取匹配参照(11)

(4) 单击元件放置操控板的☑(完成)按钮，并保存组件。装配结果如图 5.109 所示。

2) 装配轴 2

同理，选择 shili03，装配轴 2，装配结果如图 5.110 所示。

3) 装配滚轮

(1) 在工具栏中单击 按钮，从随书光盘中找到"shili04.prt"文件并打开。

(2) 从约束列表框中选择【对齐】选项，选取图 5.111 所示轮子的中心轴和轴 2 轴的中心轴，匹配约束的默认偏移类型为 ·(重合)。

  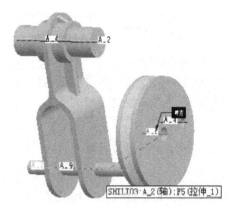

图 5.109　轴 1 装配图　　图 5.110　轴 2 装配　　图 5.111　选取对齐参照(16)

(3) 从约束列表框中选择【匹配】选项，选取图 5.112 所示滚轮的 RIGHT 面和 shili02 的 RIGHT 面，匹配约束的默认偏移类型为 ·(重合)。

(4) 单击元件放置操控板的☑(完成)按钮，并保存组件。

4. 完成装配

装配结果如图 5.113 所示，图 5.114 为分解图。

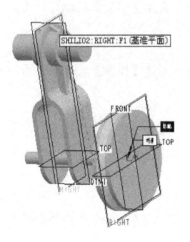  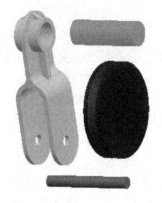

图 5.112　选取匹配参照(12)　　图 5.113　装配滚轮　　图 5.114　滚轮装配分解图

5.4 Creo 工程图

在产品实际加工制作过程中,一般都需要二维工程图来辅助设计,Creo 提供了专门的绘图模块来进行工程图设计,可以通过三维模型创建二维工程图。通过特征模块创建的实体可以快速地引入工程制图模块中,从而快速生成二维图。本节将介绍 Creo 工程图的基本知识。

5.4.1 工程图概述

Creo 制图模块可以把应用模块创建的特征模型生成二维工程图。创建的工程图中的视图与模型完全关联,即对模型所作的任何更改二维工程图都同步更新。此关联性使用户可以根据需要对模型进行多次更改,从而极大地提高了设计效率。对初学者来讲,首先需要了解工程图的一般过程及工程图工作界面。

创建工程图一般过程

通常,创建工程图前,用户需要完成三维模型的设计。在三维模型的基础上就可以应用工程图模块创建二维工程图了,其一般的操作步骤如下。

创建图纸。执行【文件】|【新建】命令,打开【新建】对话框。在【类型】选项组中选择【绘图】单选按钮,在【名称】文本框中输入新的工程图名称,取消选中【使用缺省模板】复选框。

在【新建】对话框中单击【确定】按钮,弹出【新视图】对话框。

在【新制图】对话框中,单击【缺省模型】选项组中的【浏览】按钮,系统会弹出【打开】对话框,从中浏览文件以查找到所需的模型名。

指定模型后,用户需要根据模型的具体尺寸初步选择工程图的图纸大小、方向等。

在【默认模板】选项组中,具有【使用模板】、【格式为空】和【空】3 个选项卡。下面分别介绍这 3 个选项卡的用法。

1) 使用模板

当选中【使用模板】单选按钮时,在【新制图】对话框中出现【模板】选项组,用户可以选择或查找到所需的模板文件。

2) 格式为空

当选中【格式为空】单选按钮时,在【新制图】对话框中出现【格式】选项组。单击【格式】选项组中的【浏览】按钮,将出现【打开】对话框,从中选择系统已定义好的格式文件(*.frm)。

3) 空

当选中【空】单选按钮时,用户需要在【方向】选项组中单击【纵向】、【横向】或者【可变】按钮,并在【大小】选项组中定义图纸大小尺寸规格。

在【新制图】对话框中指定了默认模型以及模板、图纸大小等,单击【确定】按钮,进入工程图的设计界面,如图 5.115 所示。

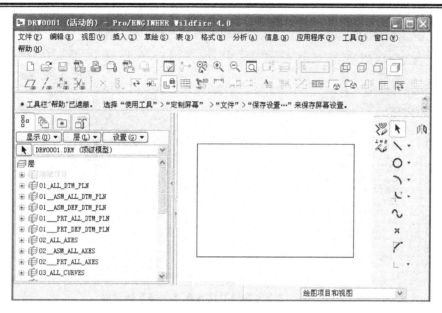

图 5.115　Creo 工程图的设计界面

5.4.2　工程图绘图环境设置

工程图参数是在工程图创建过程中根据用户需要进行的相关参数的预设值。例如箭头的大小、线条的粗细、隐藏线的显示与否、视图边界面的显示和颜色设置等。

除了使用已经定义好的模板外，用户还可以通过两种主要方式来设置工程图绘图环境。

1. 设置文件的绘图选项

在工具栏中执行【文件】/【属性】命令，打开如图 5.116 所示的【文件属性】菜单。该菜单的 3 个命令选项的功能说明如下。

1) 绘图模型

添加、删除绘图模型或将其中一个设置为当前模型。

2) 绘图选项

设置绘图参数。

3) 公差标准

设置公差标准。

在【文件属性】菜单中选择【绘图选项】命令，弹出如图 5.116 所示的【选项】对话框。

用户可以在左列表中选择所需要的选项，也可以在【选项】文本框中输入选项名称并按 Enter 键，则在【值】列表框中会出现该选项的当前值，以及可选的选项。重新输入或者选择选项值之后，单击【添加/更改】按钮，便确认该选项设置。

在【选项】对话框中，单击【保存】按钮，保存当前显示的配置文件的副本。

在【选项】对话框中，单击【应用】按钮，应用当前设置，或者单击【确定】按钮退出【选项】对话框。

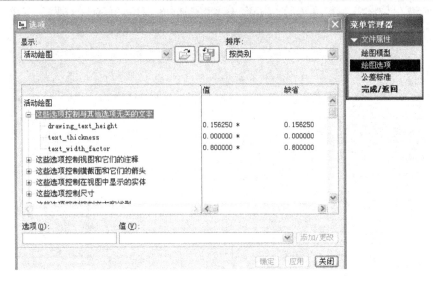

图 5.116 【文件属性】菜单和【选项】对话框

2. 通过设置系统配置文件选项

通过设置系统配置文件 config.pro 的相关选项，也可以定制绘图环境的一些细节方面。例如，在系统配置文件 config.pro 当中设置 drawing_setup_file 的路径值以调用指定标准的数据。

在 Creo 系统中，可供选择的工程图标准文件只有 cns_cn.dtl、cns_tw.dtl、jis.dtl、din.dtl、dwgform.dtl、iso.dtl、prodetail.dtl、prodiagram.dtl。这些工程文件以".dtl"为后缀名，默认位置在 Creo 安装目录的 text 文件夹下。

具体设置方法如下。

(1) 在工具栏中执行【工具】/【选项】命令，打开【选项】对话框。

(2) 在【选项】文本框中输入"drawing_setup_file"，然后按 Enter 键，接着在【值】文本框中将路径修改为所需要的路径。

(3) 单击【添加/更改】按钮。

(4) 单击【确定】按钮。

与工程图(绘图选项)相关的配置文件比较多，本书不再一一介绍。希望读者在掌握设置方法的基础上，结合 Creo 帮助文件来进行具体设置。一般用户采用默认设置的配置文件选项即可。

5.4.3 建立基本工程视图

当工程图基本参数设定、图幅和图纸确定后，下面就应该在图纸上创建各种视图来表达三维模型了。用户可以根据零件形状创建基本视图、投影视图、剖视图、半剖视图、旋转剖视图、折叠剖视图、局部剖视图和断开视图。通常一个工程图中包含多种视图，通过这些视图的组合来进行模型的描述。Creo 的制图模块中提供了各种视图管理功能，如添加视图、移除视图、对齐视图和编辑视图等操作。利用这些功能，用户可以方便地管理工程图中所包含的各类视图，并可修改各视图的缩放比例、角度和状态等参数，下面主要介绍常用视图的操作和编辑功能。

1. 添加一般视图

在 Creo 系统中,放置到页面上的第一个视图通常被称为一般视图,以它作为投影视图或其他由其导出的父项视图。一般视图可以是等轴测、斜轴测或者是用户定义的其他视角视图。

下面以实例来建立视图。

(1) 打开 gongchengtu 零件文件(位于 gongchengtu 文件夹中)。

(2) 在工具栏中单击【新建】按钮,新建一个名称为"gongchengtu"的工程图文件,不使用默认模板,并在【新制图】对话框的【模板】选项组中选择【空】单选按钮,指定采用横向的 A4 图纸。

2. 添加投影视图

(1) 在工具栏中单击 (插入一般视图)按钮,接着在图纸图框内单击以选定一般视图的放置位置。通过【绘图视图】对话框,定制比例值为 0.25,将显示线型设置为【无隐藏线】,并且在【视图类型】选项卡中选择【查看来自模型的名称】选项,模型视图名指定为"FRONT"。创建的一般视图作为主视图,过程如图 5.117(a)~(e)所示。

(2) 单击【关闭】按钮,然后选中图形右击,取消选中【锁定视图移动】命令,然后拖动视图到合适位置,如图 5.117 所示。

(3) 选中视图空白处,右击,选择【属性】命令,打开如图 5.116 所示的【文件属性】菜单,选择【绘图选项】命令,单击打开文件夹,查找到"cns_cn.dtl"文件,执行【应用】/【确定】/【关闭】命令,然后选择【完成/返回】命令,选择工程图标准为中国制式。

(4) 选中图形,右击,选择【插入投影视图】命令,然后拖动投影视图到合适位置,如图 5.118 所示。

(5) 分别选中两个投影视图,右击,选择【属性】命令,打开【绘图视图】对话框,将显示线型设置为【无隐藏线】。同时关闭面、轴、基准点和坐标系显示按钮,结果如图 5.119 所示。

(a)　　　　　　　　　　　　　(b)

图 5.117　主视图

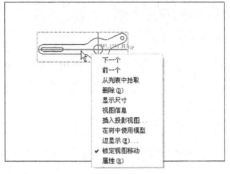

(c)   (d)

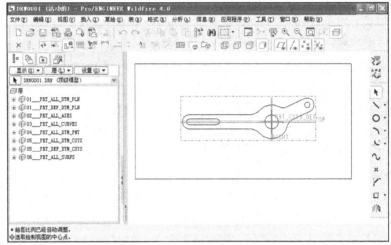

(e)

图 5.117   主视图(续)

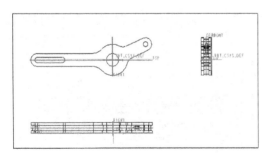

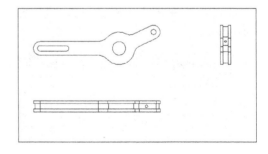

图 5.118   插入投影视图   图 5.119   编辑投影视图

3. 添加局部辅助视图

(1) 在菜单栏中执行【插入】【/绘图视图】/【辅助】命令。

(2) 系统提示：在主视图上选取穿过前侧的轴作为基准曲线的前侧曲面的基准平面，选择主视图为参照。

(3) 移动鼠标并确定放置辅助视图的位置。

(4) 双击辅助视图，弹出【绘图视图】对话框。利用该对话框将辅助视图的显示线型设置为【无隐藏线】。

(5) 切换【绘图视图】对话框的【可见区域选项】选项卡，在【视图可见性】列表框中选择【局部视图】选项，接着在辅助视图上选择参照点，系统以"×"来显示，然后参考点周围连续单击以绘出样条边界，单击鼠标中键结束，如图 5.120 所示。单击【绘图视图】对话框的【应用】按钮。

(6) 切换到【视图类型】选项卡，在【视图名】文本框中输入"A"，在【辅助视图属性】选项组中，选中【添加投影箭头】复选框，单击【应用】按钮，然后单击【关闭】按钮。完成局部辅助视图，如图 5.121 所示。

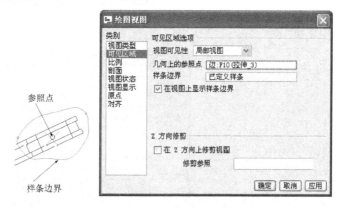

图 5.120　选择参照

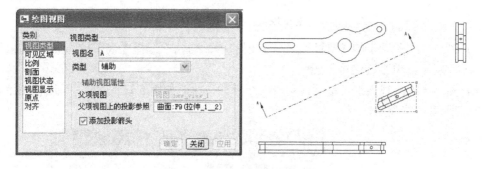

图 5.121　添加局部辅助视图

4. 添加破断视图

移除两选定点或多个选定点间的部分模型，并将剩余的两部分合拢在一个指定的距离内，这就形成了破断视图。以上面的绘图视图为例，介绍在其主视图中创建破断视图的步骤，如图 5.122 所示。

(1) 双击投影视图，弹出【绘图视图】对话框。选择【可变区域】类别选项，从【视图可见性】下拉列表框中选择【破断视图】选项，如图 5.123 所示。

(2) 单击 ⊞(添加断点)按钮，此时在破断视图表中出现一行。在主视图中单击指定轮廓边上的一点，并在其垂直方向上单击第二点，从而确定第一断破线；执行同样的操作方法确定第二破断线，如图 5.124 所示。

图 5.122 破断视图

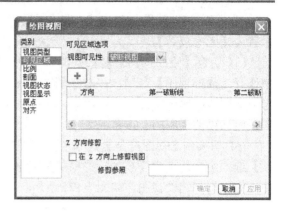
图 5.123 选择【破断视图】选项

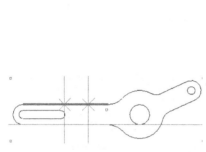

图 5.124 定义两破断线

(3) 在破断线图表中的【破断线样式】列的单元列表中选择【视图轮廓上的 S 曲线】，如图 5.125 所示，单击【应用】按钮。

(4) 关闭【绘图视图】对话框。完成破断视图，此时如图 5.122 所示。可以使用鼠标拖动的方式快捷调整破断偏距。

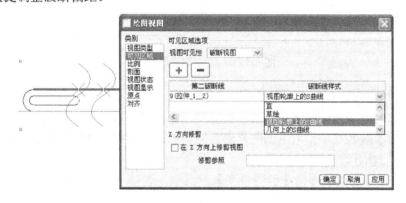

图 5.125 定义破断线样式

5. 添加剖视图

剖视图是用来表达模型内部结构的一种常用视图。

剖视图可以是全剖视图、半剖视图或者局部剖视图。下面以上面完成的绘图视图为例，介绍在其主视图中创建剖视图的方法。

1) 全剖视图

(1) 在【绘图视图】对话框的【类别】列表中选择【剖面】选项，切换至【剖面选项】选项卡。选择【2D 截面】单选按钮，单击 ➕(将横截面添加到视图)按钮，出现一个菜单管理器，如图 5.126 所示。

(2) 在菜单管理器的【剖截面创建】菜单中，执行【平面】/【单一】/【完成】命令。

(3) 在如图 5.127 所示的文本框中输入界面名为"A"，单击 ✓(接受)按钮。

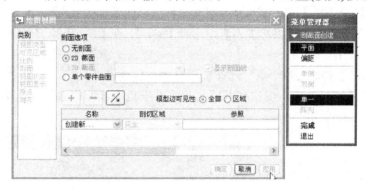

图 5.126 【绘图视图】对话框和菜单管理器

图 5.127 输入截面名称

(4) 系统提示选取平面或基准平面。在一般视图中比较难选择到 DTM1 基准平面，可以从层树上选取，如图 5.128 所示，在展开的层树上选择 DTM1 节点。

(5) 此时，2D 剖面属性表中显示出有效截面 A。在【剖切区域】列表中选择默认的【完全】选项，如图 5.129 所示。

(6) 单击【绘图视图】对话框的【应用】按钮。然后单击【关闭】按钮，关闭【绘图视图】对话框。完成的全剖视图如图 5.130 所示。

图 5.128 选择 DTM1 基准平面

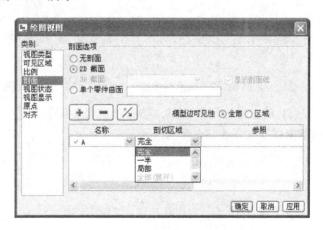

图 5.129 创建有效剖面 A

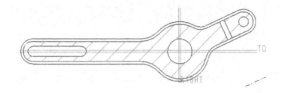

图 5.130　完成的全剖视图

2) 创建局部剖视图

(1) 在【绘图视图】对话框的【类别】列表中选择【剖面】选项,切换至【剖面选项】选项卡。选择【2D 截面】单选按钮,单击 (将横截面添加到视图)按钮。

(2) 在 2D 剖面表上的【名称】列表中选择【√A】,在【剖切区域】列表中选择【局部】选项,如图 5.131 所示。

(3) 选择如图 5.132 上的一点,选择位置以"×"点显示。

(4) 围绕选择的参考点,依次在其四周单击若干点以绘制样条边界,单击鼠标中键完成绘制,如图 5.133 所示。

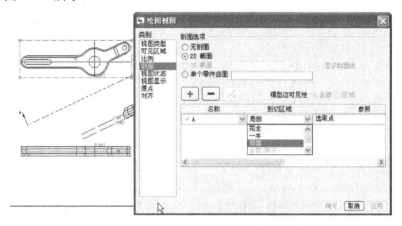

图 5.131　设置剖面选项

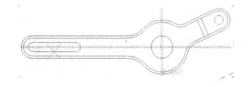

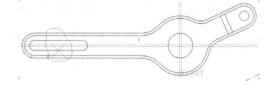

图 5.132　选择参考点　　　　　图 5.133　绘制局部剖面的样条边界

(5) 单击【应用】按钮,接着单击【关闭】按钮,退出【绘图视图】对话框。完成的局部剖视图如图 5.134 所示。

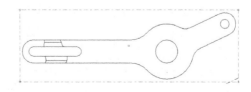

图 5.134　局部剖视图

5.4.4 对齐视图

投影视图和父视图具有正交的对齐关系。在绘制工程图的过程中，可以根据制图需要为其他一些视图设立对齐关系。

利用【绘图视图】对话框的【对齐】选项，可以设置视图对齐方式，如图 5.135 所示。若取消视图的对齐约束，即取消选取【将此视图与其他视图对齐】复选框，则不会对视图的移动方向产生约定限制。

5.4.5 工程图标注和符号

当工程图中的各种视图清楚地表达出模型的信息后，需要对视图进行添加各种使用符号、进行尺寸标注、各种注释等制图对象的操作。当对工程图进行标注后，才可完整地表达出零部件的尺寸、形位公差和表面粗糙度等重要信息，此时的工程图才可以作为生产加工的依据。

图 5.135 设置视图对齐选项

工程图的标注是反应零件尺寸和公差信息的最重要的方式，在本节中将介绍如何在工程图中使用标注功能，包括自动显示/拭除、使用新参照创建标准尺寸、插入尺寸公差、插入几何公差及插入注释。

1. 自动显示和拭除

在工具栏中单击 (打开显示/拭除对话框)按钮，或者在菜单栏执行【视图】/【显示/拭除】命令，弹出【显示/拭除】对话框。通过对话框上的【类型】选项组及【显示方式】选项组，可以对尺寸、参照尺寸、轴、几何公差、符号等类型项目进行显示或者拭除设置。

在【显示方式】选项组中，可供选择的单选项有【特征】、【特征和视图】、【显示/拭除】、【零件】、【零件和视图】和【视图】。例如在【显示方式】选项组中选择【特征】单选按钮时，那么当在工程图中只选择某一个特征的情况下，系统显示的也只是该特征的指定类型项目(如尺寸)。单击【显示全部】按钮，则显示所有项目。

2. 工程图标注

由于在 Creo 工程图标注中，如通过其自动标注会产生很多重复标注，而其删除多余尺寸的方法又不够方便。如不使用自动标注而采用手动标注，其功能相比 AutoCAD 而言比较烦琐，故通常用户会将其生成的工程图导入 Auto CAD 中进行修改，下面以实例来说明。

(1) 打开 drwgongchengtu 文件(位于 gongchengtu 文件夹中)，关闭层。
(2) 执行【文件】/【保存副本】命令。
(3) 出现【保存副本】对话框，然后将【类型】列表框中的保存格式设置为 "*.dwg" 格式。
(4) 然后选择存储地址及保存文件的名称，单击【确定】按钮，出现如图 5.136 所示的【DWG 的输出环境】对话框。
(5) 根据需要进行修改，如非特殊要求，一般选择默认。然后单击【确定】按钮。
(6) 找到存放文件的位置，用 AutoCAD 打开副本文件。

(7) 打开 AutoCAD 的【标注样式管理器】对话框,选择修改,然后按照国标对标注样式的线、符号和箭头、文字、调整、主单位等进行修改。特别是【主单位】选项卡中的【测量单位比例】选项组的设置,因为之前将图形缩小了 0.25 倍,故在此需将图形放大 4 倍,如图 5.137 所示。

(8) 调整完毕后,接下来就如第 3 章 AutoCAD 所讲的相关内容进行图层设置,并将现有图形的线型进行分类,分别对应到相应的图层中,然后进行标注与修改。

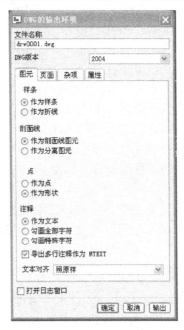

图 5.136 【DWG 的输出环境】对话框

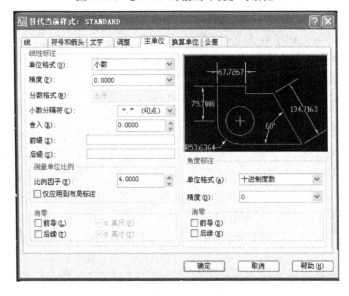

图 5.137 【替代当前样式:STANARD】对话框

本 章 小 结

1. 本章简要介绍了 Creo 的主要功能、应用模块、工作环境和基本操作等。通过本章的学习，初学者可以了解 Creo 的概况，读者应掌握基础建模和参数设置的方法。

2. 介绍了 Creo 的草绘功能、基本实体建模的建模方法、特征操作和特征编辑。在草绘功能中可以绘制直线、圆弧和矩形等，基本实体建模是 Creo 的基本方法，是以后深入学习实体建模的基础，通过特征编辑和特征操作使读者能够快速地掌握实体建模的一般方法。

3. 介绍了 Creo 建立装配体模型的方法，利用实例介绍了添加已存在的组件到装配体中和在装配体中创建新组建的方法，说明了在装配体中添加组件关系的相关操作，最后通过脚轮装配的实例详细演示了创建装配体模型的全过程。

4. 介绍了 Creo 中创建工程视图的一般方法，详细叙述了工程图的管理、操作和编辑的方法，介绍了工程图标注和符号的操作方法。Creo 工程图和实体建模图具有完全的关联性，实体模型建好后工程图自动生成。因此，Creo 工程图主要的操作还是工程图的管理和编辑操作及标注。

习　题

5.1 Creo 有哪些模块？各自的功能有哪些？
5.2 如何设置工作目录、打开、保存 Creo 文件？
5.3 新建一个零件练习创建基准平面和基准轴。
5.4 调出安全阀的各零件另存为练习副本，练习特征选取、编辑和编辑定义。
5.5 已知零件的工程图如第 3 章习题 3.7，建立图 5.138 所示的螺旋千斤顶螺套实体模型。
5.6 已知零件的工程图如习题 3.10，建立图 5.139 所示的螺旋千斤顶螺旋杆实体模型。

图 5.138　螺旋千斤顶螺套实体模型

图 5.139　螺旋千斤顶螺旋杆实体模型

5.7 已知零件的工程图如习题 3.11，建立图 5.140 所示的螺旋千斤顶顶垫实体模型。
5.8 已知零件的工程图如习题 3.13，建立图 5.141 所示的螺旋千斤顶底座实体模型。

图 5.140　螺旋千斤顶顶垫实体模型　　　　图 5.141　螺旋千斤顶螺旋杆实体模型

5.9 装配习题 5.5 至 5.8 中已建好的实体模型。

5.10 按照自顶向下的方法创建 caster_wheel 装配体中的各个零件。

5.11 创建习题 5.5 至 5.8 中已建好的实体模型的工程图，工程图结果参见第 3 章习题。

5.12 应用 Creo 的草绘、实体建模和孔直接特征功能按图 5.142 所示尺寸建立零件的三维模型。

5.13 应用 Creo 的编辑和重定义功能将图 5.143 所示的尺寸改为图 5.143 所示的支架零件 2。

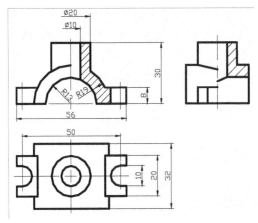

图 5.142　支架零件

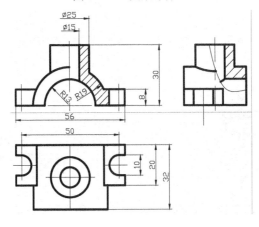

图 5.143　支架零件(2)

5.14 应用 Creo 的阵列、筋、倒圆角等特征建立图 5.144 所示零件的三维模型。

5.15 按图 5.145 所示，应用旋转、拉伸剪切命令建立轴模型，尺寸自定。

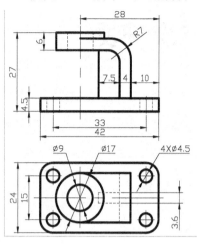

图 5.144 支架零件(3)

图 5.145 轴零件

5.16 按图 5.146 所示，应用旋转、阵列等命令建立端盖模型，尺寸自定。
5.17 按图 5.147 所示，应用拉伸、旋转、阵列等命令建立支架模型，尺寸自定。
5.18 利用 Creo 工程图完成安全阀各个零件三维图的二维工程图。
5.19 利用 Creo 自主完成螺旋千斤顶的零件建模、装配、工程图，比较 UG 和 Creo 两个软件装配方法的异同。

图 5.146 法兰盖零件

图 5.147 支架模型

第 6 章　CAD 二次开发

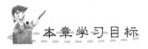

通过本章的学习，了解二次开发的概念，熟悉二次开发的一般步骤，并能够进行简单的二次开发。

能力目标	知识要点	权重	自测分数
了解二次开发的概念	二次开发的概念介绍	10%	
了解二次开发的基本途径	二次开发的基本途径	10%	
了解二次开发的基本过程	二次开发的常见流程	20%	
掌握常见二次开发的方法	常见二次开发的举例	60%	

在机械加工过程中，对于复杂零件的加工需要设计专用夹具以提高加工效率，保证加工过程的顺利进行。机床夹具设计是机械制造系统的重要组成部分。夹具设计过程中涉及的加工零件及其夹具中各零件的一维、二维图需要通过专门的绘图软件进行绘图设计，常用的 Creo、UG 等软件都有十分强大的特征造型、建模和参数化设计等功能，但如果在短时间内熟练使用这些软件会比较困难。如果采用基本的绘图软件 AutoCAD 则比较容易掌握，使用比较方便，但对零件的造型、建模等功能不是很强大。基于以上原因，可以在 AutoCAD 平台二次开发专用机床夹具设计软件，如张云飞开发的 Projector 辅助软件。

6.1　CAD 系统二次开发技术简介

CAD 软件的二次开发是指在现有的软件基础上，为了提高和完善软件功能，使之更加符合用户需求，而对软件做的开发工作。其目的是提高设计质量和效率，充分发挥通用 CAD 软件的价值。

CAD 应用软件开发的一种有效方法就是借助于成熟商业 CAD 软件产品进行专用功能开发。这是一种投资少、见效快，既能解决特殊的技术问题，又能在同一环境中继续发挥原有系统功能的有效办法。这一方法已被广泛采用，并取得了很大的成果。CAD 系统二次开发的层次关系如图 6.1 所示。

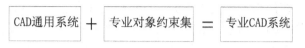

图 6.1 CAD 系统二次开发的层次关系

目前，国内 CAD 技术的应用已逐步进入高级阶段，许多用户都针对本行业的特点对 CAD 进行二次开发，CAD 二次开发技术几乎在各个行业中都有应用实例，已有许多商业化软件问世。但各行业 CAD 二次开发技术的发展水平存在较大差距，机械、电子、建筑、航空航天等最早应用二次开发技术，其二次开发程度也最高。开发出的 CAD 系统能够集计算、参数化绘图、数据管理为一体，并直接与计算机辅助制造(CAM)和计算机辅助工艺设计(CAPP)有机结合。目前国内已开发成功一批符合工程需要的应用软件，逐渐形成了一批具有较高素质的研究开发队伍。

其他行业的 CAD 二次开发技术则相对落后，有的仅仅是一小部分工程技术人员的个人行为，还没有形成专门从事 CAD 二次开发的研究队伍。虽然也出现了一些 CAD 应用软件，但大多数仅仅针对某一类型产品或产品的一部分而开发的小型应用系统，解决的问题也比较有限。

国外成功的 CAD 技术开发企业为了加快 CAD 技术开发步伐，都选择了高起点的 CAD 技术开发战略，即利用已有的技术成果，在此基础上二次开发自己的 CAD 技术，而不是将人力物力浪费在低水平的重复开发上，这样既可以提高效率，又能保证自己的产品具有较高的技术含量和水平。

6.2 CAD 系统二次开发的途径

用户在开发针对工程领域特殊应用问题的专用软件时，通常需要形成特定的计算分析功能、专用的工程数据库、某一产品的规则库、便于设计人员使用的友好的用户界面等。目前广泛使用的 UG、Creo、AutoCAD 等都具有丰富的图形和建模功能，已成为大多数设计人员使用的基本工作平台，但是，它们并不具有高效解决上述特定问题的功能。

通用 CAD 软件系统的二次开发工作，主要可以分为 3 种方式：通过数据文件共享方式开发；通过对通用 CAD 系统的用户化开发；通过通用 CAD 系统提供的嵌入式语言开发。

下面分别对这 3 类开发方式的主要内容和作用做一些概括性的介绍。

(1) 数据文件共享开发：这是一种扩充通用 CAD 系统原来不具备的计算、分析等功能的常用开发方式，适用于需要较大规模进行专业应用的软件研制，同时需要与通用 CAD 系统共享数据的场所。也可以通过这种开发方式实现批量参数化建模等。在数据文件共享开发方式中，用户的应用程序实质上是与通用 CAD 系统相对独立的，关键的问题是编写共享格式的数据文件接口，如 IGES、STEP 中性文件处理器等。

(2) 通用 CAD 系统的用户化开发：这种开发方式通常都是利用原通用 CAD 系统提供的用户接口进行的。主要用于改善系统的操作性能、扩充用户专用的模型(图形)数据库、开发专用的用户界面等，使原系统更符合用户的特殊要求，从而达到提高原系统使用效率的目的，是对原通用 CAD 系统功能的转换或直接扩充。

(3) 通用 CAD 系统的用户化主要取决于系统所提供的用户化接口是否丰富多样。目前的主流 CAD 系统都提供了丰富多样的用户化接口，如各种用户定制的功能、交互式用户界面开发接口、定义用户命令和操作宏等，如 Creo 的 UDF(User Defined Feature)，AutoCAD 的形(Shape)、块(Block)、命令组(Scr)等。

(4) 通过嵌入式语言开发：当今主流的 CAD 系统一般都提供了通过嵌入式语言开发用户程序的方法，如 UG 的 OPEN GRIP 提供了类 FORTRAN 语言接口、Creo 的 Pro/Toolkit 操供了 C 语言接口、AutoCAD 提供了 AutoLisp 和 C 语言的接口，等等。嵌入式语言的特点是，可以供用户通过高级语言编程的方式调用 CAD 系统内部的资源和系统的功能，从而使用户的应用程序与通用 CAD 系统更紧密结合起来。

6.3 CAD 系统二次开发的基本过程

按照工程化原则，二次开发的一般过程如图 6.2 所示。

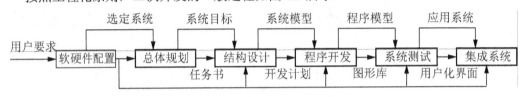

图 6.2 二次开发的一般过程

二次开发过程基本上可概括为系统分析、系统设计、程序编写、系统测试 4 个阶段。

1. 系统分析

主要任务是分析、理解整个系统设计的基本要求，在系统分解的基础上确定整个系统的基本框架，在此基础上，形成表达系统基本要求及框架的系统说明书。

2. 系统设计

包括系统总体设计(完成模块说明书)和建立图形数据库与数据库管理系统。

3. 程序编写

将模块说明书转换成用某种 CAD 软件编写的程序。

4. 系统测试

可分为 3 步进行，即模块测试、综合测试和验收测试。

6.4 常见 CAD 软件二次开发举例

现在通用的 CAD 软件都有其自身的特点，对外都提供了不同的二次开发手段和方法。通过分析建立一个适用于多数 CAD 系统的二次开发模型，如图 6.3 所示。

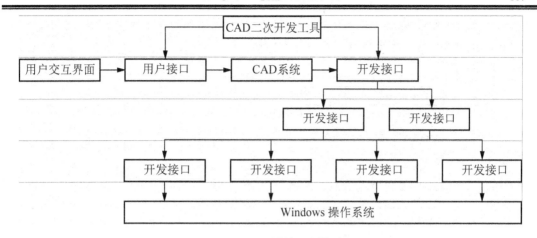

图 6.3 CAD 系统开发模型

该开发模型主要包括两大部分：一部分是用户与 CAD 系统交互界面的开发，即定制用户界面，主要用到 CAD 系统提供的用户接口模块；另一部分是 CAD 系统与操作系统之间的开发，即定制应用程序的功能，包括对 CAD 系统的功能调用以及对操作系统的调用，通过采用面向对象技术或者是面向过程技术，将 CAD 对操作系统的调用对开发者屏蔽，直接提供功能调用，开发者无须详细了解 CAD 系统的最底层实现。

常见的模型建立手段包括以下几部分。

1. 函数库形式(普通 DLL 和 API)

提供函数库和基于函数库的 API 接口是最直接的再开发手段，Microsoft Windows API 就是典型的例子。

函数库的使用有两种方式，一种为应用程序在其内部使用函数库，可在无 CAD 系统的情况下运行，但欠缺灵活性，无法访问 CAD 系统和充分发挥 CAD 系统的性能。另一种为在 CAD 系统内部加载函数库，这种方式能扩充 CAD 系统的功能和进行界面定制，但有一定限制，只能在 CAD 系统内运行。

传统的具有平面结构的 API 函数为二次开发和应用程序中数据的有效管理带来了复杂性。现在，包括 Microsoft 在内的许多软件供应商普遍利用面向对象技术对传统的 API 进行封装，以降低开发的复杂性。

2. ActiveX Automation

ActiveX Automation 是微软公司的一个技术标准，以前被称为 OLE，其宗旨是在 Windows 系统的统一管理下协调不同的应用程序，准许这些应用程序之间相互沟通、相互控制。它通过在两个程序之间安排对话，达到一个程序控制另一个程序的目的。其过程为：首先由一个应用程序引发 ActiveX Automation 操作，这个应用程序自动成为 Client，被它调用的应用程序为 Server。Server 收到对话请求后，决定暴露哪些对象给 Client。在给定时刻，由 Client 决定实际使用哪些对象，然后 ActiveX Automation 命令传给 Server，由 Server 对这个命令做出反应。

Client 可以持续地发出命令，Server 忠实地执行每一条命令，最后由 Server 提出终止对话。这样就将 CAD 软件理解为一个服务程序(Server)，二次开发出来的程序为客户程序

(Client)，它们之间是服务器与客户的关系。用户只要在客户程序上进行操作，客户程序去控制服务程序的对象、方法和属性，实现某种功能，用户无需全面掌握软件。其实现模型如图 6.4 所示。

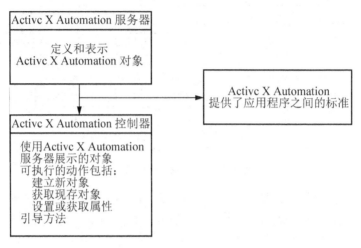

图 6.4 ActiveX Automation 的 C/S 实现模型

ActiveX Automation 的核心部分依赖于 IDispatch 接口，一个自动化服务器实际上就是一个实现了 IDispatch 接口的 COM 组件，而一个自动化控制器则是一个通过 IDispatch 接口同自动化服务器通信的 COM 客户。

IDispatch 接口与 COM 模型不同，它可以接收一个函数名称并执行它，而在 COM 模型中，客户需要获取函数在 vtb1 中的索引。因此，在 IDispatch 接口和 COM 组件中间需要提供一种机制来实现利用函数名对函数的间接调用。

【例 6-1】VB 通过 ActiveX Automation 与 AutoCAD 集成的主要过程。

(1) 设置主要对象变量，实现与 AutoCAD 的链接(link)。

```
On Error Resume Next
Set acadAPP=GetObject ("AutoCAD. Application")
```

如果 AutoCAD 已经在运行，用函数 GetObject 获得 AutoCAD 的 Application 对象。

```
If Err Then
Set acadAPP=CreateObject ("AutoCAD. Application")
If Err Then
MsgBox Err. Description
Exit Sub
End If
End If
```

(2) 利用 Document Object 访问 AutoCAD 中的绘图文件(Drawing)。

```
Set acadDoc=acadAPP. ActiveDocument
Dim dwgName As String
DwgName="C:\acadr2008\sample\aotocad.dwg"
If Dir (dwgName) "  " Then
AcadDoc.Open dwgName
```

```
Else
MsgBox"File" &dwgName &"dose not exist. "
End If
```

(3) 在 AutoCAD 中画图。

....

SetlwpolyObj=moSpace.AddLight WeightPolyline(ptArray)画曲线

(4) 查询和修改图形对象(Graphical Object)。

【例 6-2】应用 UG/GRIP 生成一个 R=10mm 的半球，球心坐标(10，10，10)。

操作步骤如下。

(1) 在 E 盘下新建名为 grip 的文件夹。

(2) 执行【开始】/【程序】/【UG NX】/【Unigraphics Tools】/【UG Open GRIP】命令，调用 GRIP 开发环境 GRADE，界面如图 6.5 所示。

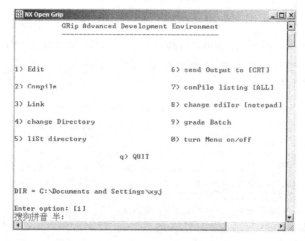

图 6.5 GRIP 开发环境 GRADE 的界面

(3) 在图 6.5 所示的 GRADE 界面中的光标闪烁的位置输入 "4"，并按 Enter 键输入 "e:\grip"，改变目录，结果如图 6.6 所示。

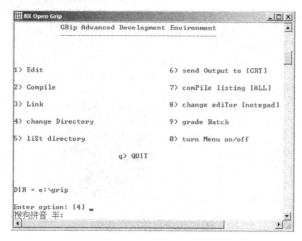

图 6.6 改变后的目录

(4) 在图 6.6 所示的 GRADE 界面中的闪烁光标处输入"1",按 Enter,接着输入"sphere",并按 Enter 键,弹出图 6.7 所示的对话框,单击【确定】按钮。最后弹出图 6.8 所示的记事本窗口。在记事本中输入源程序代码,如图 6.8 所示,然后保存并关闭记事本。

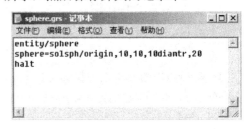

图 6.7 对话框 图 6.8 记事本

(5) 关闭记事本后返回 GRADE 环境。然后在光标闪烁的位置输入"2",按 Enter 键,再连续 3 次按 Enter 键,将产生图 6.9 所示的界面。

完成上述操作,球的执行文件已经生成,运行 UG 后,依次执行【文件】/【导入】/【Grip】命令,选择 E 盘上生成的 sphere.grs 文件,将生成图 6.10 所示的图形。

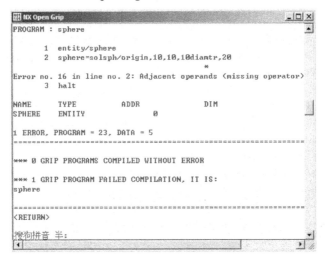

图 6.9 生成界面

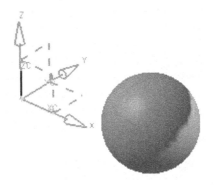

图 6.10 程序运行结果

【例 6-3】AutoCAD 二次开发在直齿圆柱齿轮设计中的应用。

机械设计中除了绘制二维的平面图形外，还需进行大量的二维建模。建模过程中，有些机件使用交互方式难以实现，例如螺纹、齿轮、弹簧、蜗轮蜗杆等。若使用 LISP 程序，不仅将设计建模过程简化，还可以减少大量的数学计算。下面以直齿圆柱齿轮为例来说明 LISP 程序的开发应用。

(1) 齿轮的几何要素。齿轮是广泛应用于机器或部件中的传动零件，齿轮的参数中只有模数和压力角已经标准化，属于常用件。齿轮基本参数有模数、齿数和压力角等，基本尺寸有分度圆直径、齿距、齿顶高和齿根高等，其他结构尺寸有齿轮宽度、轮辐厚度、齿轮轴径、轮缘直径、轮毂直径等，相关参数根据设计公式计算确定。

(2) AutoCAD 中齿轮的形成。直齿圆柱齿轮的齿廓形成采用"范成法"，先创建一个圆和一个齿条。齿条按照标准直齿圆柱齿轮的参数建立，为等腰梯形，顶角设为 40°(齿形角为 200°)，保证其节线和圆柱齿轮的节圆相切，即啮合状态，齿条的齿数要大于齿轮所需要的齿数。范成过程中，齿轮圆每次转动 1/10 齿距(转换成步幅转角)，同时，齿条每次移动 1/10 齿距后，两面域布尔运算求差集，减去齿条齿廓，如此循环切出齿轮的全部齿廓。最后再将其拉伸成圆柱齿轮，并根据给定参数创建轮缘、轮辐和轮毂等。

(3) 直齿圆柱齿轮的编程。首先启动 AutoCAD，然后才能进入 Visual LISP 环境。启动 Visual LISP 的方式为：执行【工具】/【AutoLISP】/【Visual LISP 编辑器】命令，或在命令行中输入"vlicle"，按 Enter 键即可。

齿轮二维建模编程如下。

```
(defun c:zcyzcl( );定义名为 zcyzcl 的函数
(setq m(getreal"输入模数:rn=? "))
(setq z(getint"输入齿数:z=? "))
(setq h(getreal"输入齿轮宽度:h=? "))
(setq zj(getreal"输入齿轮轴径:zj=? "))
(setq lf(getreal "输入轮辐厚度(无轮辐结构时输入齿轮宽度):lf=?"))
  (if(>h lf) (progn
    (setq gr  (getreal"输入轮毂端面半径:gr=? "));轮毂半径
    (setq yr  (getreal"输入轮缘端面半径:yr=? "));轮缘半径
  (Setq, s(/(一 h lf) 2));轮辐凹入深度
  (setq 1(-h s))
  )
  )
  }setq rf(/ (*(-z 2.5) m) 2))
  (seta rj(/ (* m z 0.939693) 2))
setq r-(/ (* z m) 2))
setq ra(/ (*(+z 2} m) 2))
(setq tt(* m pi))
(setq pj(/ 36.0 z))
(setq a(/ (*1.25 m)(cos(* 20(/pi 180)))))
(command "layer" "s" "l1" "")
(command "extrude"e10""h0)
  …………
//拉伸齿轮
(setq e5(entlast))
(command "erase" e0"")
  …………
```

```
(if(>h lf)(progn
  (command"circle"p0 yr)
//建轮缘轮廓
(setq e1(entlast))
(command "extrude" e1""s5)
(seta e1(entlast))
............
(command "cylinder" p0(/zj 2) h)
(seta e4(entlast))
(command "subtract" e5 e1 e3""e4"")
)
(progn (command "cylinder" p0(/zj 2) h)
  (setq e4(entlast))
  (command "subtract" e5""e4"")
)
)
)
```

完成编程后，指定文件的保存路径，将文件保存为"直齿圆柱齿轮.LISP"。

(4) 程序的执行。在 AutoCAD 菜单中执行【工具】、【AutoLISP】/【加载应用程序】命令，在【加载/卸载应用程序】对话框内，选择文件保存的路径和文件名"直齿圆柱齿轮.LISP"，单击【加载】按钮后关闭对话框。

在 AutoCAD 命令行直接输入函数名"ZCYZCL"并按 Enter 键。根据命令行的提示，给定相应的设计参数即可。例如，给定直齿圆柱齿轮参数如下:齿轮模数 m=4 ；齿数 z=30；齿轮宽度 h=28 mm；轴径 z_j=26mm；轮辐厚度 l_f=12 mm；轮毂半径 g_r=20 mm；轮缘半径 y_r=48 mm。如果设计的齿轮没有轮辐结构，则提示"输入轮辐厚度"时，给定齿轮的宽度数值即可，系统将不再提示"输入轮毂端面半径"和"输入轮缘端面半径"。按提示输入参数后按 Enter 键运行程序，AutoCAD 自动创建出直齿圆柱齿轮的二维实体造型，最终结果如图 6.11 所示。

具体设计时需要借助机械设计手册，根据轴径尺寸查出键槽的有关数据。本例中，轴径为 28 mm，查表得到键槽宽度为 8 mm，轮毂槽深为 31.3 mm，画出键槽的轮廓图，做成面域后将其拉伸成实体，利用布尔运算的差集，在直齿圆柱齿轮三维模型中制作出键槽，如图 6.12 所示。

图 6.11 直齿圆柱齿轮

图 6.12 带键槽直齿圆柱齿轮

利用 Visual LISP 环境开发直齿圆柱齿轮参数化绘图的 LISP 程序，在 AutoCAD 中加载并运行后,按绘图窗口命令行提示输入不同的参数,即可快速绘制所需要的直齿圆柱齿轮的三维模型,从而实现机械设计的参数化绘图。其他机械标准件和常用件(弹簧、螺纹、蜗轮蜗杆、滚动轴承)的二维图形设计都可以利用 Visual LISP 进行程序开发,并应用到更为复杂的机械设计当中,这极大地提高了技术人员的设计效率。

【例 6-4】Creo 端盖设计二次开发。

进行 Creo 端盖零件二次开发的目的是通过对文本框中尺寸的修改来改变零件的大小。先建立减速箱端盖的模型,在关系和参数菜单中建立几个主要设计参数,而其他的尺寸通过关系式和这几个参数联系起来。

在 MFC 对话框的控件中建立表示设计参数控件的成员变量,通过修改成员变量的值来修改模型尺寸,并让模型按照新尺寸再生。4 个文本框的数据成员分别对应轴承外径 m_d0、键孔直径 m_d1、键孔数 m_p 及端盖厚度 m_t。

在 VC++环境下源程序的主要任务就是建立设计参数和成员变量的关系。下面给出了部分代码,实现了按文本框中新输入的数值更新模型(仅以第一个文本框的数值更新为例)。

```
void CDlg::OnOK( )
( ProMdl model;
ProModelitem modelitem;
ProName ParamNamel;     //建立 Creo 内部变量名1
ProParameter paraml;    //建立 Creo 内部参数1
ProParamvalue valuel;   //建立 Creo 内部参数值1
ProError status:
UpateData(true);        //获得当前模型
status=ProMdlCurrentGet(&model);
if (status!=PRO_TK_NO_ERROR)
return;
ProMdlToModelitem(model, &modelitem);  //根据指定的参数名获得参数对象指针
ProStringToWstring( ParamNamel,'dd' ); //将尺寸名 dd 传递给特征参数1
status=ProParameterinit(&modelitem, ParamNamel,&paraml);
if ( status = = PRO_TK_NO_ERROR )
( ProParameterValueGet(&paraml,&valuel);  //获得参数值 dd
veluel. value. d_val=m_d0; //将输入的文本框值赋给特征参数变量1
ProParameterValueSet(&paraml, &valuel );
ProSolidRegenerate((ProSolid)model, PRO_B_TRUE);  //模型再生
UpdateData(false);    )
```

图 6.13 为模式对话框的 Pro/TOOLKIT 程序在 Pro/WILD-FIRE 中的运行结果,可以看出当设计参数改变后,模型得到了更新。

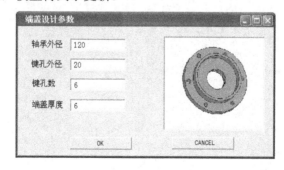

图 6.13 程序运行结果

本 章 小 结

CAD 系统二次开发是专用 CAD 系统二、三维建模的基本单元。本章首先介绍了二次开发系统的基本概念，之后对开发途径、开发的基本流程等进行详细介绍，其中重点介绍了基本开发模型。最后在以上内容的基础上举例说明了常见模型建立的手段。

习 题

6.1 什么是通用机械 CAD 软件二次开发？

6.2 CAD 二次开发的步骤是什么？

6.3 AutoCAD、UG、Creo 分别可以采用什么语言和方法进行二次开发？

第 7 章　综合工程案例

本章学习目标

通过本章的学习，要求学生能够熟练利用三维软件 UG NX、Creo 和 AutoCAD 软件实现三维实体建模、虚拟样机装配，以及工程图的绘制；熟悉计算机辅助设计的过程和目的，掌握计算机辅助设计的流程。

本章教学要求

能力目标	知识要点	权重	自测分数
齿轮泵综合训练	齿轮泵各零件建模、装配和工程图	30%	
台虎钳综合训练	台虎钳各零件建模、装配和工程图	30%	
减速器综合训练	减速器各零件建模、装配和工程图	40%	

引例

图 7.1 为摩托车三维设计爆炸图。有了这些三维实体模型，用户就可以以这些模型为基础，进行装配和干涉检查；可以对重要零部件进行有限元分析与优化设计等(CAE)；可以进行工艺规程生成(CAPP)；可以进行数控加工(CAM)；可以进行快速成型，在做模具之前就可以拿到实物零件进行装配及测试；可以启动三维、二维关联功能，由三维直接自动生成二维工程图纸；可以在 AutoCAD 二维工程图处理软件中处理二维工程图纸；也可以进行产品数据共享与集成等。本章通过综合工程训练实例的讲述，希望能起到抛砖引玉的作用。

图 7.1　摩托车三维建模图

7.1 齿轮泵

7.1.1 齿轮泵的结构及工作原理

齿轮泵主要由泵体、前泵盖、后泵盖、主动齿轮轴、从动齿轮轴等组成，如图 7.2 和图 7.3 所示。

图 7.2　齿轮泵三维建模图　　　　　　图 7.3　齿轮泵三维建模图爆炸图

齿轮泵是依靠泵缸与啮合齿轮间所形成的工作容积变化和移动来输送液体或使之增压的回转泵。由两个齿轮、泵体与前后盖组成两个封闭空间，当齿轮转动时，齿轮脱开侧的空间的体积从小变大，形成真空，将液体吸入，齿轮啮合侧的空间的体积从大变小，而将液体挤入管路中去。吸入腔与排出腔是靠两个齿轮的啮合线来隔开的。齿轮泵的排出口的压力完全取决于泵出处阻力的大小。

7.1.2 案例分析

1. 案例说明

本案例主要介绍齿轮泵各部分零件的建模、装配及工程图方法。
本案例建模比较简单，使用直接建模工具就可以完成。

2. 案例所用知识点

(1) UG 扫描特征或 Creo 建模特征。
(2) UG 成型特征或 Creo 直接特征。
(3) UG 或 Creo 编辑特征。
(4) UG 特征复制或 Creo 复制特征。
(5) UG 或 Creo 装配特征。
(6) UG 或 Creo 工程图特征。

3. 设计流程

首先阅读图 7.4 所示的齿轮泵装配图，全面深入了解设计意图，弄清楚工作原理、装配关系、技术要求和每个零件的形状。标准零件直接由标准件库调入，一般零件建模时不但要从设计方面考虑零件的作用和要求，而且还要从工艺方面考虑零件的制造和装配，应使建模后的零件符合设计和工艺要求。在建模的基础之上进行装配，同时可以创建零件及装配体的工程图,最后可以对齿轮泵进行机构运动仿真。

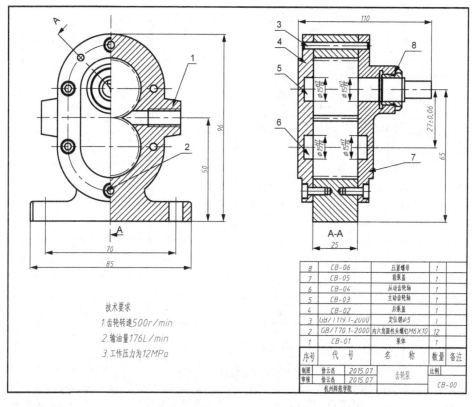

图 7.4 齿轮泵装配图

1) 泵体建模

根据图 7.5 所示的泵体零件图,将零件分解为两个基本体分别创建,在两个基本体的基础上作切割等其他细节特征,草绘尺寸参照图 7.5 所示的尺寸。

(1) 新建零件"CB-01.prt"并进入建模工作环境。

(2) 泵体零件的建模过程见表 7-1。

2) 后泵盖

根据图 7.6 所示后泵盖零件图,将零件分解为两个基本体分别创建,在两个基本体的基础上作切割等其他细节特征,草绘尺寸参照图 7.6 所示的尺寸。

(1) 新建零件"CB-02.prt"并进入建模工作环境。

(2) 后泵盖零件的建模过程见表 7-2。

3) 主动齿轮轴

根据图 7.7 所示的主动齿轮轴零件图,将零件分解为两个基本体分别创建,在两个基本体的基础上作切割等其他细节特征,草绘尺寸参照图 7.7 所示的尺寸。

(1) 在光盘"第 7 章文件夹/标准齿轮库"下打开"cylinder_gear.prt"零件并另存为"CB-03.prt",进入建模工作环境。

(2) 主动齿轮轴零件的建模过程见表 7-3。

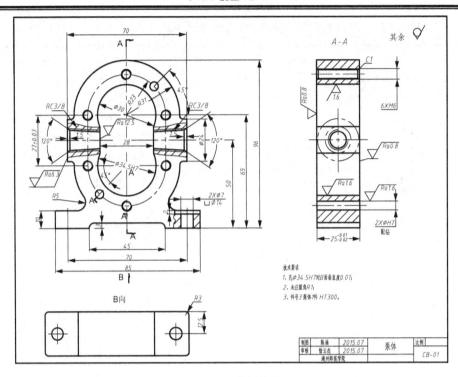

图 7.5 泵体零件图

表 7-1 泵体零件建模思路

步骤	(1)基本体 1(拉伸)	(2)基本体 2(拉伸)	(3)生成通槽
草图内容及示意图	草图平面：前视基准面	草图平面：实体表面	草图平面：实体表面
特征内容及示意图	单向拉伸 25mm	单向拉伸 25mm	单向贯通剪切，倒圆角 R3

续表

步骤	(4)沉头孔	(5)切割泵体型腔	(6)打M6螺纹孔
草图内容及示意图	草图平面：激活草绘器 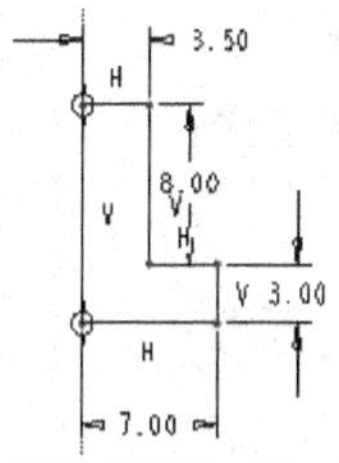 3.50 / 8.00 / V 3.00 / 7.00	草图平面：实体表面 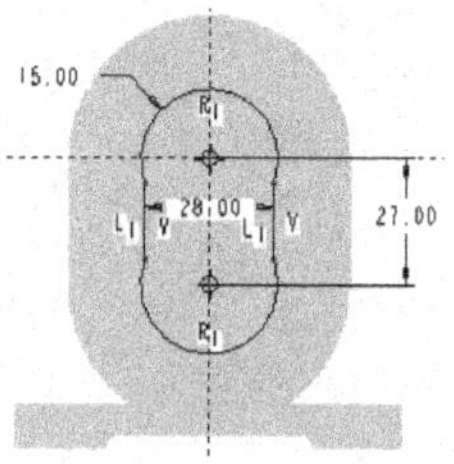 15.00 / 28.00 / 27.00	径向角度0°，R23
特征内容及示意图	孔对称距离为70mm 	单向贯通剪切，内外圆同轴 	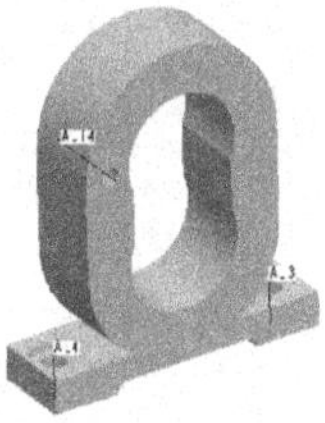

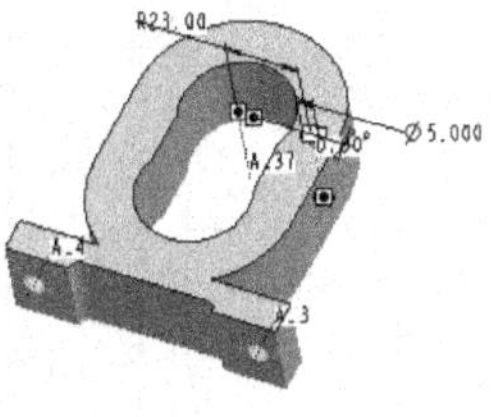

步骤	(7)阵列沉头孔	(8)重复阵列	(9)打定位销孔
草图内容及示意图	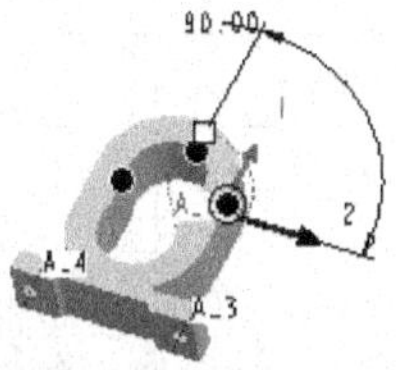 90.00	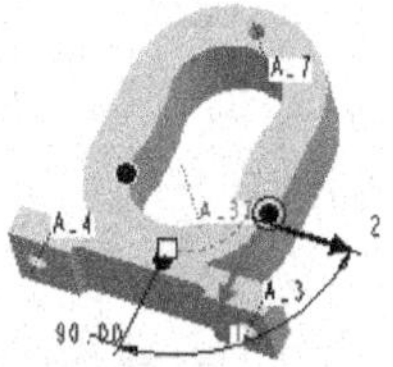 90.00	径向角度135°，R23
特征内容及示意图	轴向，3个间隔90° 	轴向，3个间隔90° 	45°线对称打两个 

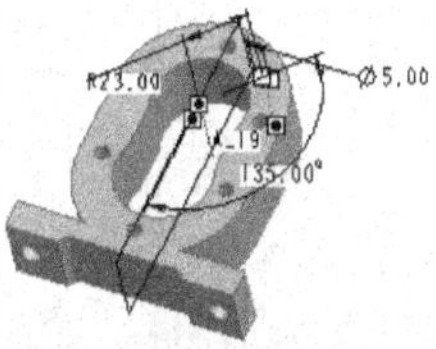

步骤	(10)拉伸进出油口	(11)倒圆角	(12)打通孔并完成
草图内容及示意图	草图平面：实体表面 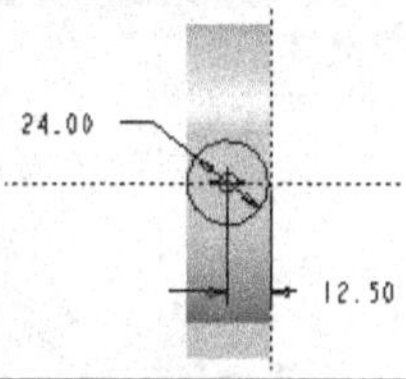 24.00 / 12.50	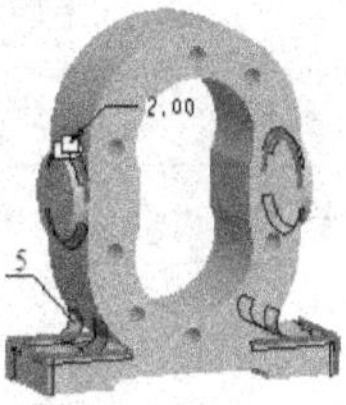 2.00 / 5	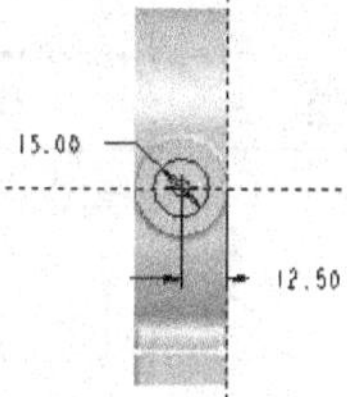 15.00 / 12.50
特征内容及示意图			

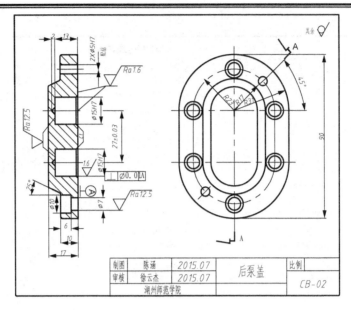

图 7.6 后泵盖零件图

表 7-2 后泵盖零件建模思路

步骤	(1)基本体1(拉伸)	(2)基本体2(拉伸)	(3)倒圆角
草图内容及示意图	草图平面：前视基准面	草图平面：实体表面，$R17$ 与 $R31$ 同轴	
特征内容及示意图	单向拉伸 25mm	单向拉伸 25mm	单向贯通剪切，倒圆角 $R3$
步骤	(4)齿轮轴支撑孔	(5)齿轮轴支撑孔	(6)打沉头孔
草图内容及示意图	草图平面：激活草绘器	重复步骤(4)或使用镜像命令	径向角度 0°，$R23$

步骤	(4)齿轮轴支撑孔	(5)齿轮轴支撑孔	(6)打沉头孔
特征内容及示意图		孔对称距离为27mm	

步骤	(7)阵列沉头孔	(8)重复阵列	(9)打定位销孔并完成
草图内容及示意图			径向角度45°，R23
特征内容及示意图	轴向，3个间隔90°	轴向，3个间隔90°	45°线对称打两个

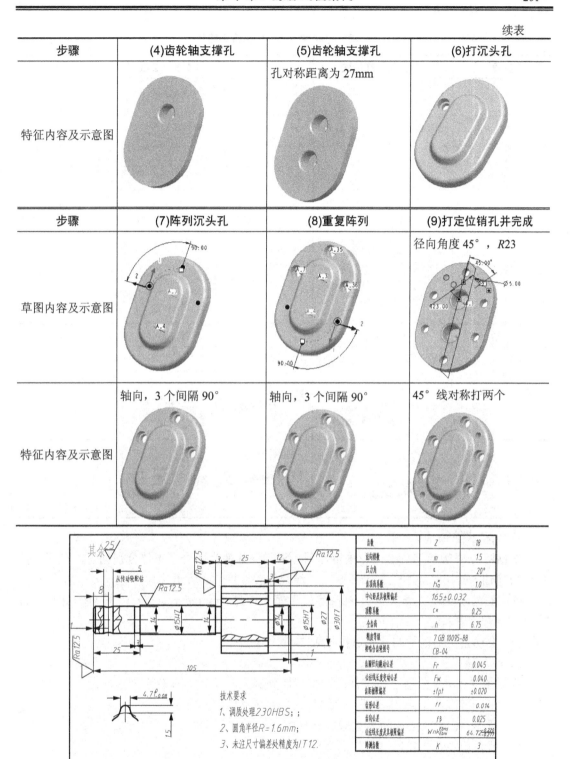

图 7.7 主动齿轮轴零件图(1)

表 7-3 主动齿轮轴零件建模思路(1)

步骤	(1)调入圆柱齿轮	(2)基本体 2(旋转)
草图内容及示意图	修改齿轮参数值，$m=1.5$，$Z=18$，$B=25$，其余默认	草图平面：任意与端面垂直的表面 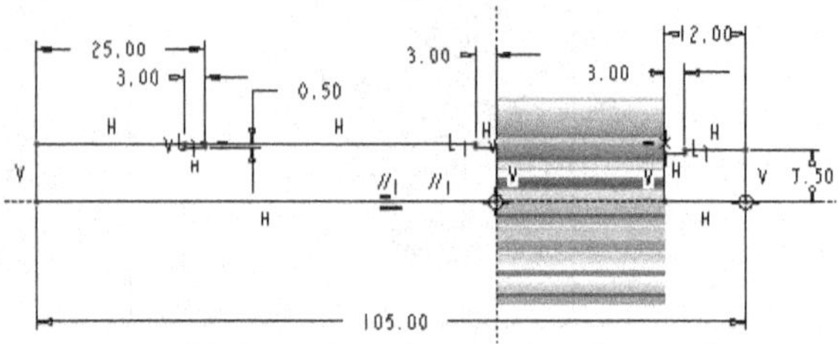
特征内容及示意图		旋转 360° 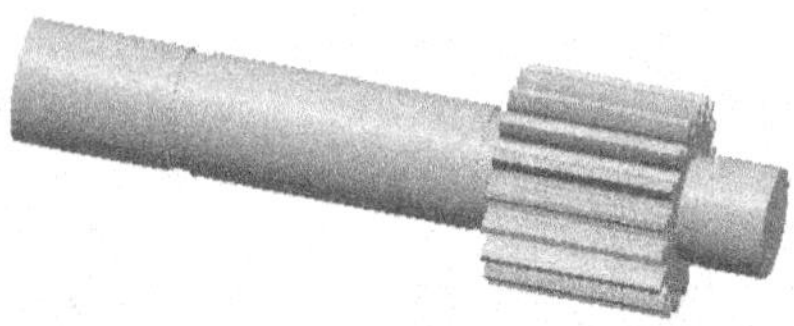

步骤	(3)打销钉孔	(4)倒直角并完成
草图内容及示意图	草图平面：同(2) 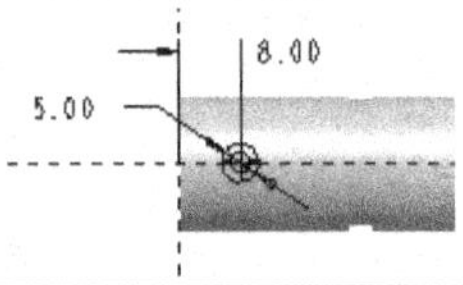	重复步骤 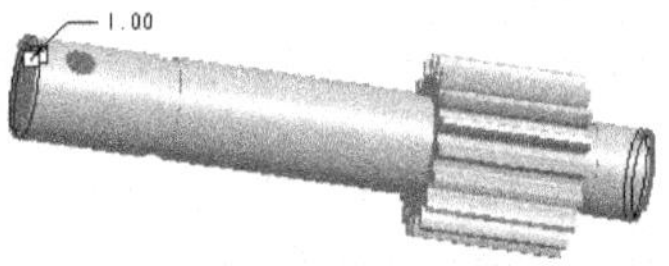
特征内容及示意图		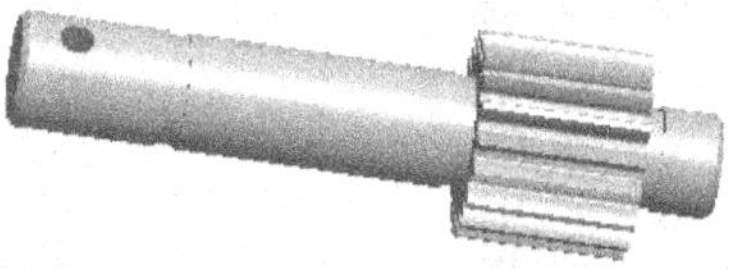

4) 从动齿轮轴

根据图 7.8 所示的从动齿轮轴零件图，将零件分解为两个基本体分别创建，在两个基本体的基础上作切割等其他细节特征，草绘尺寸参照图 7.8 所示尺寸。

(1) 在光盘"第 7 章文件夹/标准齿轮"库下打开"cylinder_gear.prt"零件，并另存为"CB-04.prt"，进入建模工作环境。

(2) 主动齿轮轴零件的建模过程见表 7-4。

5) 前泵盖

根据图 7.9 所示的前泵盖零件图，将零件分解为 3 个基本体分别创建，在 3 个基本体的基础上作切割等其他细节特征，草绘尺寸参照图 7.9 所示尺寸。

(1) 新建"CB-05.prt"进入建模工作环境。

(2) 前泵盖零件的建模过程见表 7-5 所示。

6) 压盖

根据图 7.10 所示的压盖零件图，在基本体的基础上作切割等其他细节特征，草绘尺寸参照图 7.10 所示尺寸。

(1) 新建"CB-06.prt"，进入建模工作环境。

(2) 压盖零件的建模过程见表 7-6。

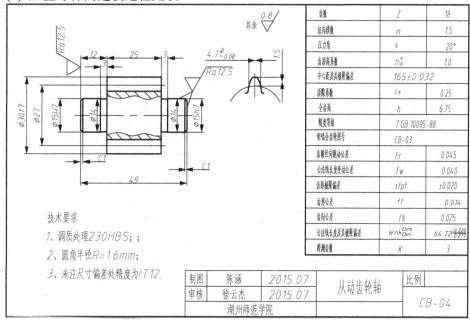

图 7.8 从动齿轮轴零件图

表 7-4 从动齿轮零件建模思路

步骤	(1)调入圆柱齿轮	(2)基本体 2(旋转)	(3)倒直角并完成
草图内容及示意图	修改齿轮参数值，$m=1.5$，$Z=18$，$B=25$，其余默认	草图平面：任意与端面垂直的表面	
特征内容及示意图		旋转 360°	

7) 齿轮泵装配

根据图 7.4 所示的齿轮泵装配图，按照装配顺序装配。

(1) 新建组件"CB-00.asm"，并进入装配工作环境。

(2) 装配过程见表 7-7。

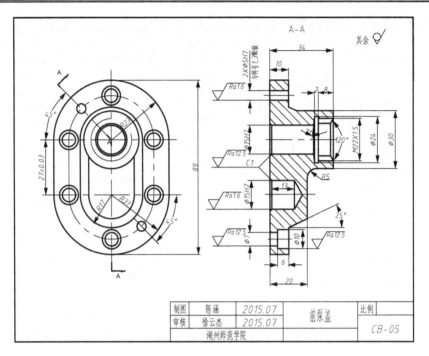

图 7.9 前泵盖零件图

表 7-5 前泵盖零件建模思路

步骤	(1)基本体 1 (拉伸)	(2)基本体 2 (拉伸)	(3)齿轮轴支撑孔
草图内容及示意图	草图平面：前视基准面	草图平面：实体表面，R17 与 R31 同轴	草图平面：激活草绘器
特征内容及示意图	单向拉伸 25mm	单向拉伸 25mm	

第 7 章　综合工程案例

续表

步骤	(4)打沉头孔	(5)阵列沉头孔	(6)重复阵列
草图内容及示意图	径向角度 0°，R23		
特征内容及示意图	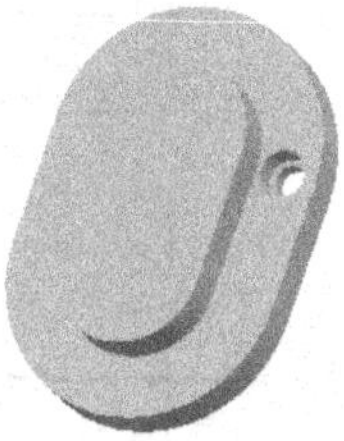	轴向，3 个间隔 90° 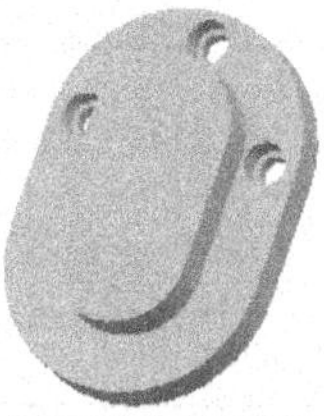	轴向，3 个间隔 90° 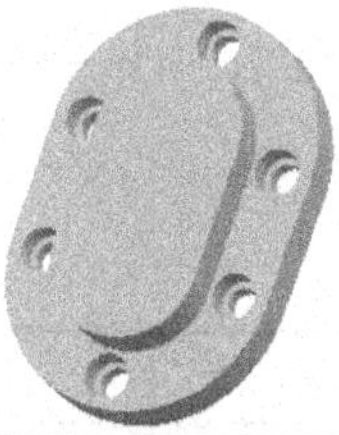

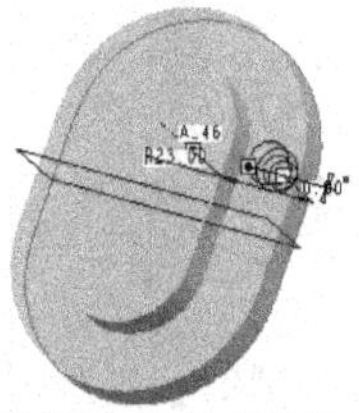

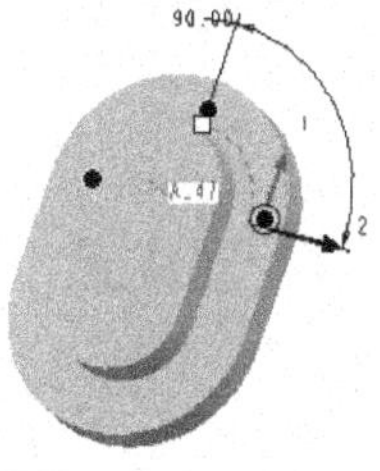

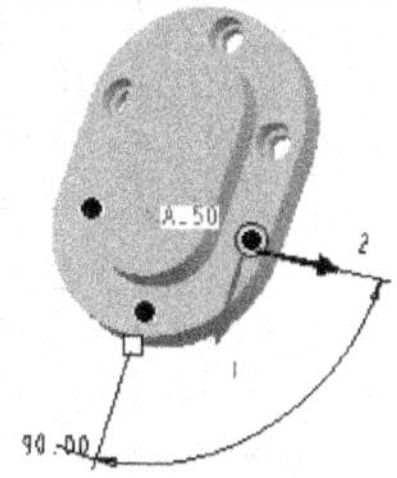

步骤	(7)拉伸压盖螺纹	(8)打螺纹孔	(9)打定位销孔
草图内容及示意图	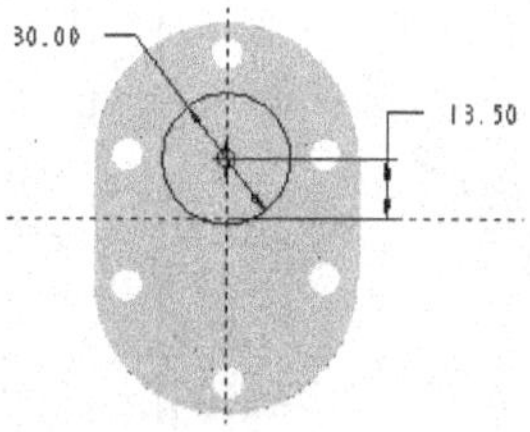	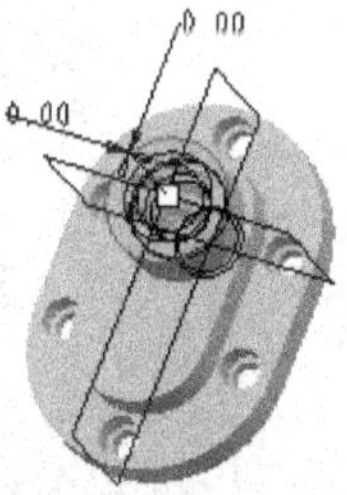	径向角度 45°，R23
特征内容及示意图	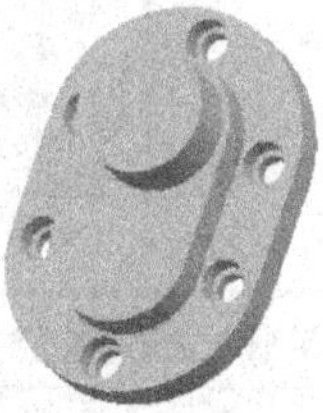		45°线对称打两个 

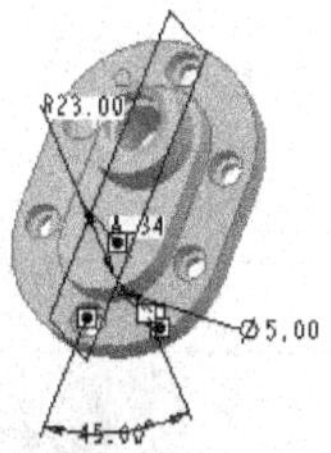

步骤	(10)螺纹扫描	(11)倒圆角及完成
草图内容及示意图	螺距 1.5，扫描轨迹及截面如图，其余默认 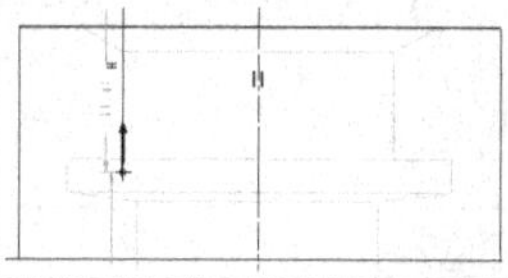 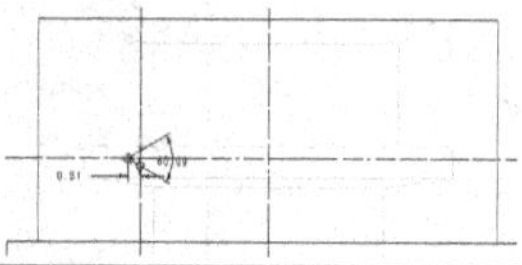	
特征内容及示意图	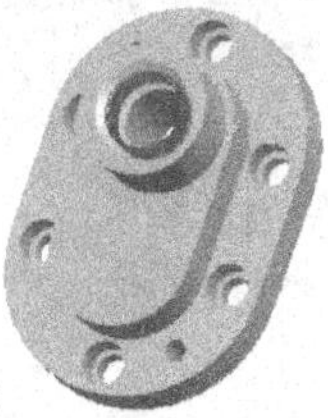 螺纹截面为三角形	

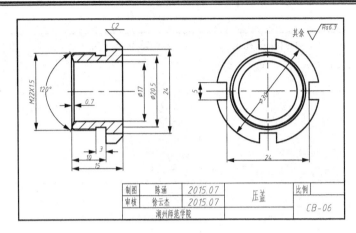

图 7.10 压盖零件图

表 7-6 压盖零件建模思路

步骤	(1)基本体 1(旋转)	(2)倒直角	(3)切割方孔
草图内容及示意图	草图平面：前视基准面		草图平面：实体表面
特征内容及示意图			

步骤	(4)阵列方孔	(5)螺纹扫描并完成
草图内容及示意图		螺距 1.5mm，扫描轨迹及截面如图，其余默认
特征内容及示意图		

表 7-7 装配思路

步骤	(1)装入泵体(默认)	(2)主动齿轮轴(同轴)	(3)主动齿轮轴(配合)
装配约束		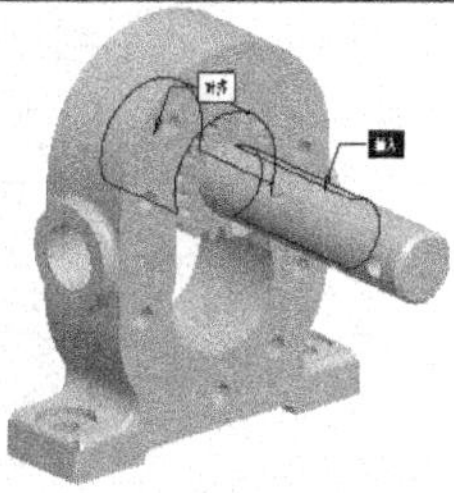	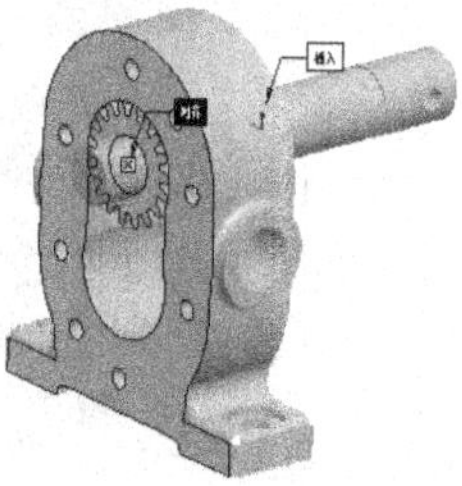

步骤	(4)从动齿轮轴(同轴)	(5)从动齿轮轴(配合)	(6)从动齿轮轴(角度)
装配约束		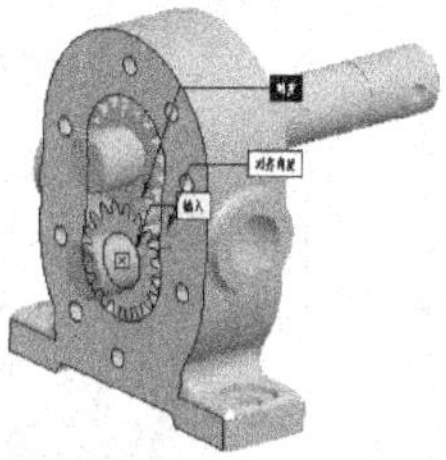	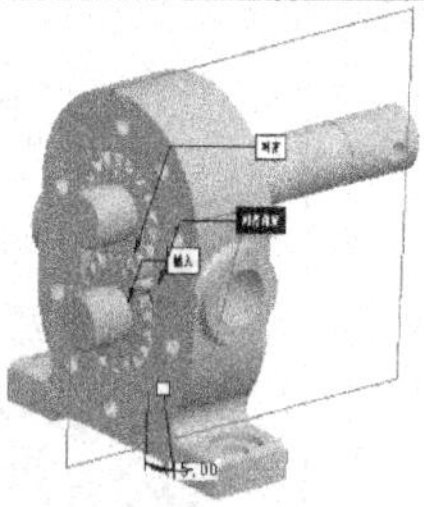

步骤	(7)后泵盖(配合)	(8)后泵盖(配合)	(9)后泵盖(配合)
装配约束	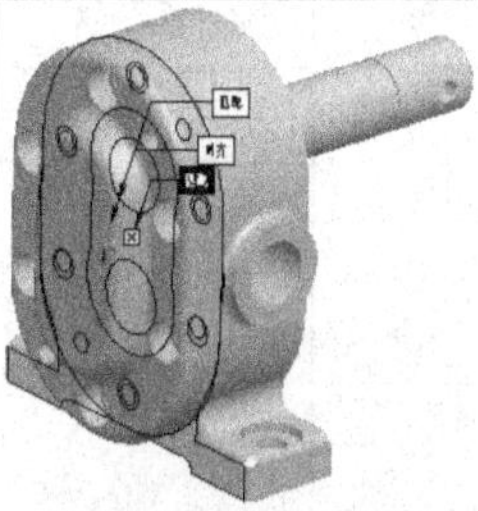	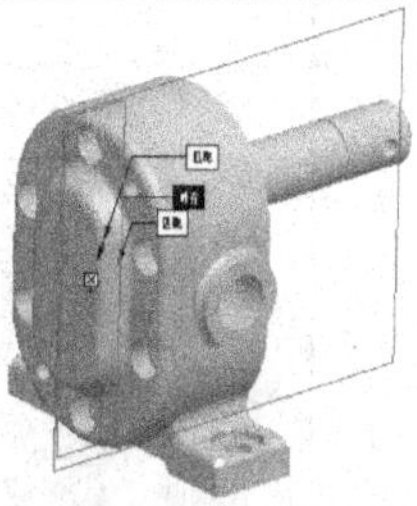	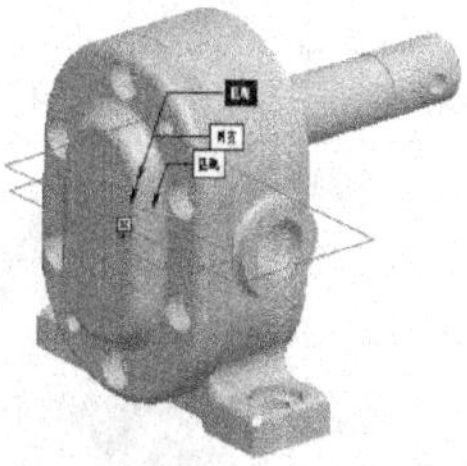

步骤	(10)前泵盖(配合)	(11)前泵盖(配合)	(12)前泵盖(配合)
装配约束	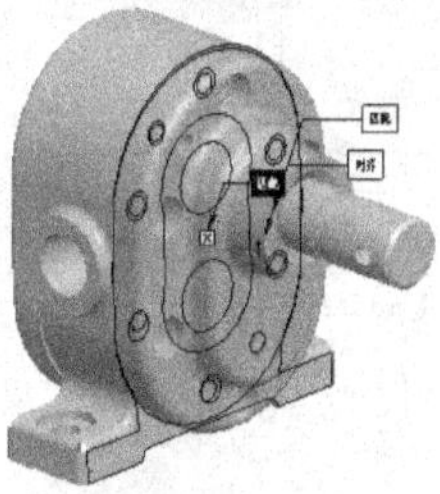	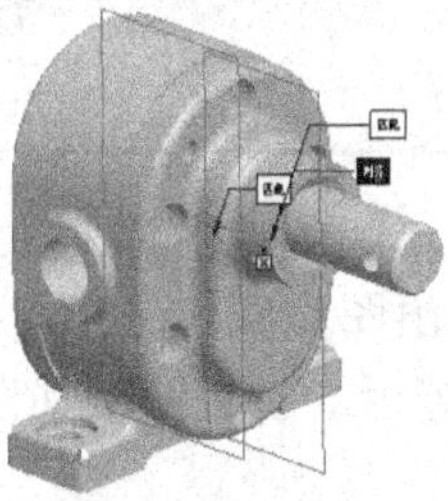	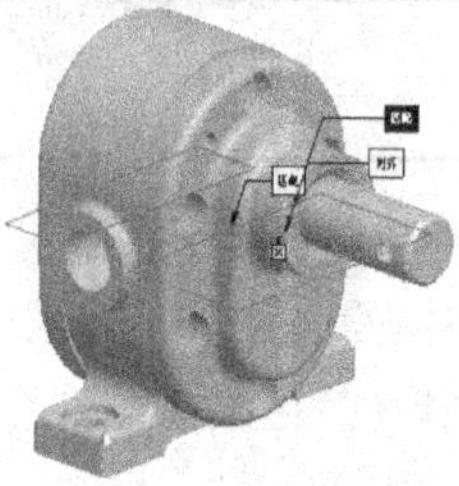

步骤	(13)压盖(配合)	(14)压盖(同轴)	(15)内六角螺钉(同轴)
装配约束	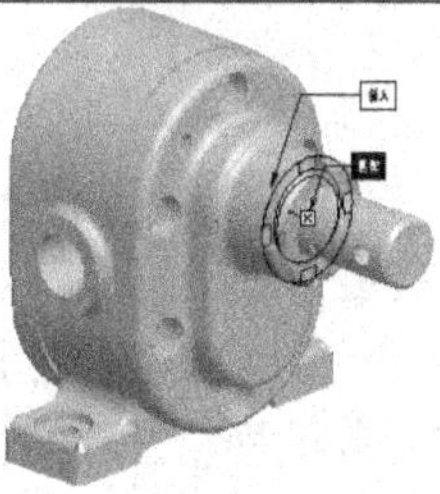	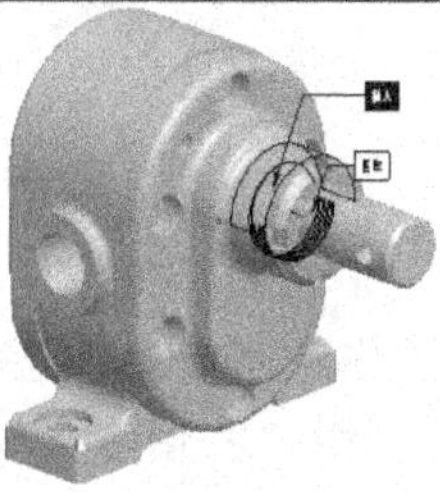	

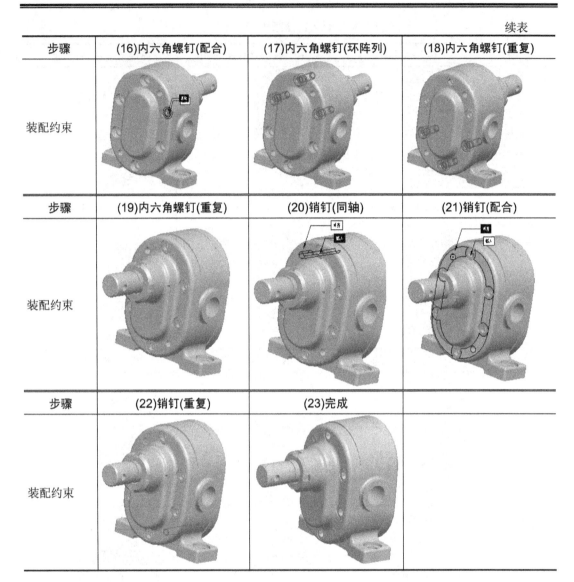

8) 齿轮泵工程图

根据第 4 章和第 5 章工程图出图步骤和方法将各零件导出零件图,并在 AutoCAD 中作后期处理(参见第 3 章内容),处理后的工程图纸如图 7.4 至图 7.10 所示。

7.2 台 虎 钳

7.2.1 台虎钳的结构和工作原理

台钳,又称虎钳,台虎钳,如图 7.11 和图 7.12 所示。它是钳工的必备工具,也是钳工的名称来源,因为钳工的大部分工作都是在台钳上完成的,比如锯、锉、錾以及零件的装配和拆卸。台钳安装在钳工台上,以钳口的宽度为标定规格,常见规格从 75mm 到 300mm。它的结构主要有活动钳身、固定钳身、底座、丝杆等部分。活动钳身安装在固定钳身上,活动钳身通过一根有梯形螺纹的丝杆来带动固定钳身在槽内移动，从而使钳口能够开合。固定钳身连接在底座上，底座通过螺栓固定在钳工台上。台钳在安装到钳工台上时有固定钳身不能自由旋转和能自由旋转两种类型，图片中为能自由旋转的类型。旋转钳口到合适的位置后可通过锁紧手柄将台钳位置锁定。手柄通过带动丝杆来带动钳身的运动，它具有两个增力机构，一个为手柄增力，一个为梯形螺纹传动增力，其增力非常大，所以钳口的夹紧力是非常大的，可以可靠地固定住工件，从而保证在钳工工作时，在工件上作用大的作用力时工件不会发生任何移动。但也是因为夹紧力太大，台钳可能会夹伤工件表面，所以在夹紧时需要保护工件表面不被损坏，此时需要在工件和台钳钳口之间垫上比工件要软的东西以保护工件，比如纸或者软金属。

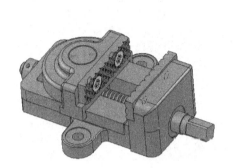
图 7.11 台虎钳三维建模图

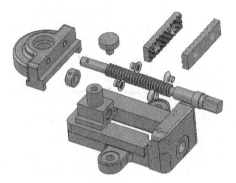
图 7.12 台虎钳三维建模图爆炸图

7.2.2 案例分析

1. 案例说明

本案例主要介绍台虎钳各部分零件的建模、装配及工程图方法。

本案例建模比较简单，使用直接建模工具就可以完成。

2. 案例所用知识点

(1) UG 扫描特征或 Creo 建模特征。

(2) UG 成型特征或 Creo 直接特征。

(3) UG 或 Creo 编辑特征。

(4) UG 特征复制或 Creo 复制特征。

(5) UG 或 Creo 装配特征。

(6) UG 或 Creo 工程图特征。

3. 设计流程

首先阅读图 7.13 所示的台虎钳装配图，全面深入了解设计意图，弄清楚工作原理、装配关系、技术要求和每个零件的形状。标准零件直接由标准件库调入，一般零件建模时不但要从设计方面考虑零件的作用和要求，而且还要从工艺方面考虑零件的制造和装配，应使建模后的零件符合设计和工艺要求。在建模的基础之上进行装配，同时可以创建零件及装配体的工程图，最后可以对台虎钳进行机构运动仿真。

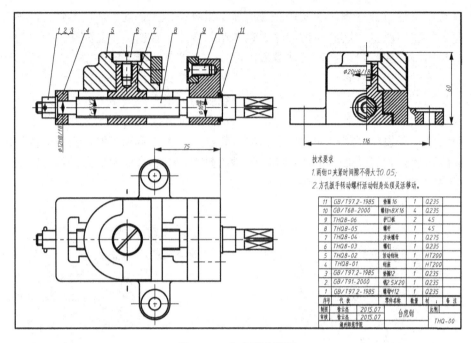

图 7.13 台虎钳装配图

1) 钳座建模

根据图 7.14 所示的钳座零件图,将零件分解为 3 个基本体分别创建,在 3 个基本体的基础上作切割等其他细节特征,草绘尺寸参照图 7.14 所示的尺寸。

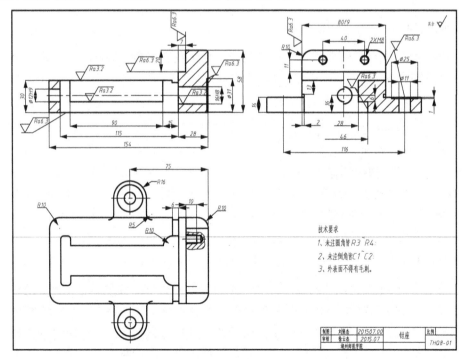

图 7.14 钳座零件图

(1) 新建零件"TH08-01.prt",并进入建模工作环境。
(2) 钳座零件的建模过程见表 7-8。

表 7-8 钳座零件建模思路

步骤	(1)基本体 1 (拉伸)	(2)切割孔	(3)基本体 2(拉伸)
草图内容及示意图	草图平面:俯视视基准面 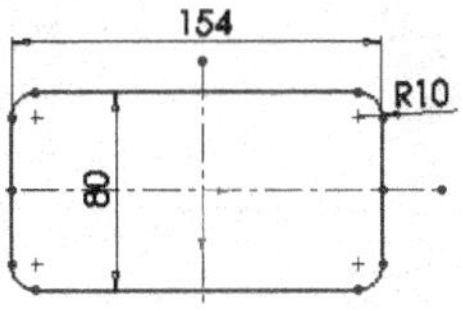	草图平面:实体表面 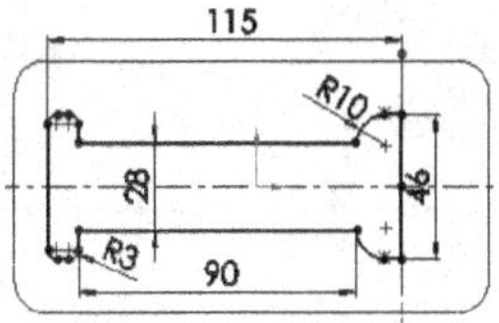	草图平面:实体表面 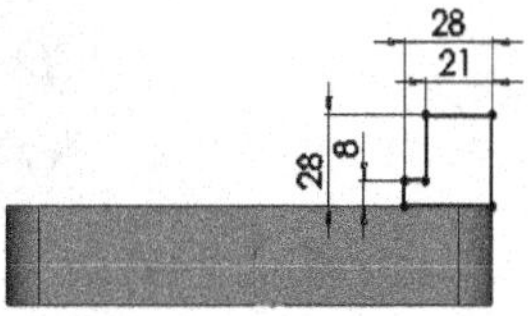
特征内容及示意图	单向拉伸 30mm 	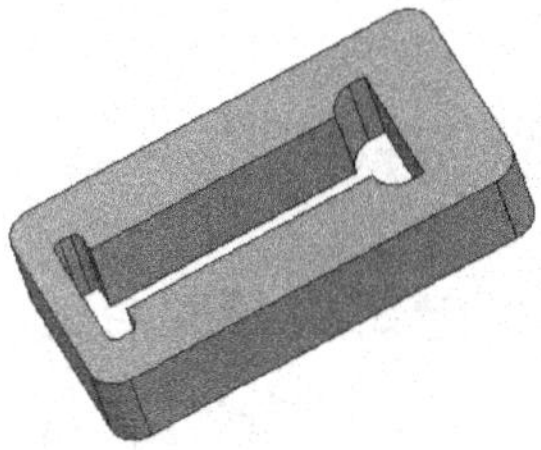	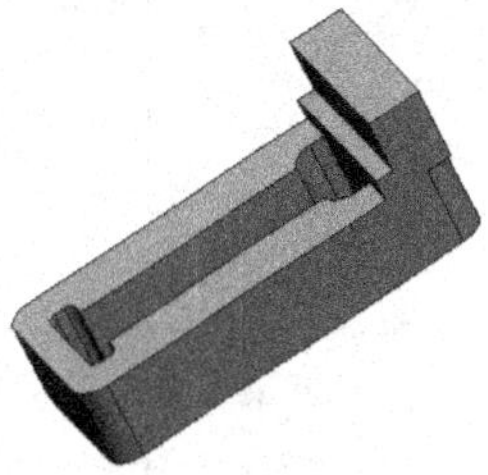

步骤	(4)切割基本体 1	(5)切割基本体 1	(6)切割基本体 1
草图内容及示意图	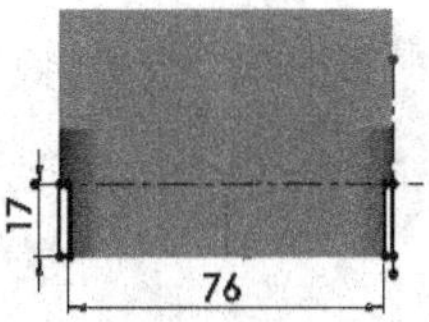	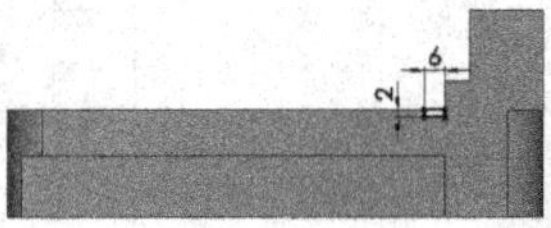	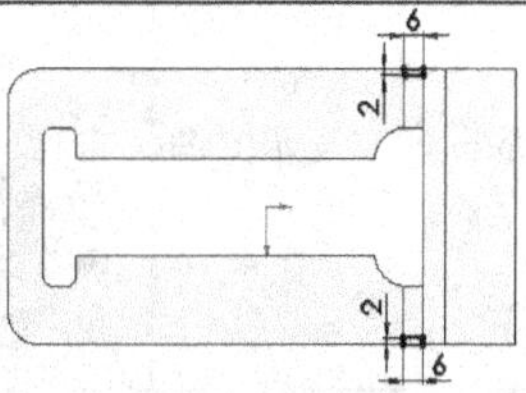
特征内容及示意图	单向拉伸 14mm 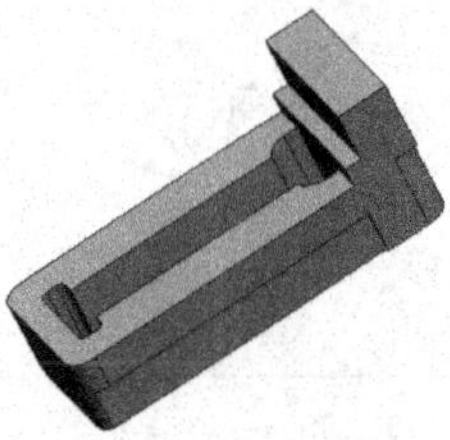	贯通切割 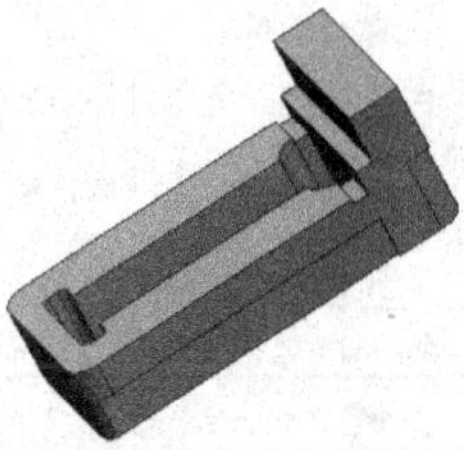	贯通切割 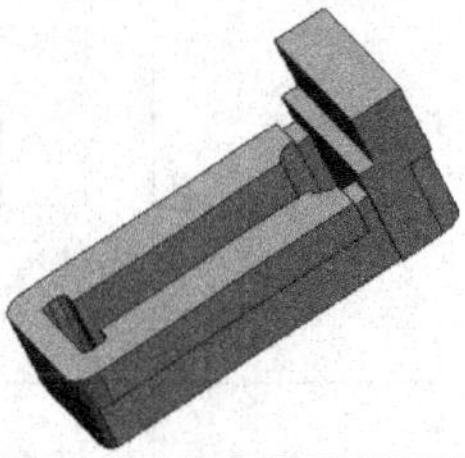

步骤	(7)基本体 3 (拉伸)	(8)打凸台孔	(9)镜像凸台和孔
草图内容及示意图	草图平面:底面 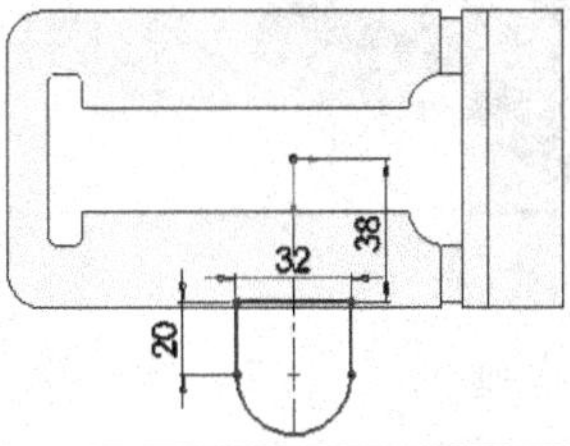	草图平面:凸台面 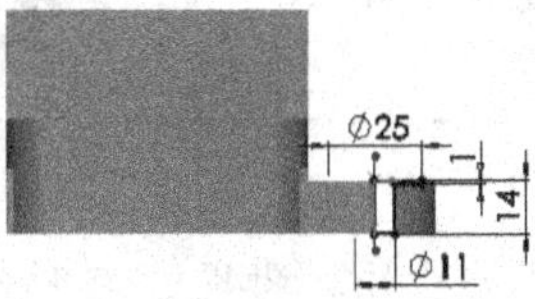	镜像平面:前基准面

续表

步骤	(7)基本体3(拉伸)	(8)打凸台孔	(9)镜像凸台和孔
特征内容及示意图	单向拉伸14mm 	用打孔工具 	

步骤	(10)切割孔	(11)螺杆凸台孔	(12)打活动钳块螺纹孔
草图内容及示意图	草图平面：底面 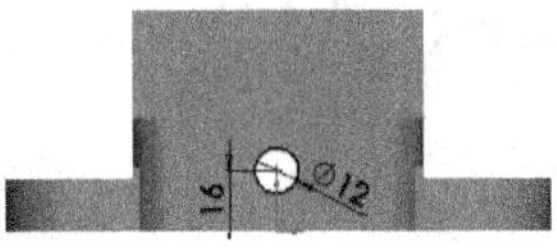	草图平面：底面 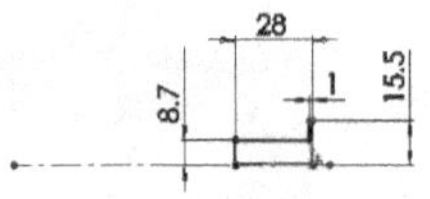	草图平面：底面 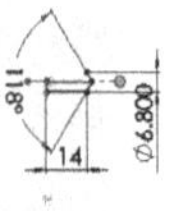
特征内容及示意图		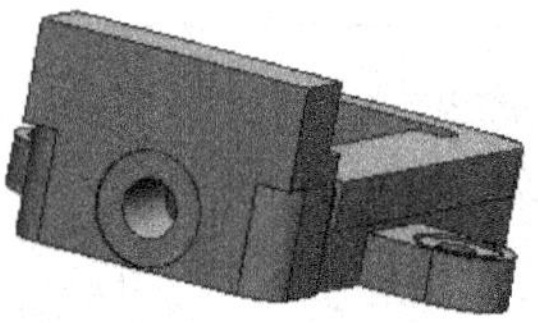	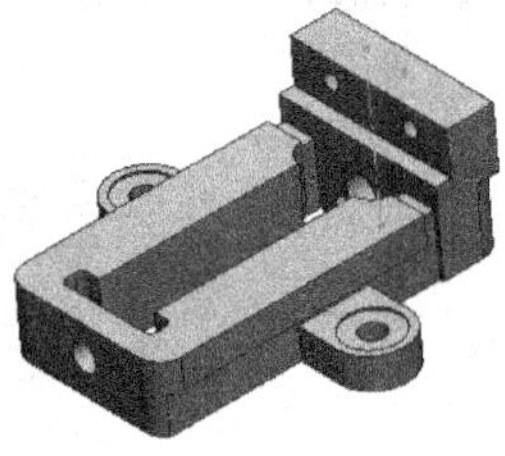

步骤	(13)切割基本体1	(14)倒圆角并完成
草图内容及示意图	草图平面：孔内面 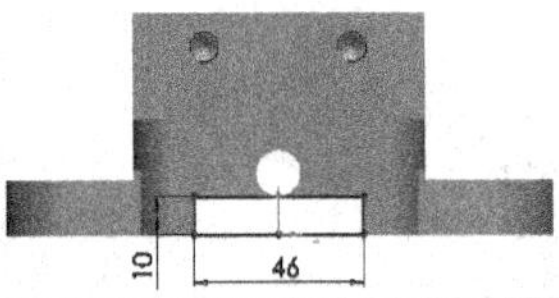	倒角如图所示的圆角，$R2 \sim R10$
特征内容及示意图		

2) 活动钳块建模

根据图 7.15 所示的活动钳块零件图，将零件分解为 3 个基本体分别创建，在 3 个基本体的基础上作切割等其他细节特征，草绘尺寸参照图 7.15 所示的尺寸。

(1) 新建零件"TH08-02.prt"，并进入建模工作环境。
(2) 活动钳块零件的建模过程见表 7-9。

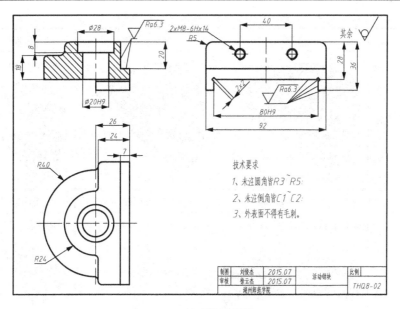

图 7.15 活动钳块零件图

表 7-9 活动钳块零件建模思路

步骤	(1)基本体1(拉伸)	(2)基本体2(拉伸)	(3)基本体3(拉伸)
草图内容及示意图	草图平面：俯视基准面	草图平面：实体表面	草图平面：实体表面
特征内容及示意图	单向拉伸8mm	单向拉伸10mm	单向拉伸10mm

步骤	(4)倒圆角	(5)打盲孔	(6)基本体4(拉伸)
草图内容及示意图	草图平面：俯视基准面	草图平面：实体表面	草图平面：实体表面

步骤	(4)倒圆角	(5)打盲孔	(6)基本体4(拉伸)
特征内容及示意图			单向拉伸26mm

步骤	(7)切割基本体	(8)切割孔	(9)切割孔并完成
草图内容及示意图	草图平面：实体表面	草图平面：实体表面	草图平面：实体表面
特征内容及示意图			

3) 螺钉建模

根据图7.16所示的螺钉零件图，在基本体的基础上作切割等其他细节特征，草绘尺寸参照图7.16所示尺寸。

(1) 新建零件"TH08-03.prt"，并进入建模工作环境。

(2) 螺钉零件的建模过程见表7-10。

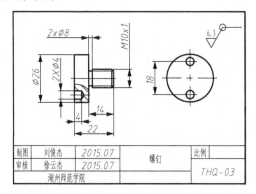

图7.16 螺钉零件图

表 7-10 螺钉零件建模思路

步骤	(1)基本体1(旋转)	(2)打盲孔	(3)扫描螺纹并完成
草图内容及示意图	草图平面：前视基准面	草图平面：实体表面 118° Ø4.500	螺距为2mm 0.500 0.500 1
特征内容及示意图	旋转360°		

4) 方块螺母建模

根据图7.17所示的方块螺母零件图，将零件分解为两个基本体分别创建，在两个基本体的基础上作切割等其他细节特征，草绘尺寸参照图7.17所示尺寸。

(1) 新建零件"TH08-04.prt"，并进入建模工作环境。

(2) 方块螺母零件的建模过程见表7-11。

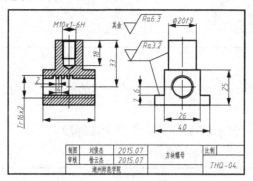

图 7.17 方块螺母零件图

表 7-11 方块螺母零件建模思路

步骤	(1)基本体1(拉伸)	(2)基本体2(拉伸)	(3)打盲孔
草图内容及示意图	草图平面：前视基准面	草图平面：实体表面 Ø20	同轴螺纹盲孔 118° 18 Ø8.500

步骤	(1)基本体1(拉伸)	(2)基本体2(拉伸)	(3)打盲孔
特征内容及示意图	单向拉伸38mm	单向拉伸21mm	单向拉伸10mm

步骤	(4)切割基本体1	(5)扫描螺纹孔1	(6)扫描螺纹并完成
草图内容及示意图	草图平面：实体表面 ⌀14	草图平面：实体表面 0.500/0.500/1	草图平面：实体表面 0.500/0.500/1
特征内容及示意图	贯通	全螺纹	螺纹深12mm

5) 螺杆建模

根据图7.18所示的螺杆零件图，在两个基本体的基础上作切割等其他细节特征，草绘尺寸参照图7.18所示尺寸。

(1) 新建零件"TH08-05.prt"1并进入建模工作环境。

(2) 螺杆零件的建模过程见表7-12。

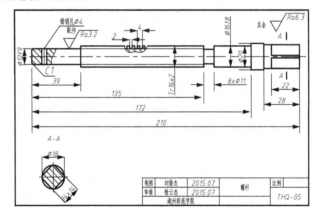

图7.18 螺杆零件图

表 7-12 螺杆零件建模思路

步骤	(1)基本体 1 (旋转)	(2)倒直角
草图内容及示意图	草图平面：前视基准面 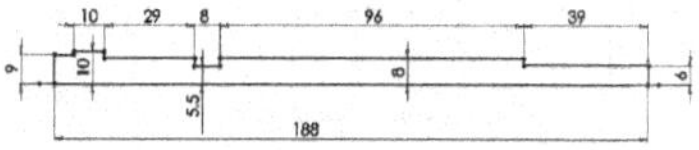	螺杆端边
特征内容及示意图	旋转 360° 	单向拉伸 10mm 

步骤	(3)螺纹扫描	(4)基本体 2 (拉伸)
草图内容及示意图	螺纹截面，螺距 2mm 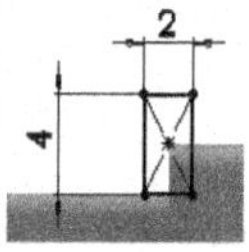	草图平面：端面，单向拉伸 22mm 
特征内容及示意图	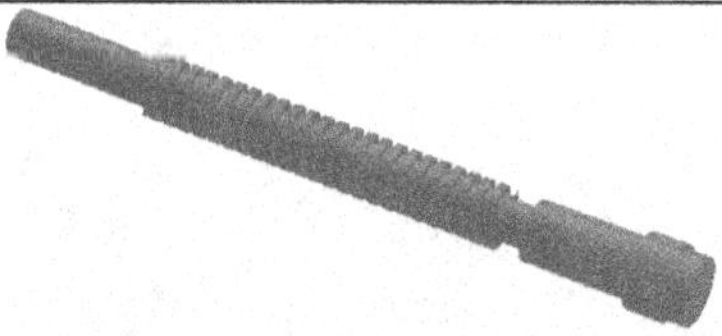	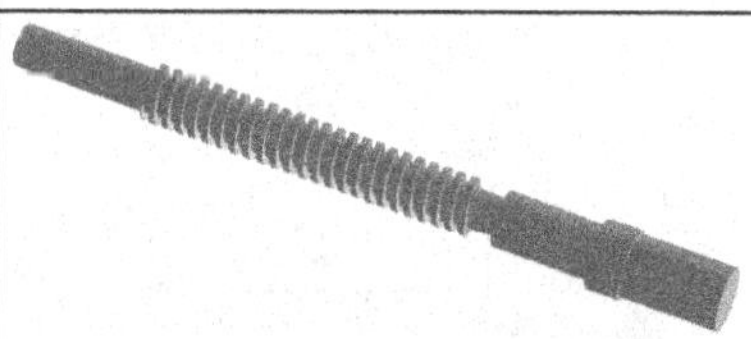

步骤	(5)切割	(6)切割孔并完成
草图内容及示意图	单向拉伸 22mm 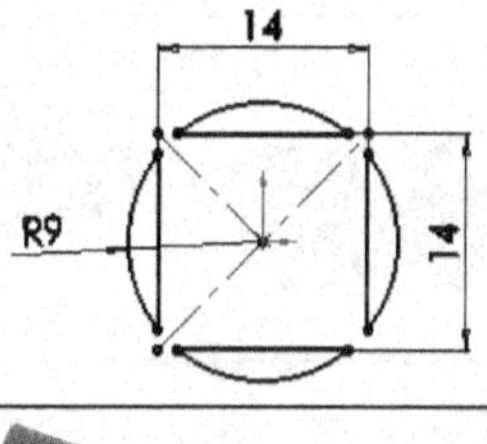	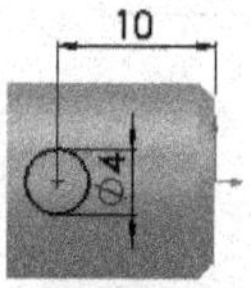
特征内容及示意图	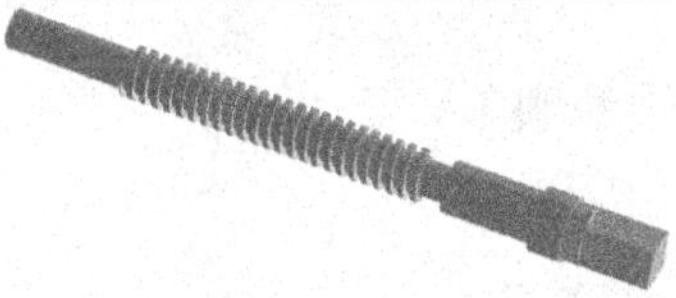	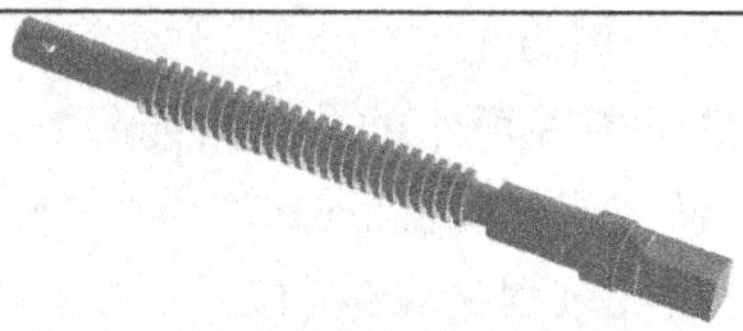

6) 护口板建模

根据图 7.19 所示的护口板零件图，在 1 个基本体的基础上作切割等其他细节特征，草绘尺寸参照图 7.19 所示尺寸。

(1) 新建零件"TH08-06.prt"，并进入建模工作环境。

(2) 护口板零件的建模过程见表 7-13。

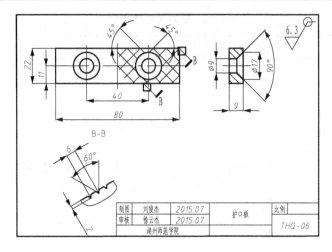

图 7.19 护口板零件图

表 7-13 护口板零件建模思路

步骤	(1)基本体 1 (拉伸)	(2)扫描切割	(3)打孔并完成
草图内容及示意图	草图平面：前视基准面	草图平面：实体表面	
特征内容及示意图	单向拉伸 8mm	扫描并阵列	

7) 台虎钳装配

根据图 7.13 所示的台虎钳装配图，按照装配顺序装配。

(1) 新建组件"hkb.asm"，并进入装配工作环境。

(2) 装配过程见表 7-14。

表 7-14 装配思路

步骤	(1)装入钳体(默认)	(2)螺杆(配合)	(3)螺杆(插入或同轴)
装配约束			

续表

步骤	(4)活动钳块(配合)	(5)活动钳块(配合)	(6)活动钳块(距离配合)
装配约束		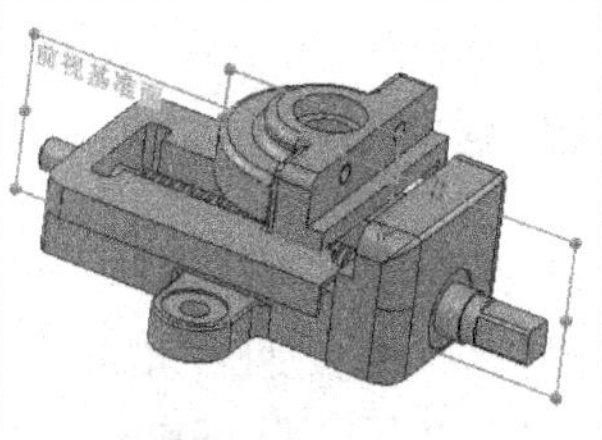	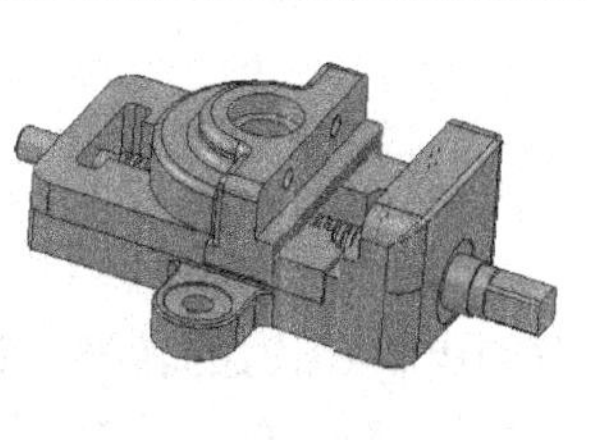

步骤	(7)方块螺母(插入或同轴)	(8)方块螺母(插入或同轴)	(9)螺钉(对齐或同心)
装配约束	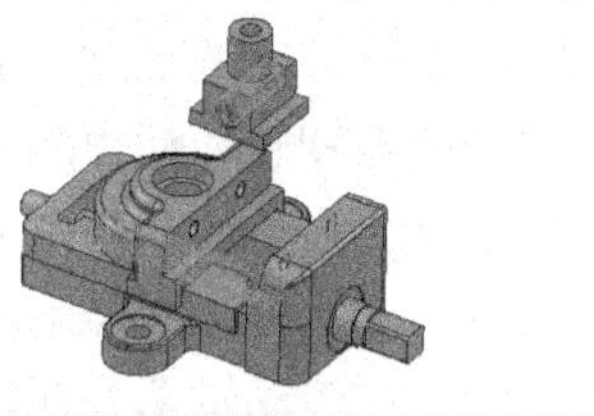	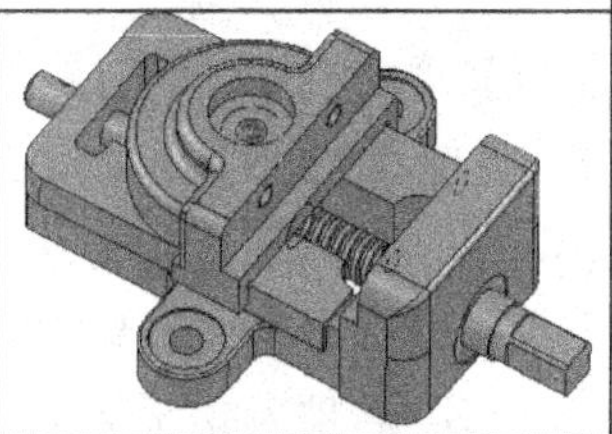	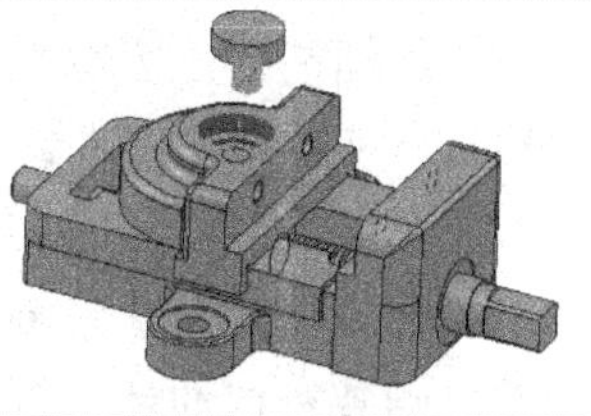

步骤	(10)螺钉(配合)	(11)护口板(配合)	(12)护口板(对齐或同心)
装配约束	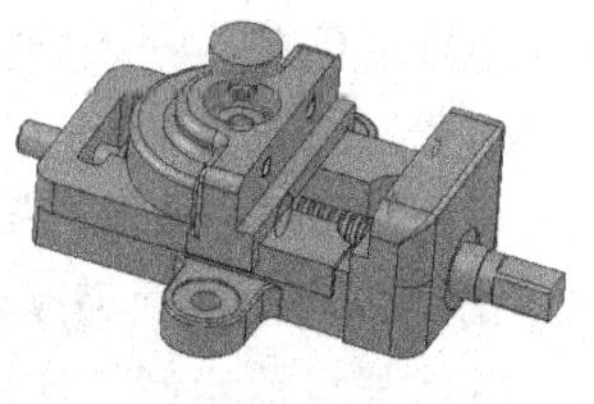	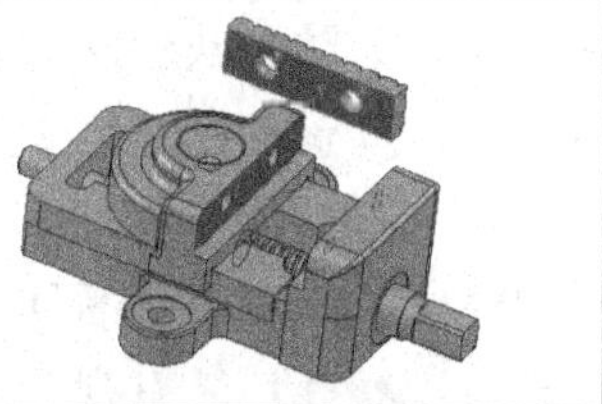	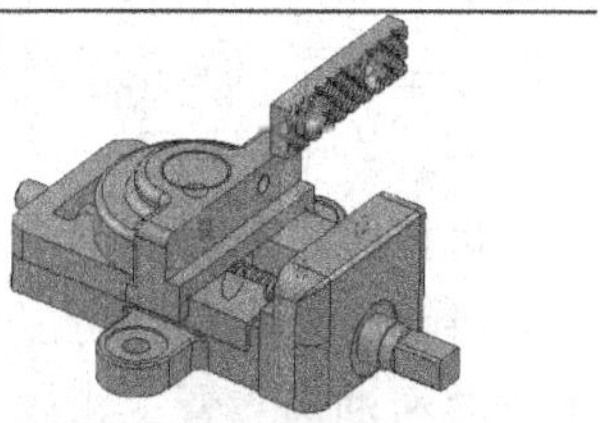

步骤	(13)护口板(配合)	(14)护口板(对齐或同心)	(15)十字螺钉(对齐或同心)
装配约束	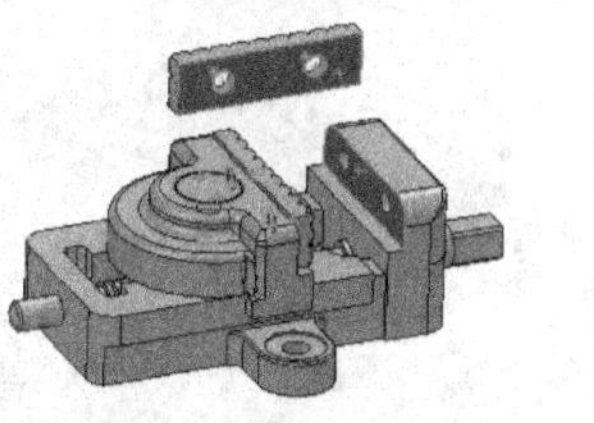		

步骤	(16)十字螺钉(配合)	(17)十字螺钉(重复3次)	(18)固定环(对齐或同轴)
装配约束	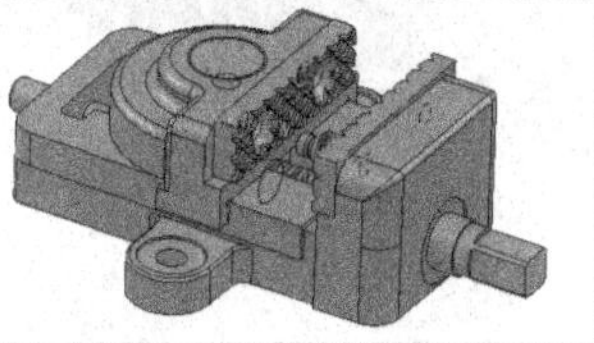	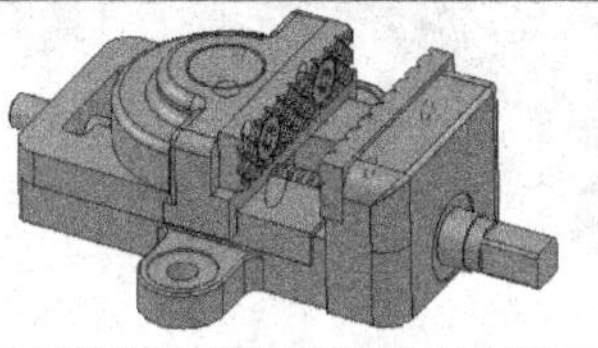	

8) 台虎钳工程图

根据第 4 章和第 5 章工程图出图步骤和方法将各零件导出零件图,并在 AutoCAD 中作后期处理(参见第 3 章内容),处理后的工程图纸如图 7.13 至图 7.19 所示。

7.3 一级减速器

7.3.1 减速器的结构和工作原理

减速器又称变速器，其种类很多。齿轮减速器是通过齿轮啮合的变速作用，把从原动机(如电机)输入的转速，改变成所需要的转速，以适应工作机械(如皮带输送机、起重机)要求的一种中间传动装置。因其多用于降低转速，增大传输扭矩，故称减速器，图 7.20 所示为减速器三维建模图。

一级圆柱尺寸齿轮减速器主要由机体(下箱体)、机盖(上箱体)及其连接件(紧固件)和主动轴系、从动轴系零件组成，如图 7.21 所示。核心零件是齿轮和轴。动力从主动齿轮轴上的小齿轮传给从动齿轮(大齿轮)，从动齿轮通过键将动力传给从动轴，并由从动轴将动力输出。两轴上装有滚动轴承，用以减少轴传动时的摩擦阻力，从而提高传动效率。在滚动轴承内侧装有挡油环，以防止润滑油带入轴承稀释润滑脂。在滚动轴承外侧，其主、从动轴的密封端都装有调整环和密封盖，起轴向定位作用，防止两轴作轴向窜动。其主、从动轴的伸出端都装有甩油环和透盖。为防止灰尘从透盖孔与轴的间隙中侵入磨损滚动轴承。轴承密封可采用沟槽式、迷宫式、皮碗式、毛毡式等方法密封。

机体腔内装有润滑油，齿轮工作时靠飞溅润滑。机体下部两侧各装有游标(不同的减速器的游标结构和形状可能不同)和放油塞，从游标可观察出机体内的油面高度，放油塞是为了排放污油而设置。机盖顶部有观察孔，装有视孔盖。机体与机盖用螺栓连接，由定位销定位。

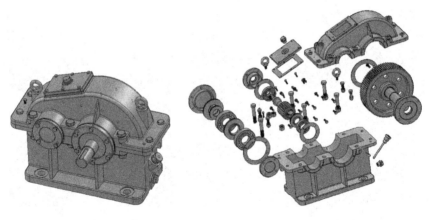

图 7.20　减速器三维建模图　　　图 7.21　减速器三维建模爆炸图

7.3.2 案例分析

1. 案例说明

本案例主要介绍减速器各部分零件的建模、装配及工程图方法，案例涉及的工程图纸见表 7-15。

本案例建模计较简单，使用直接建模工具就可以完成。

2. 案例所用知识点

(1) UG 扫描特征或 Creo 建模特征。
(2) UG 成型特征或 Creo 直接特征。
(3) UG 或 Creo 编辑特征。
(4) UG 特征复制或 Creo 复制特征。
(5) UG 或 Creo 装配特征。
(6) UG 或 Creo 工程图特征。

3. 设计流程

首先阅读图 7.22 所示减速器装配图，全面深入了解设计意图，弄清楚工作原理、装配关系、技术要求和每个零件的形状。标准零件直接由标准件库调入，一般零件建模时不但要从设计方面考虑零件的作用和要求，而且还要从工艺方面考虑零件的制造和装配，应使建模后的零件符合设计和工艺要求。在建模的基础之上进行装配，同时可以创建零件及装配体的工程图，最后可以对减速器进行机构运动仿真。

表 7-15 减速器图纸一览表

代号	名称	数量	图幅	代号	名称	数量	图幅
JSQ00-00	装配图	1	A1	JSQ00-08	主动齿轮轴	1	A4
JSQ00-01	轴承端盖	1	A4	JSQ00-09	挡油环	2	A4
JSQ00-02	挡油环	2	A4	JSQ00-10	轴承端盖	1	A4
JSQ00-03	箱座	1	A2	JSQ00-11	箱盖	1	A2
JSQ00-04	齿轮	1	A4	JSQ00-12	窥视孔盖	1	A4
JSQ00-05	轴承端盖	1	A4	JSQ00-13	通气螺塞	1	A4
JSQ00-06	从动轴	1	A4	JSQ00-14	游标尺	1	A4
JSQ00-07	轴承端盖	1	A4				

1) 轴承端盖建模

根据图 7.23 所示的轴承端盖零件图，将零件分解为 3 个基本体分别创建，在 3 个基本体的基础上作切割等其他细节特征，草绘尺寸参照图 7.23 所示尺寸。

(1) 新建零件"JSQ00-01.prt"，并进入建模工作环境。
(2) 轴承端盖零件的建模过程见表 7-16。

2) 挡油环建模

根据图 7.24 所示的挡油环零件图，将零件分解为 3 个基本体分别创建，在 3 个基本体的基础上作切割等其他细节特征，草绘尺寸参照图 7.24 所示尺寸。

(1) 新建零件"JSQ00-02.prt"，并进入建模工作环境。
(2) 挡油环零件的建模过程见表 7-17。

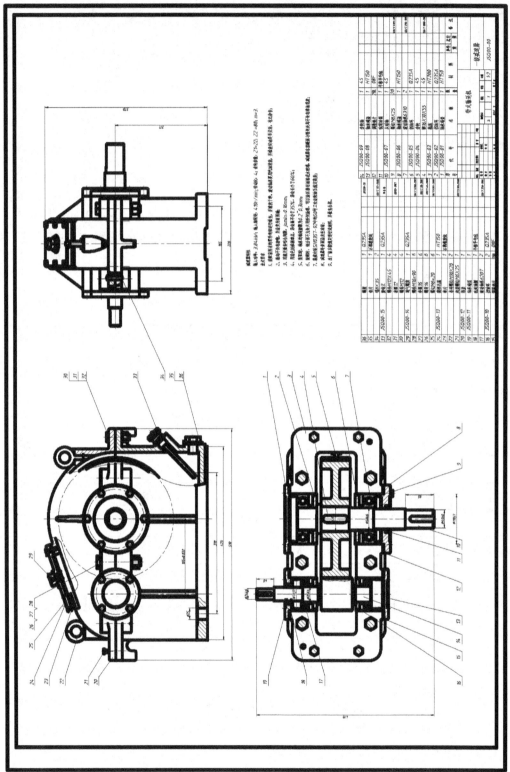

图 7.22 装配图

第 7 章 综合工程案例

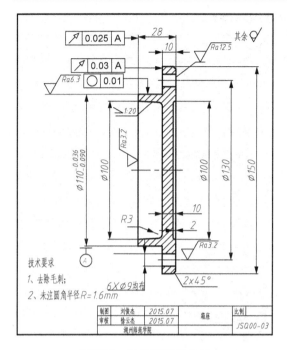

图 7.23 轴承端盖零件图

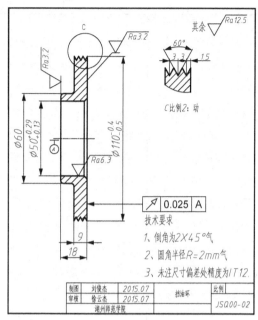

图 7.24 挡油环零件图

表 7-16 轴承端盖零件建模思路

步骤	(1)基本体 1 (旋转)	(2)切割并完成
草图内容及示意图	草图平面：前视基准面	草图平面：实体表面
特征内容及示意图	旋转 360°	阵列

表 7-17 挡油环零件建模思路

步骤	基本体 1 (旋转)
草图内容及示意图	草图平面：前视基准面 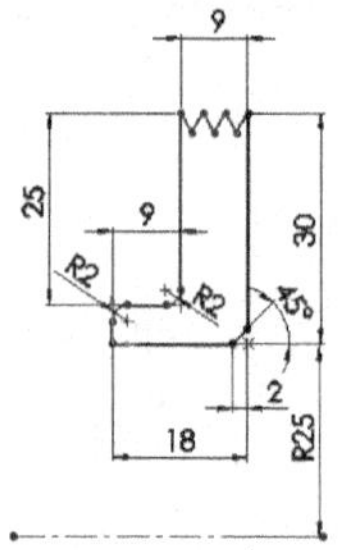
特征内容及示意图	旋转 360° 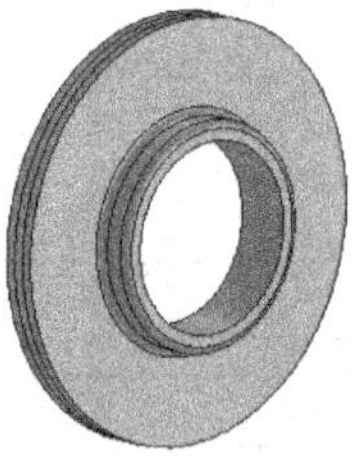

3) 箱座建模

根据图 7.25 所示的箱座零件图，将零件分解为 3 个基本体分别创建，在 3 个基本体的基础上作切割等其他细节特征，草绘尺寸参照图 7.25 所示尺寸。

(1) 新建零件"JSQ00-03.prt"，并进入建模工作环境。

(2) 箱座零件的建模过程见表 7-18。

表 7-18 箱座零件建模思路

步骤	(1)基本体 1 (拉伸)	(2)扫描切割	(3)基本体 2 (拉伸)
草图内容及示意图	草图平面：前视基准面 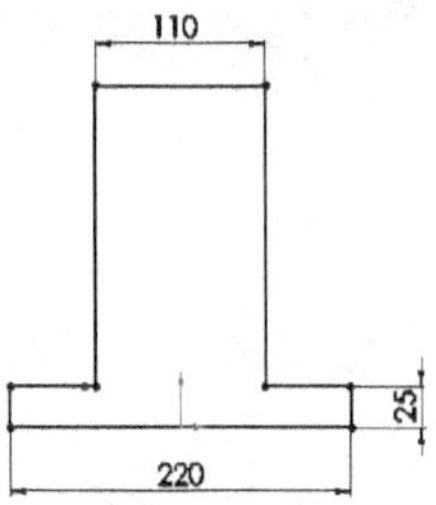	草图平面：实体表面 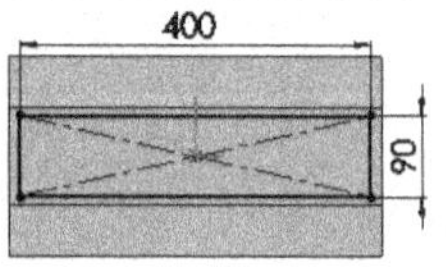	草图平面：实体表面 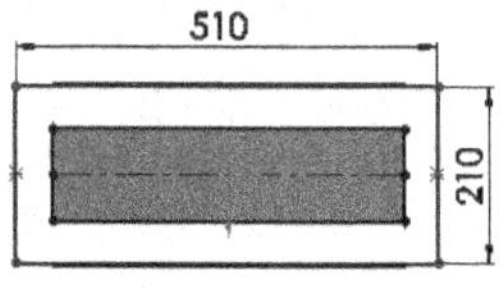
特征内容及示意图	单向拉伸 425mm 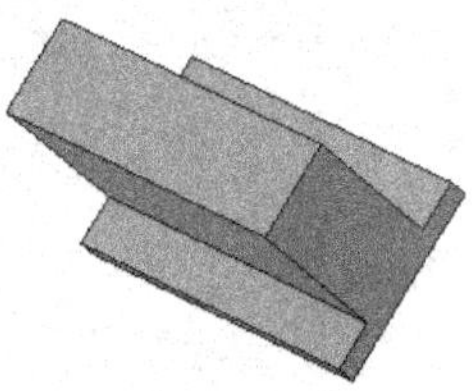	单向切割 190mm 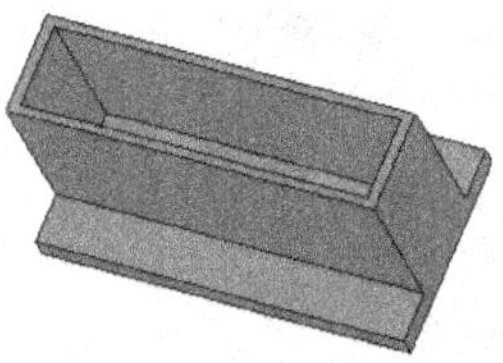	单向拉伸 15mm 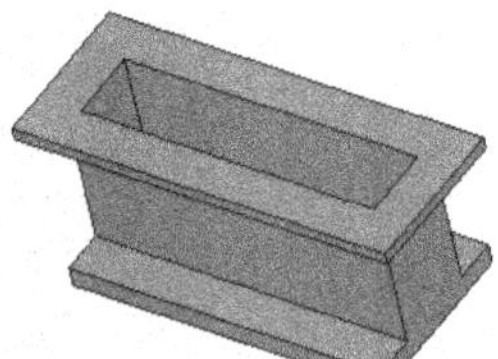

续表

步骤	(4)基本体3 (拉伸)	(5)打孔切割	(6)凸台拉伸
草图内容及示意图	草图平面：前视基准面 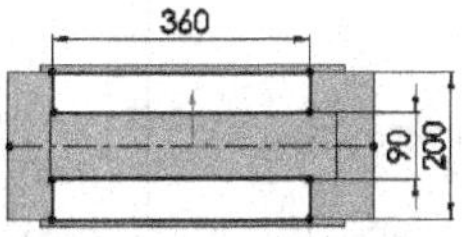	草图平面：实体表面 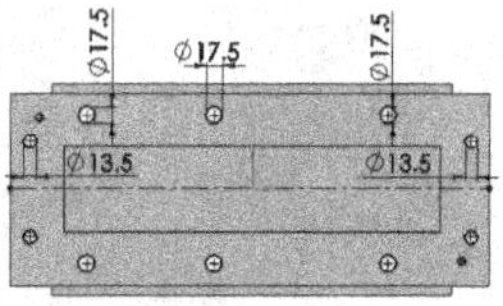	草图平面：实体表面 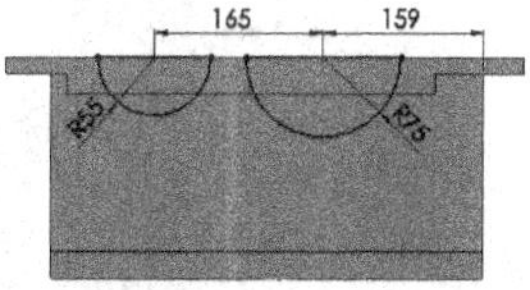
特征内容及示意图	单向拉伸35mm 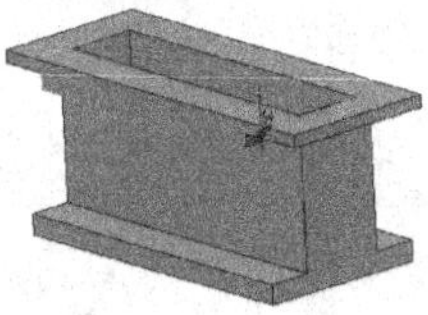	贯通 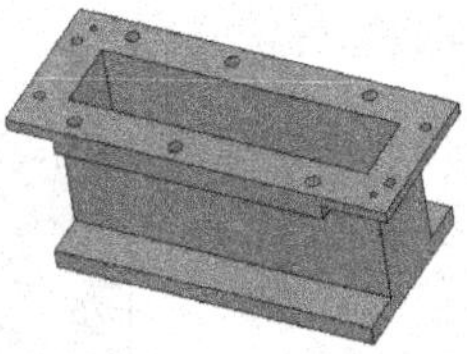	单向拉伸50mm 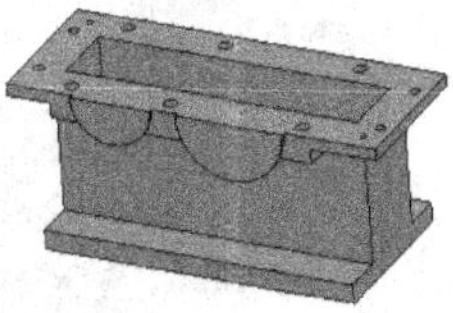

步骤	(7)镜像 (拉伸)	(8)切割	(9)筋并镜像
草图内容及示意图	镜像平面：前视基准面	草图平面：实体表面 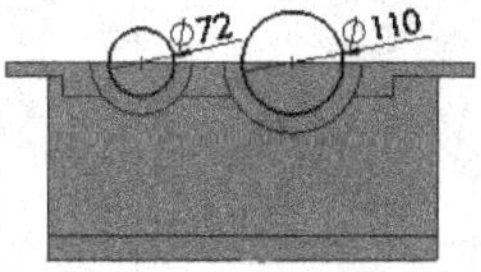	草图平面：穿过轴基准面 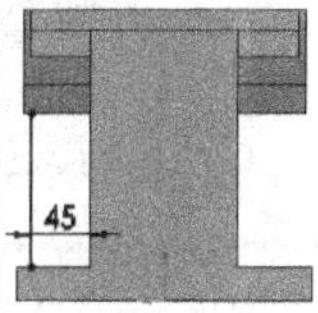
特征内容及示意图	单向拉伸35mm 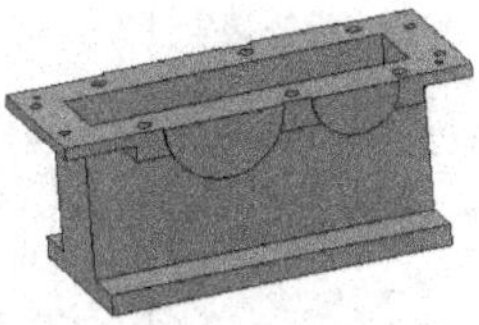	贯通 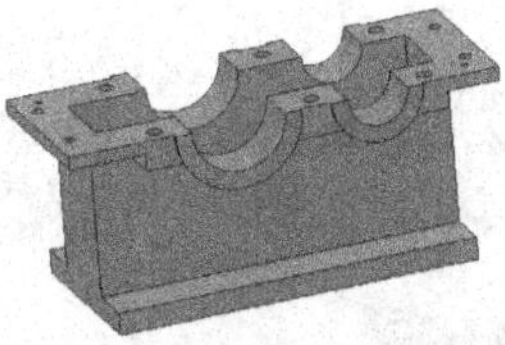	镜像平面：前基准面 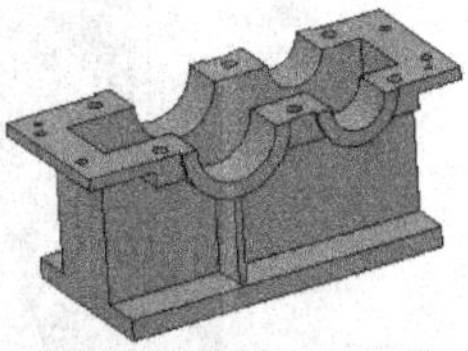

步骤	(10)镜像 (拉伸)	(11)切割	(12)螺纹孔
草图内容及示意图	筋并镜像 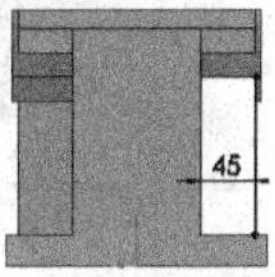	单向拉伸15mm 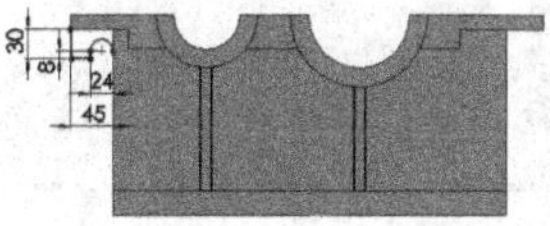	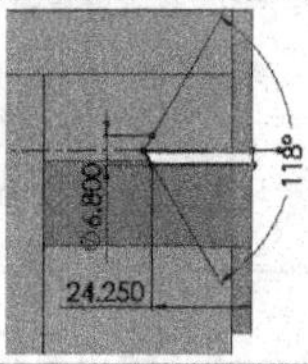
特征内容及示意图	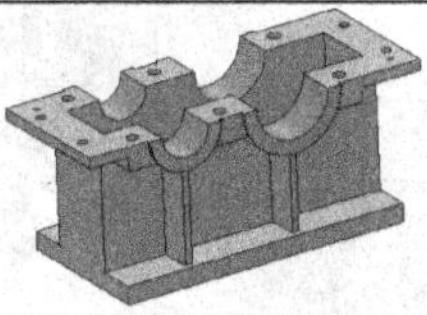	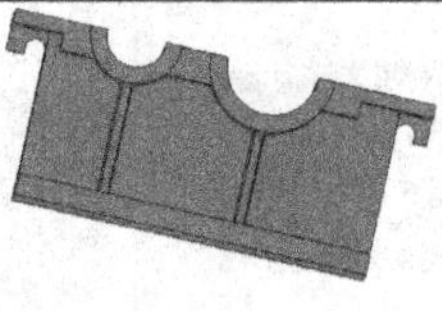	

步骤	(13)阵列螺纹孔并镜像	(14)重复螺纹孔并镜像	(15)切割
草图内容及示意图	轴向		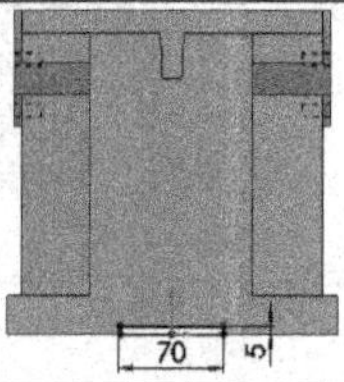

续表

步骤	(13)阵列螺纹孔并镜像	(14)重复螺纹孔并镜像	(15)切割
特征内容及示意图	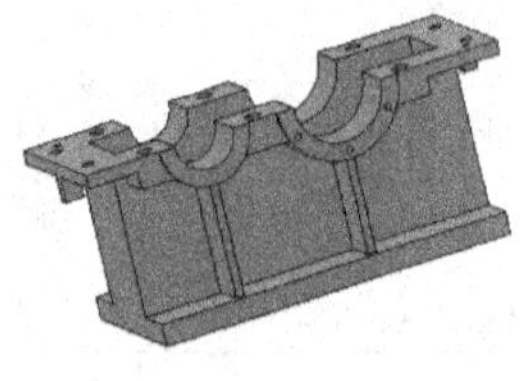	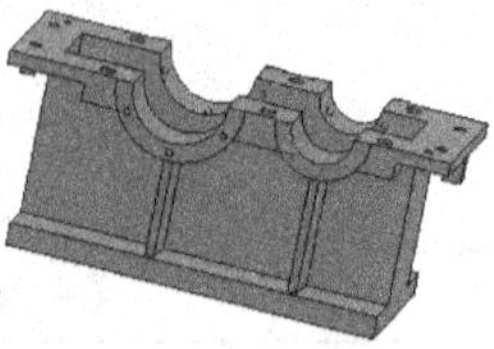	贯通 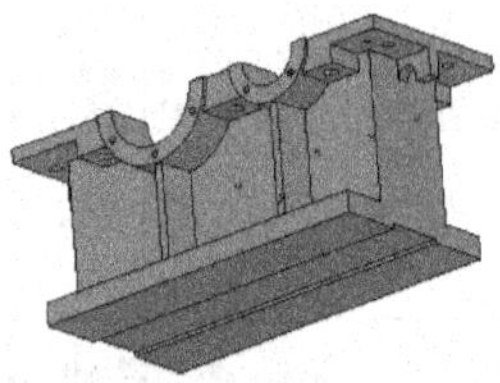

步骤	(16)拉伸螺塞凸台	(17)切割螺塞孔	(18)拉伸游标尺凸台
草图内容及示意图	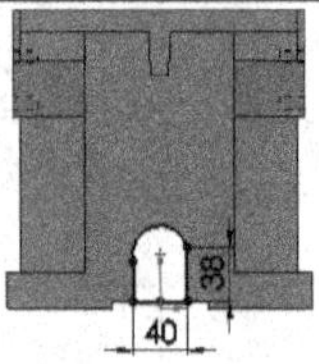 38, 40	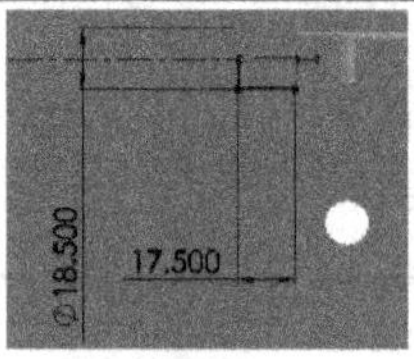 ⌀18.500, 17.500	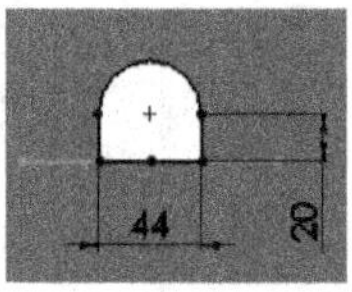 44, 20
特征内容及示意图	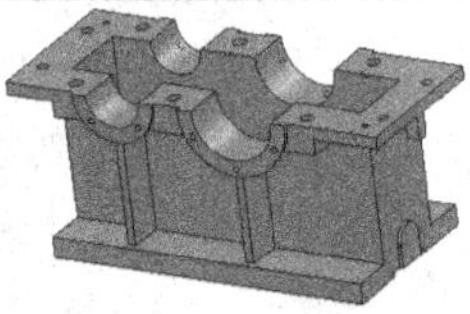	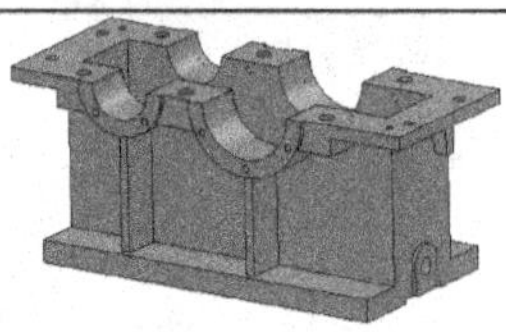	

步骤	(19)切割游标尺孔	(20)切割并镜像	(21)倒圆角
	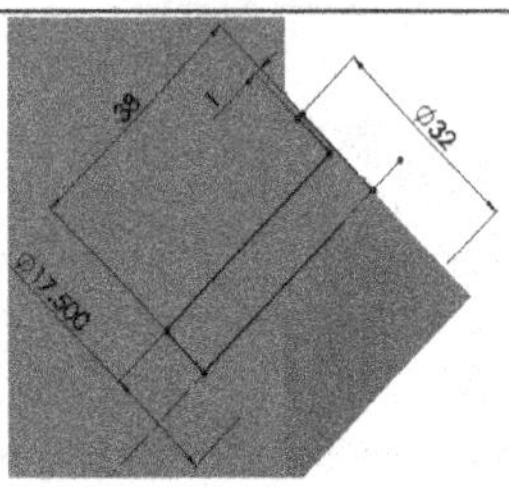 ⌀32, ⌀17.500	单向拉伸 2mm, 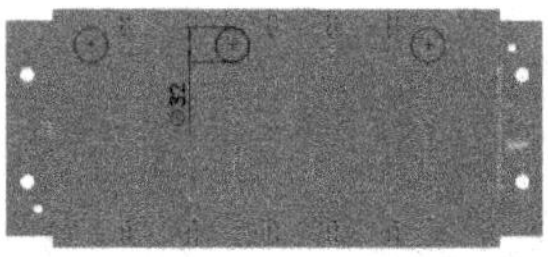 32	倒角半径 $R2$、$R5$

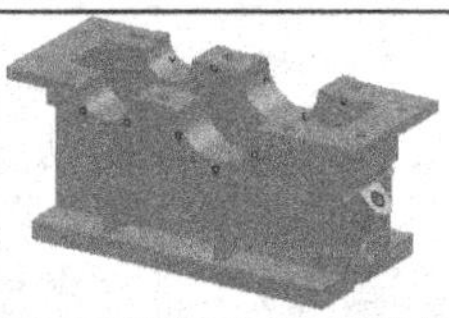

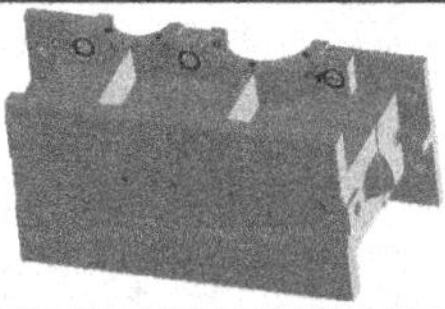

步骤	(22)切割底板孔	(23)切割锪平	(24)倒直角并完成
	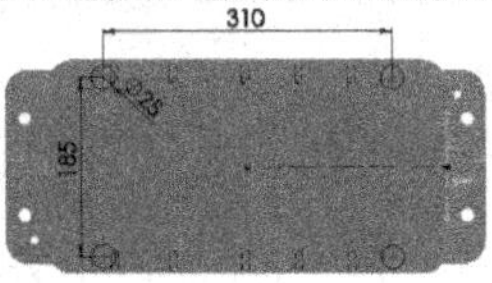 310, 165	单向拉伸 1mm, 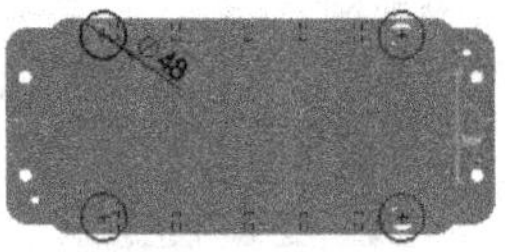 49	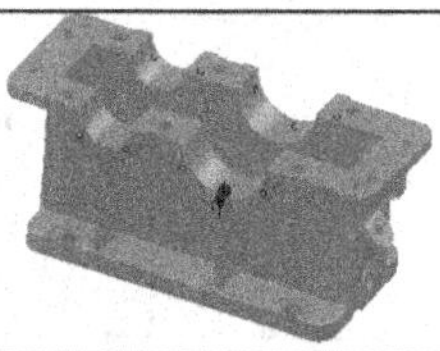

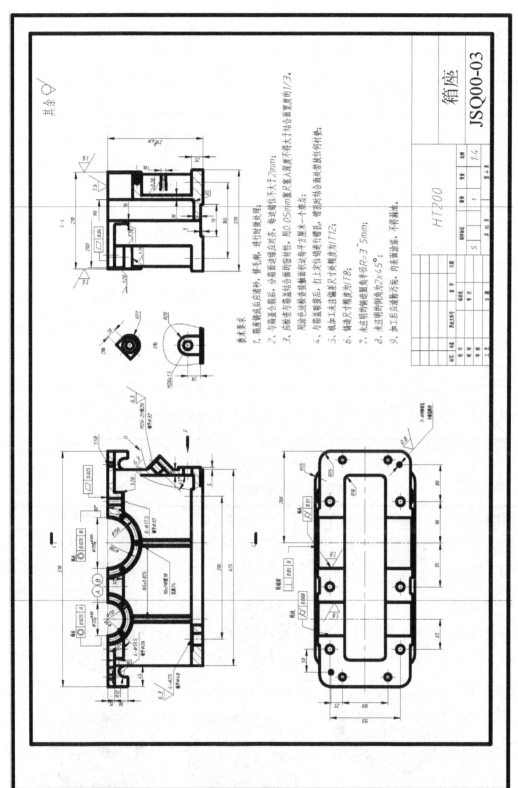

图 7.25 箱座零件图

4) 齿轮建模

根据图 7.26 所示的齿轮零件图,在基本体的基础上作切割等其他细节特征,草绘尺寸参照图 7.26 所示尺寸。

(1) 新建零件 "JSQ00-04.prt",并进入建模工作环境。

(2) 齿轮零件的建模过程见表 7-19。

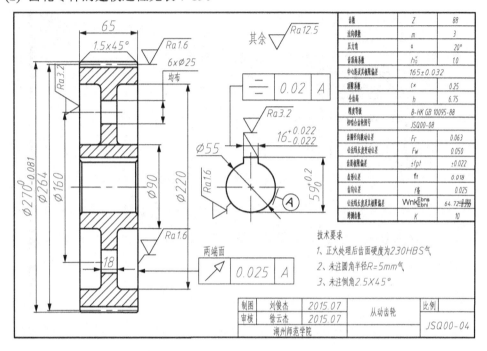

图 7.26 齿轮零件图

表 7-19 齿轮零件建模思路

步骤	(1)调入从动齿轮	(2)切割并镜像	(3)切割并阵列
草图内容及示意图	修改齿轮参数值,$m=3$,$Z=88$,$B=65$,孔直径 55mm,其余默认	草图平面:实体表面 内径 90mm,外径 220mm	草图平面:实体表面 直径 25mm
特征内容及示意图		单向拉伸 23.5mm	轴向阵列

续表

步骤	(4)切割键槽	(5)倒圆角	(6)倒直角并完成
草图内容及示意图	16 31.500		
特征内容及示意图			

5) 轴承端盖建模

根据图 7.27 所示的轴承端盖零件图，在基本体的基础上作切割等其他细节特征，草绘尺寸参照图 7.27 所示尺寸。

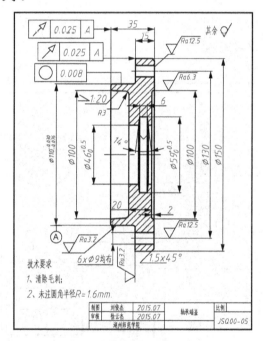

图 7.27 轴承端盖零件图

(1) 新建零件"JSQ00-05.prt"并进入建模工作环境。

(2) 轴承端盖零件的建模过程见表 7-20。

6) 从动轴建模

根据图 7.28 所示的从动轴零件图，在基本体的基础上作切割等其他细节特征，草绘尺寸参照图 7.28 所示尺寸。

(1) 新建零件"JSQ00-06.prt"，并进入建模工作环境。

(2) 从动轴零件的建模过程见表 7-21。

表 7-20 轴承端盖零件建模思路

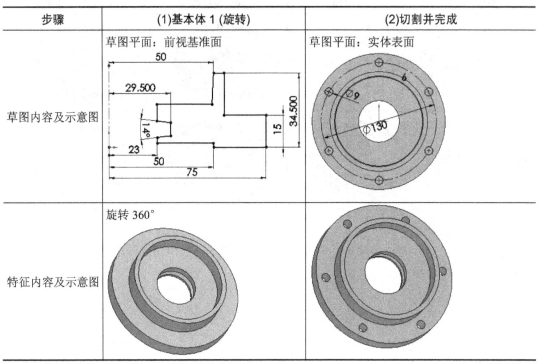

图 7.28 从动轴零件图

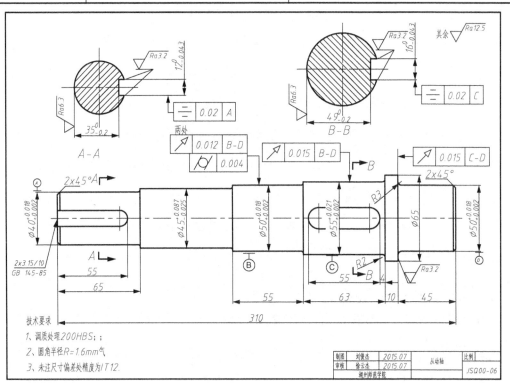

表 7-21 从动轴零件建模思路

步骤	(1)基本体 1(旋转)	(2)切割键槽
草图内容及示意图	草图平面：前视基准面 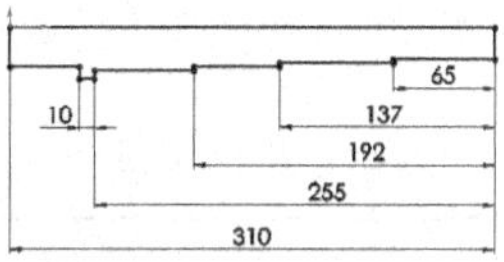	草图平面：实体表面 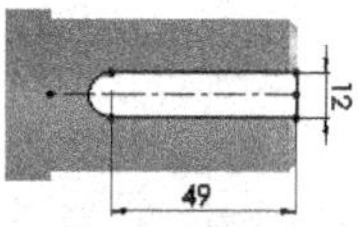
特征内容及示意图	旋转 360° 	单向切割 5mm 

步骤	(3)切割键槽	(4)倒角并完成
草图内容及示意图	草图平面：实体表面 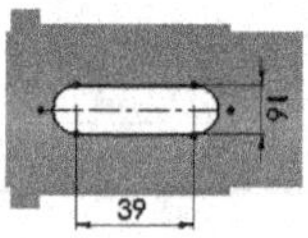	
特征内容及示意图	单向拉伸 27.5mm 	

7) 轴承端盖建模

根据图 7.29 所示轴承端盖零件图，在基本体的基础上作切割等其他细节特征，草绘尺寸参照图 7.29 所示尺寸。

(1) 新建零件"JSQ00-07.prt"，并进入建模工作环境。

(2) 轴承端盖零件的建模过程见表 7-22。

表 7-22 轴承端盖零件建模思路

步骤	(1)基本体 1(旋转)	(2)切割并完成
草图内容及示意图	草图平面：前视基准面 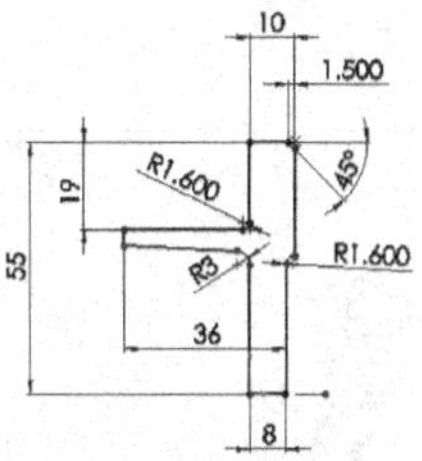	草图平面：实体表面 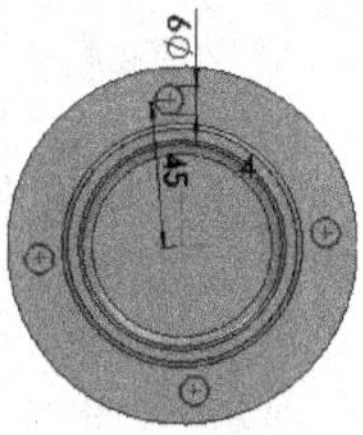
特征内容及示意图	旋转 360° 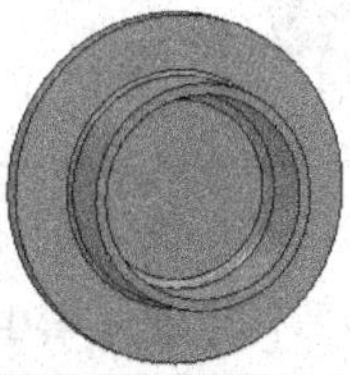	阵列 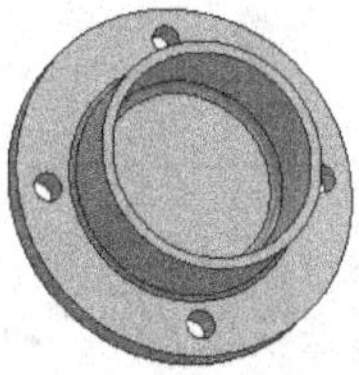

8) 挡油环建模

根据图 7.30 所示的挡油环零件图,在基本体的基础上作切割等其他细节特征,草绘尺寸参照图 7.30 所示尺寸。

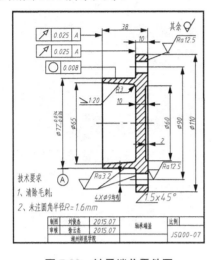

图 7.29　轴承端盖零件图　　　　图 7.30　挡油环零件图

(1) 新建零件"JSQ00-09.prt",并进入建模工作环境。
(2) 挡油环零件的建模过程见表 7-23。

表 7-23　挡油环零件建模思路

步骤	基本体 1(旋转)
草图内容及示意图	草图平面:前视基准面
特征内容及示意图	旋转 360°

9) 主动齿轮轴建模

根据图 7.31 所示的主动齿轮轴零件图,在基本体的基础上作切割等其他细节特征,草绘尺寸参照图 7.31 所示尺寸。

(1) 新建零件"JSQ00-08.prt",并进入建模工作环境。

(2) 主动齿轮轴零件的建模过程见表 7-24。

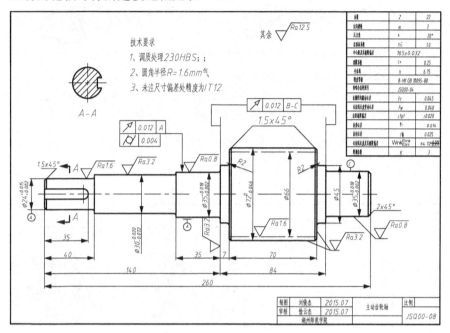

图 7.31　主动齿轮轴零件图(2)

表 7-24　主动齿轮轴零件建模思路(2)

步骤	(1)调入主动齿轮	(2)切割并镜像
草图内容及示意图	修改齿轮参数值,$m=3$,$Z=88$,$B=70$,其余默认	草图平面:实体表面
特征内容及示意图		旋转 360°
步骤	(4)切割键槽	(5)倒角并完成
草图内容及示意图	草图平面:实体表面	

续表

步骤	(1)调入主动齿轮	(2)切割并镜像
特征内容及示意图	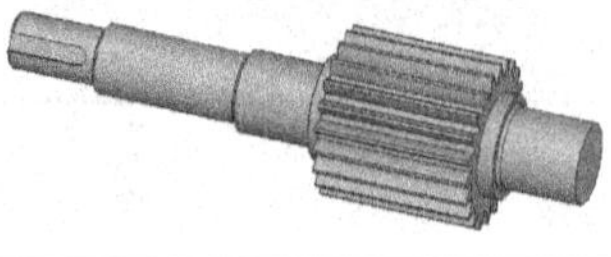	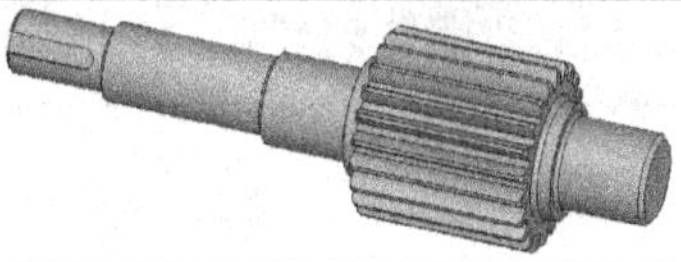

10) 窥视孔盖建模

根据图 7.32 所示的窥视孔盖零件图，将零件分解为两个基本体分别创建，在两个基本体的基础上作切割等其他细节特征，草绘尺寸参照图 7.32 所示尺寸。

(1) 新建零件"JSQ00-12.prt"，并进入建模工作环境。
(2) 窥视孔盖零件的建模过程见表 7-25。

表 7-25 窥视孔盖零件建模思路

步骤	(1)基本体 1(拉伸)	(2)基本体 2(拉伸)	(3)切割
草图内容及示意图	草图平面：前视图表面 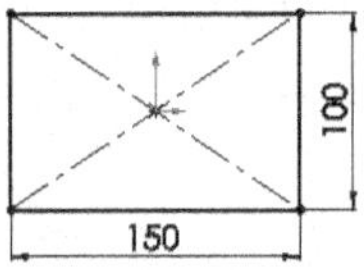 150 × 100	草图平面：实体表面 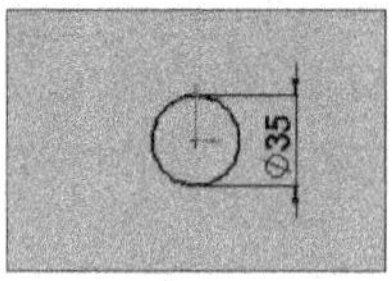 ⌀35	草图平面：实体表面 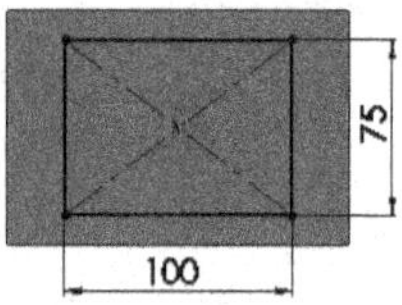 100 × 75
特征内容及示意图	单向拉伸 10mm 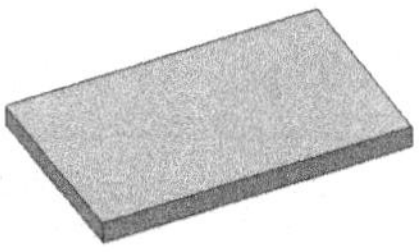	单向拉伸 2mm 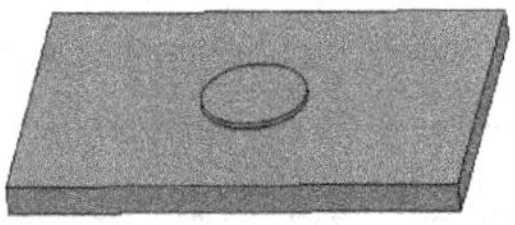	单向拉伸 2mm 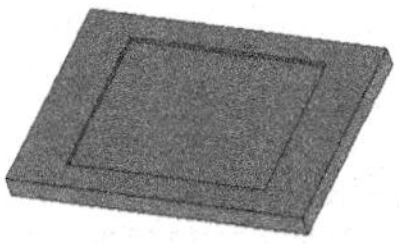

步骤	(4)切割	(5)切割	(6)倒圆角并完成
草图内容及示意图	草图平面：前视图表面 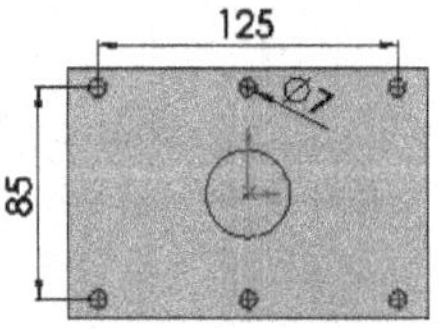 125 × 85，⌀7	草图平面：实体表面 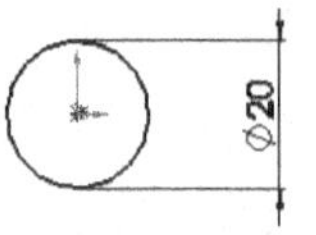 ⌀20	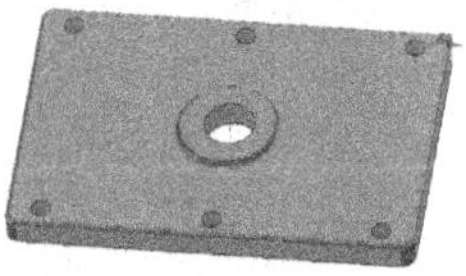
特征内容及示意图	贯通 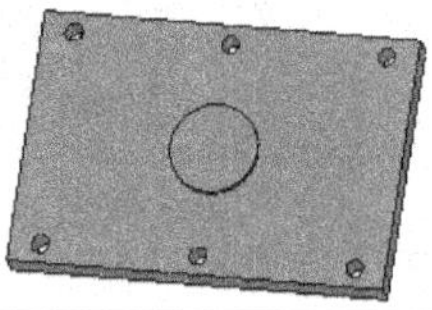	贯通 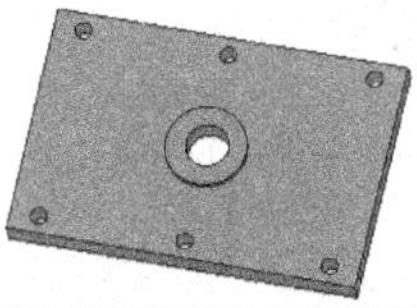	

11) 轴承端盖建模

根据图 7.33 所示的轴承端盖零件图，在基本体的基础上作切割等其他细节特征，草绘尺寸参照图 7.33 所示的尺寸。

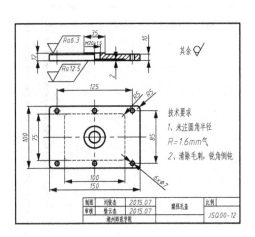

图 7.32 窥视孔盖零件图

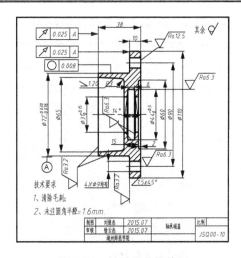

图 7.33 轴承端盖零件图

(1) 新建零件"JSQ00-10.prt",并进入建模工作环境。
(2) 轴承端盖零件的建模过程见表 7-26。

表 7-26 轴承端盖零件建模思路

步骤	(1)基本体1(旋转)	(2)切割并完成
草图内容及示意图	草图平面:前视基准面	草图平面:实体表面
特征内容及示意图	旋转360°	

12) 箱盖建模

根据图 7.34 所示的箱盖零件图,将零件分解为 5 个基本体分别创建,在 5 个基本体的基础上作切割等其他细节特征,草绘尺寸参照图 7.34 所示尺寸。

(1) 新建零件"JSQ00-11.prt",并进入建模工作环境。
(2) 箱盖零件的建模过程见表 7-27。

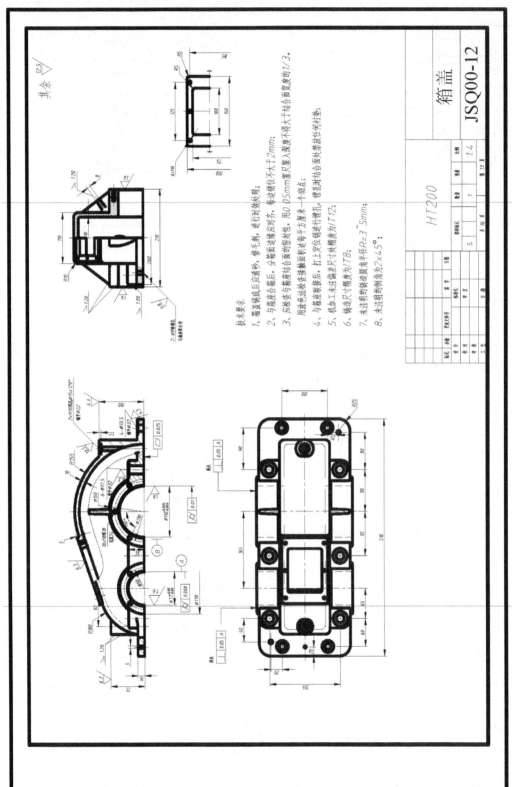

图 7.34 箱盖零件图

表 7-27 箱盖零件建模思路

步骤	(1)基本体 1 (拉伸)	(2)抽壳	(3)基本体 2 (拉伸)
草图内容及示意图	草图平面：前视基准面 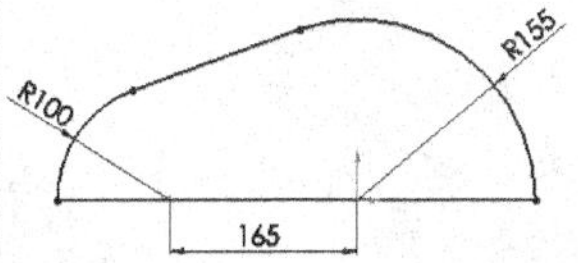		草图平面：实体表面 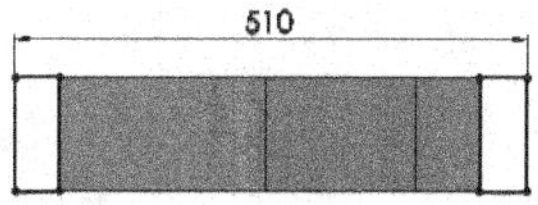
特征内容及示意图	单向拉伸 110mm 	厚度 10mm 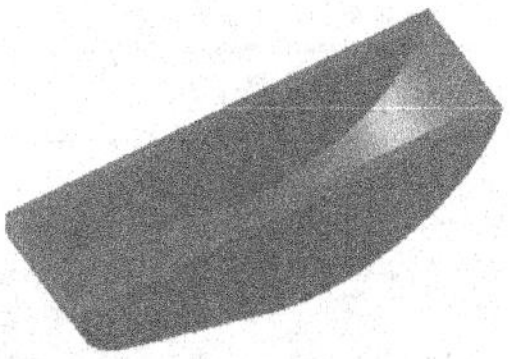	单向拉伸 15mm 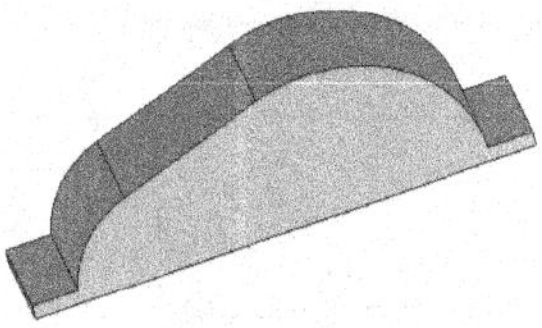

步骤	(4)基本体 3 (拉伸)并镜像	(5) 基本体 4 (拉伸)	(6)切割基本体 3
草图内容及示意图	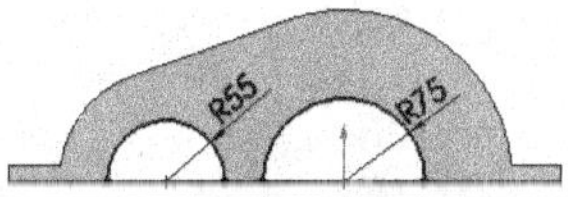	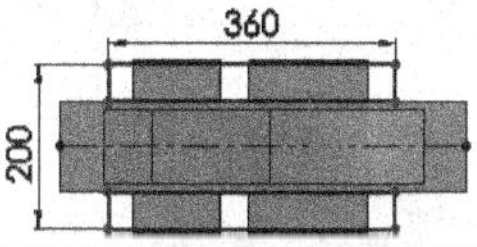	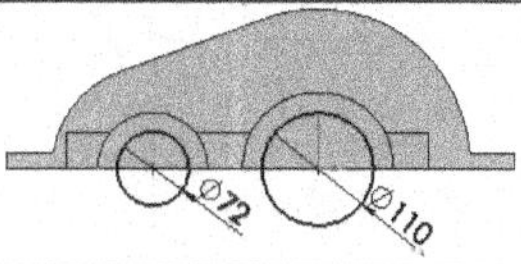
特征内容及示意图	单向拉伸 50mm 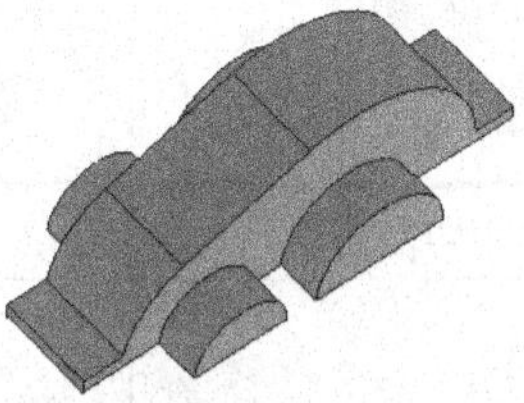	单向拉伸 35mm 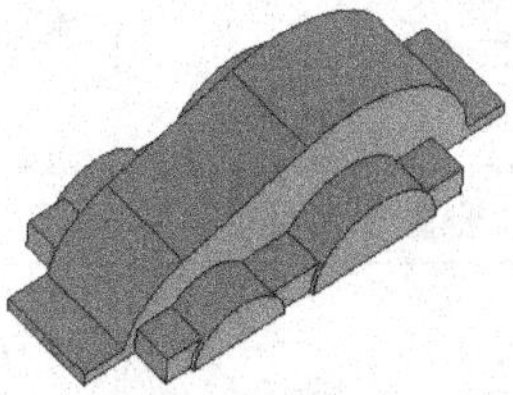	贯通 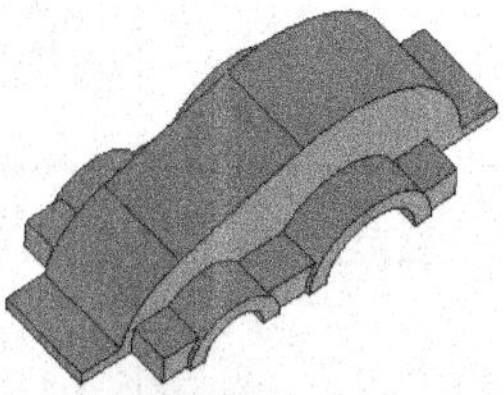

步骤	(7)基本体 5 (拉伸)	(8)筋并镜像	(9)螺纹孔并阵列
草图内容及示意图	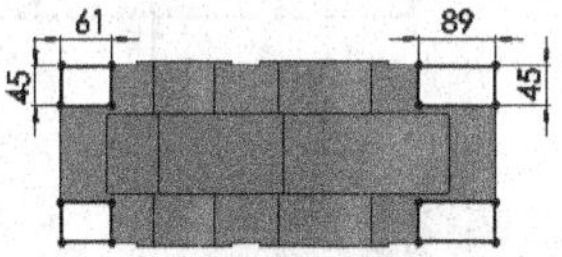	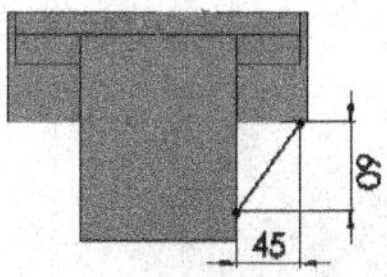	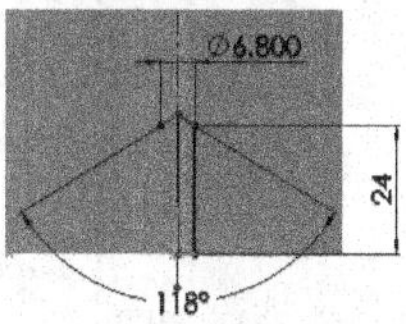
特征内容及示意图	单向拉伸 5mm 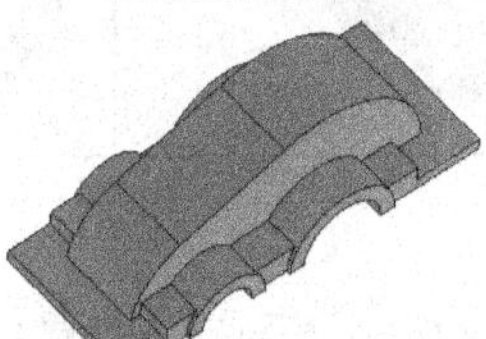	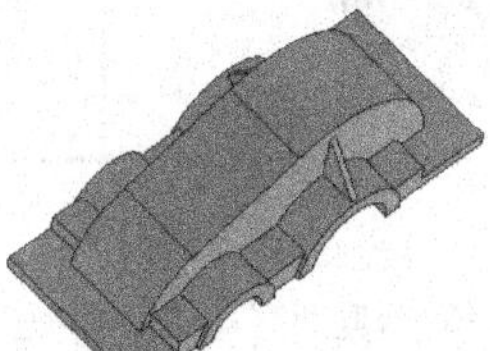	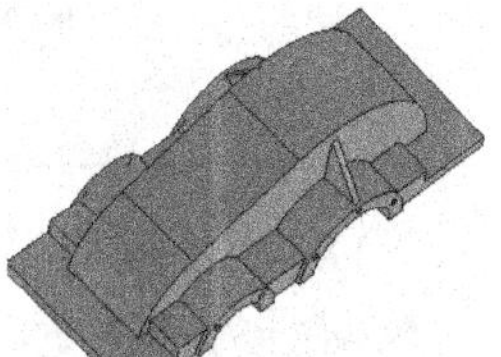

步骤	(10)切割孔	(11)打窥视孔	(12)窥视孔 (拉伸)
草图内容及示意图	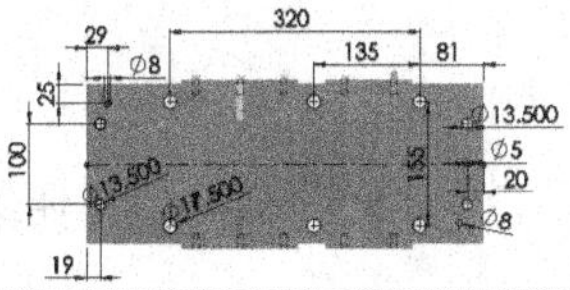	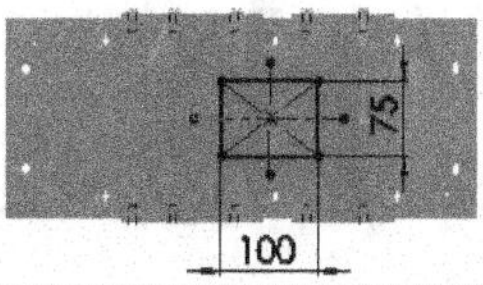	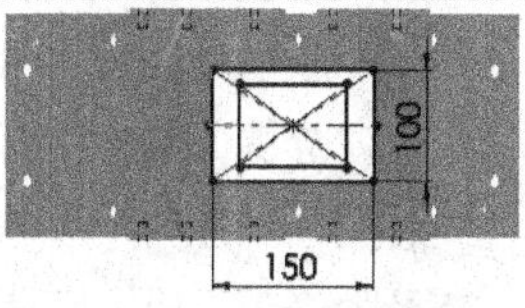

步骤	(10)切割孔	(11)打窥视孔	(12)窥视孔（拉伸）
特征内容及示意图	贯通 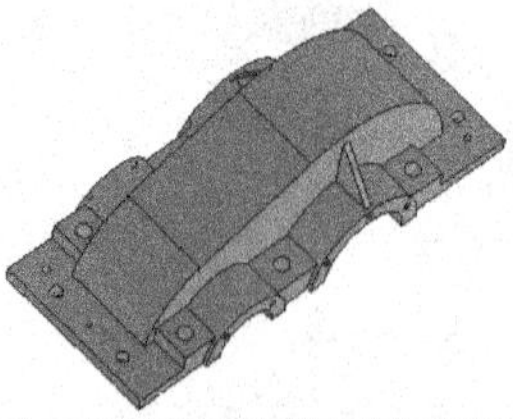	贯通 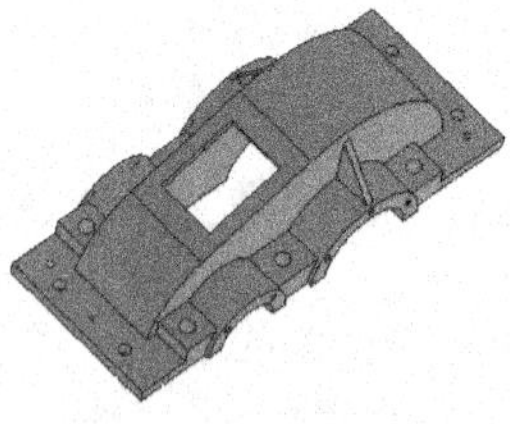	单向拉伸 5mm 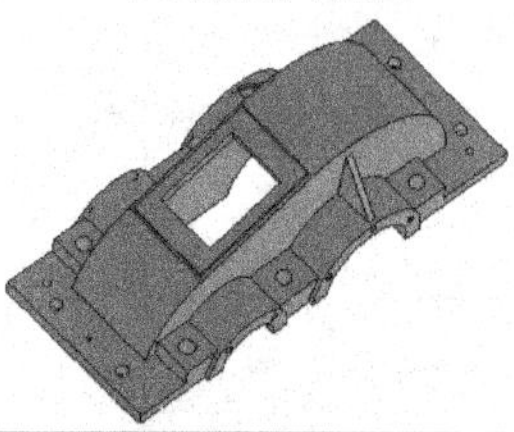

步骤	(13)打窥视孔螺纹孔并阵列	(14)吊环凸台(拉伸)	(15)打吊环凸台孔
草图内容及示意图	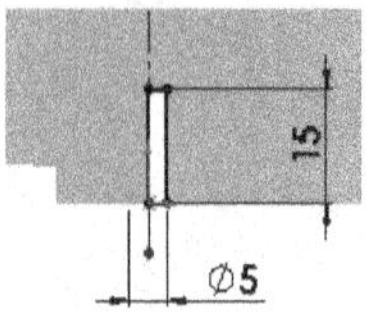	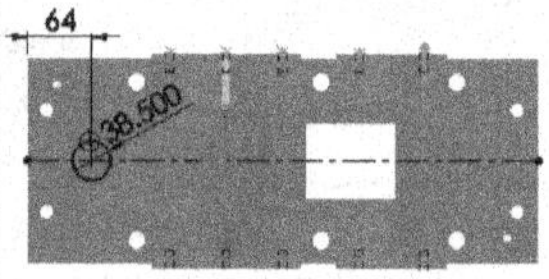	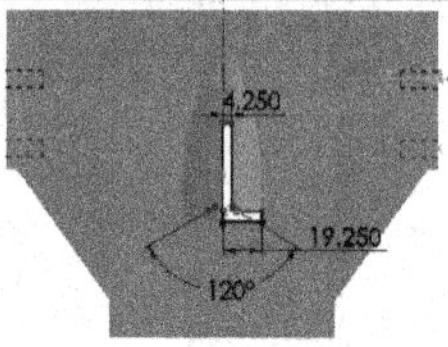
特征内容及示意图	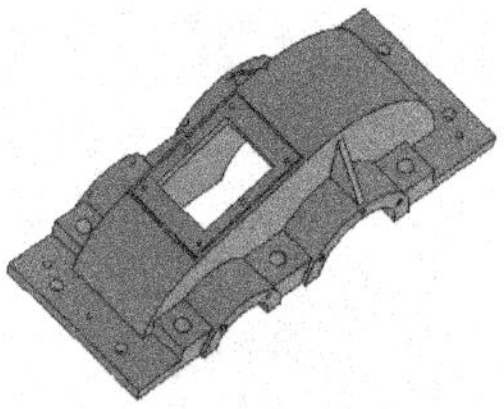	成形到实体 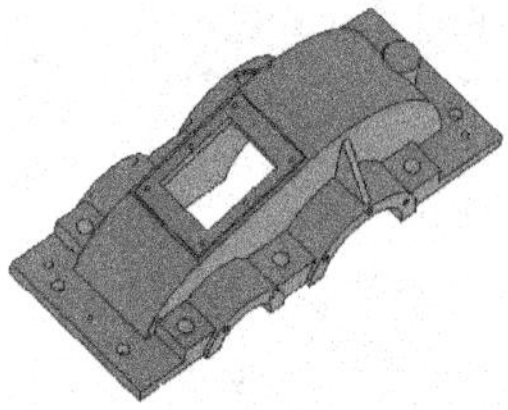	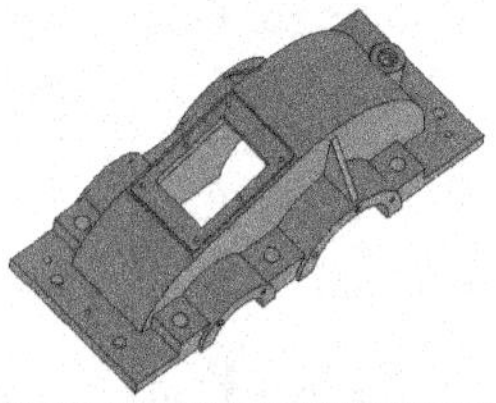

步骤	(16)左侧重复吊环孔	(17)切割锪平	(18)倒圆角并完成
草图内容及示意图		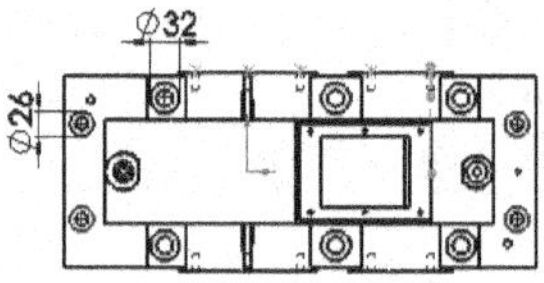	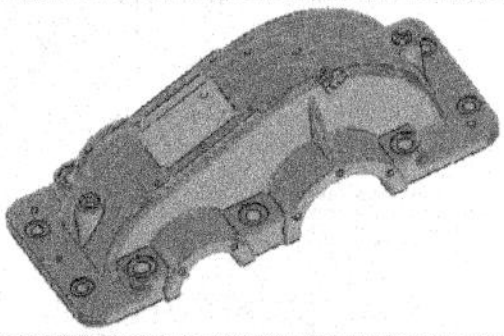
特征内容及示意图	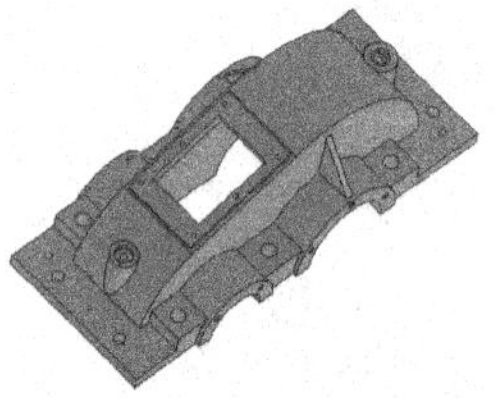	单向拉伸 2mm 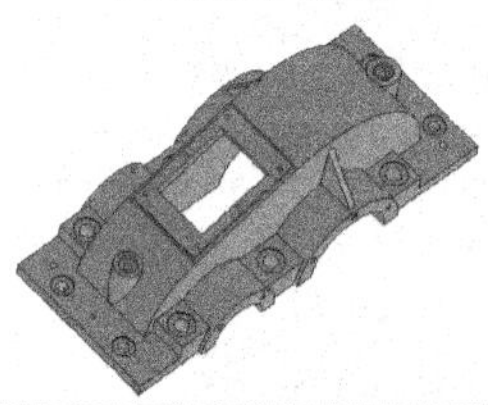	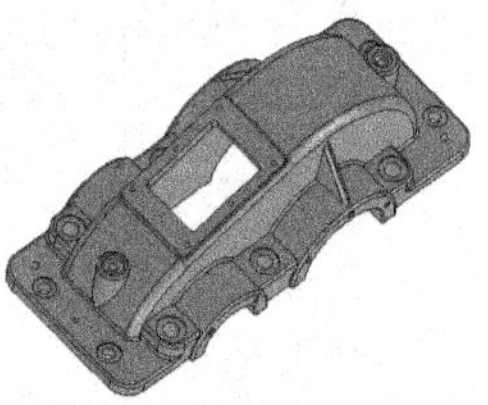 $R2$、$R3$、$R5$

13) 通气螺塞建模

根据图 7.35 所示的通气螺塞零件图，在基本体的基础上作切割等其他细节特征，草绘尺寸参照图 7.35 所示尺寸。

(1) 新建零件"JSQ00-13.prt"，并进入建模工作环境。

(2) 通气螺塞零件的建模过程见表 7-28。

14) 游标尺建模

根据图 7.36 所示的游标尺零件图，在基本体的基础上作切割等其他细节特征，草绘尺寸参照图 7.36 所示尺寸。

(1) 新建零件"JSQ00-14.prt",并进入建模工作环境。
(2) 游标尺零件的建模过程见表 7-29。

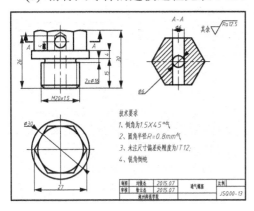

图 7.35 通气螺塞零件图　　　　　图 7.36 游标尺零件图

表 7-28 通气螺塞零件建模思路

步骤	(1)基本体 1 (拉伸)	(2)旋转切割	(3)基本体 2 (旋转)
草图内容及示意图	草图平面：前视基准面	草图平面：前视基准面	草图平面：实体表面
特征内容及示意图	单向拉伸 10.18mm	旋转 360°	旋转 360°

步骤	(4)倒直角	(5)打孔	(6)切割孔并完成
草图内容及示意图			
特征内容及示意图			

表 7-29 游标尺零件建模思路

步骤	旋转并倒直角完成
草图内容及示意图	草图平面：前视基准面，倒直角 1.5×1.5 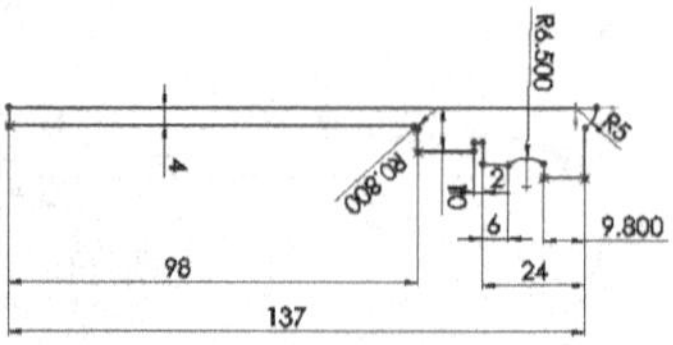
特征内容及示意图	旋转 360° 

15) 减速器装配

根据图 7.22 所示的减速器装配图，按照装配顺序装配。

(1) 新建组件"JSQ00-00.asm"，并进入装配工作环境。

(2) 装配过程见表 7-30。

表 7-30 装配思路

步骤	(1)装入箱座(默认)	(2)垫片(配合)	(3)垫片(插入或同轴)
装配约束	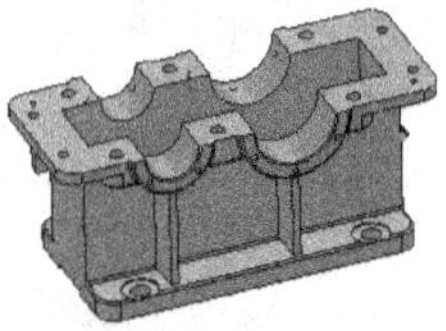	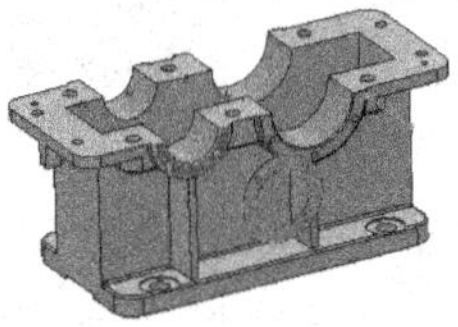	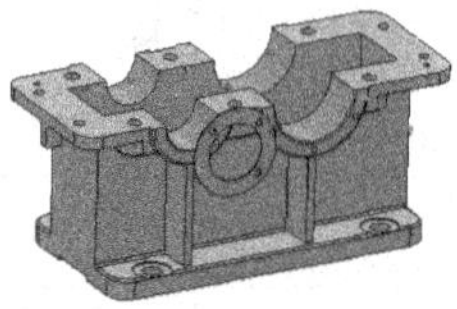
步骤	(4)垫片(插入或同轴)	(5)齿轮轴(插入或同轴)	(6) 齿轮轴(配合)
装配约束		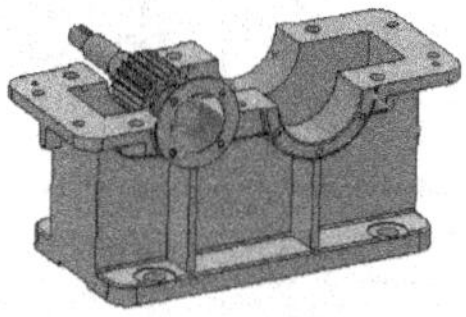	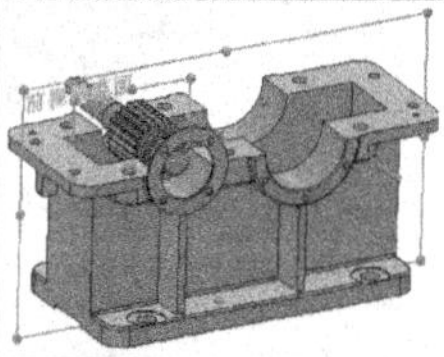
步骤	(7)轴承端盖(配合)	(8) 轴承端盖(插入或同轴)	(9) 轴承端盖(插入或同轴)
装配约束	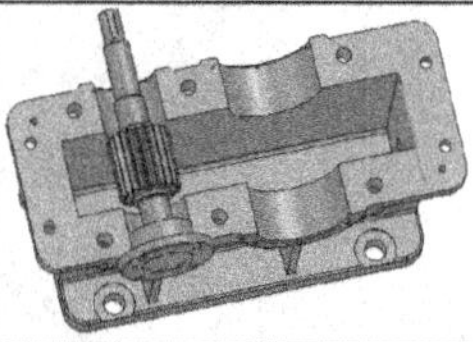	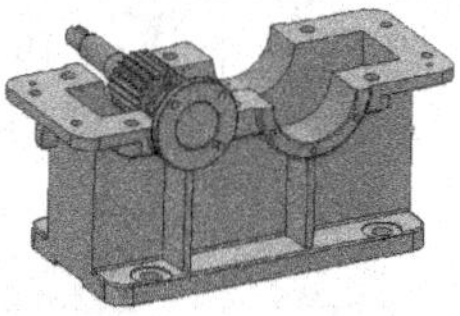	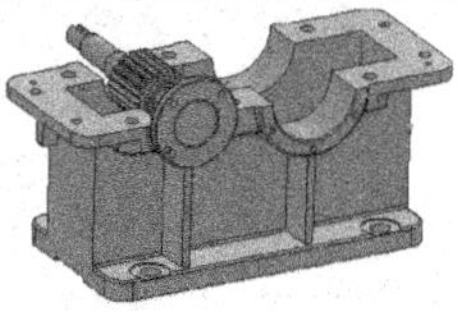
步骤	(10)轴承(插入或同轴)	(11)轴承(配合)	(12)挡油环(插入或同轴)
装配约束	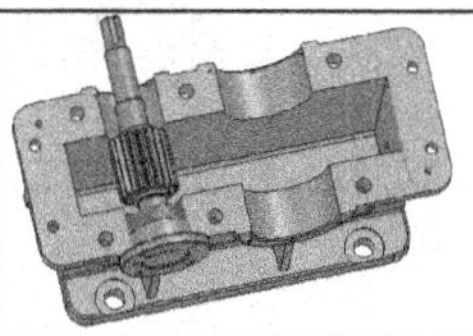	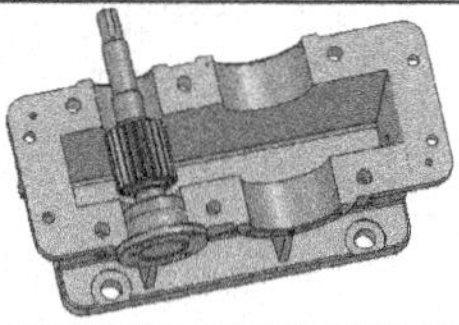	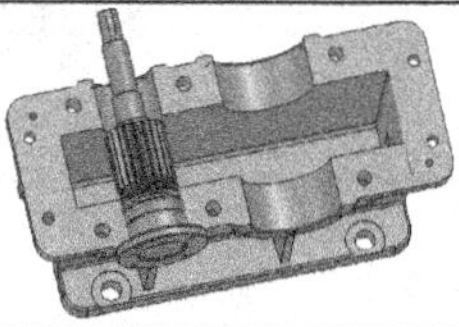

续表

步骤	(13)挡油环(配合)	(14)垫片(配合)	(15)垫片(插入或同轴)
装配约束	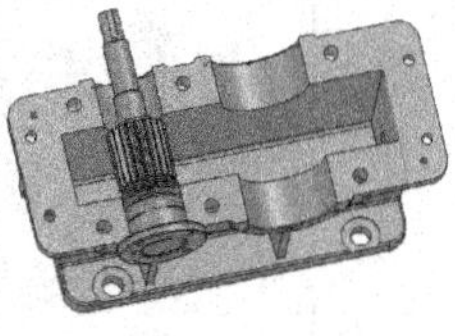	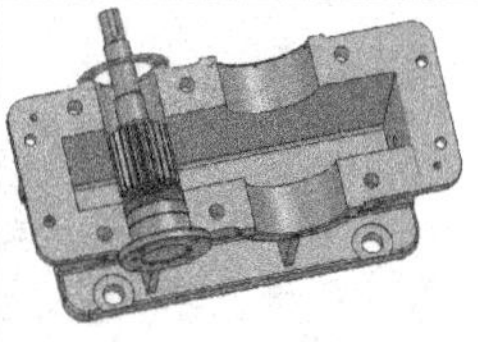	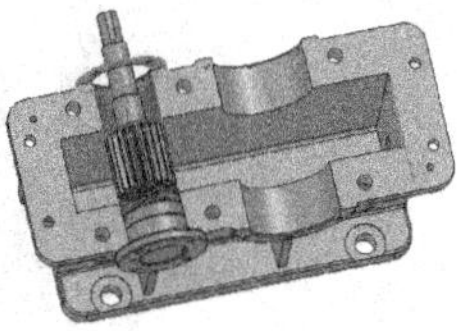

步骤	(16)垫片(插入或同轴)	(17)轴承端盖(配合)	(18)轴承端盖(对齐或同轴)
装配约束	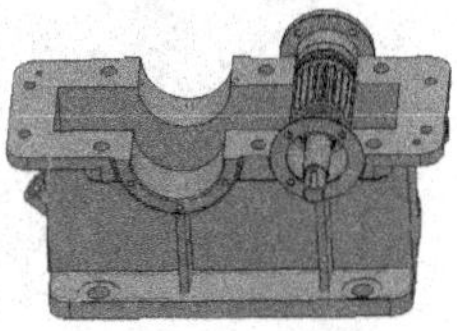	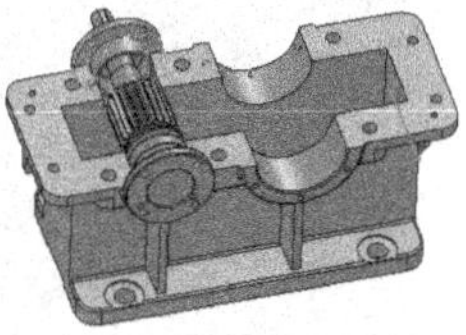	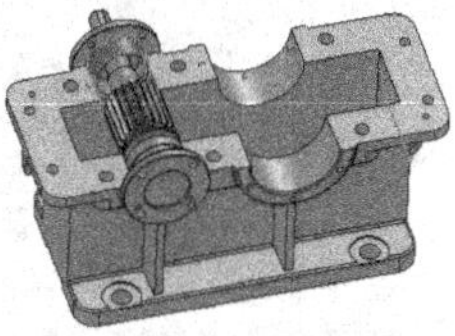

步骤	(19)轴承(插入或同轴)	(20)轴承(配合)	(21)挡油环(对齐或同轴)
装配约束	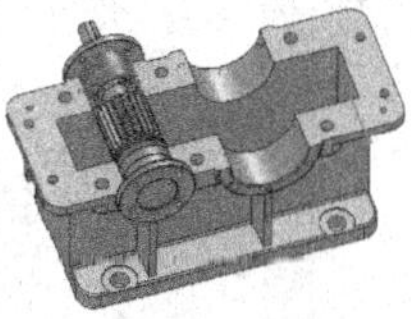	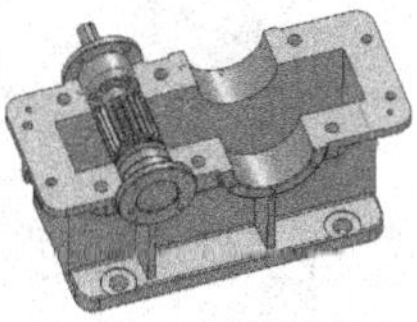	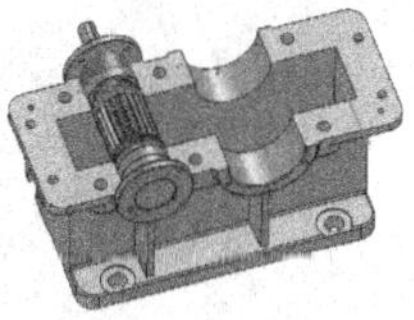

步骤	(22)挡油环(配合)	(23)垫片(配合)	(24)垫片(对齐或同轴)
装配约束	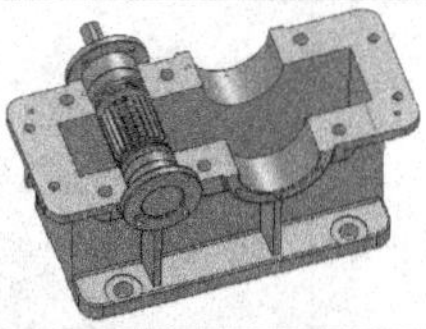		

步骤	(25)垫片(插入或同轴)	(26)轴承端盖(配合)	(27)轴承端盖(对齐或同轴)
装配约束			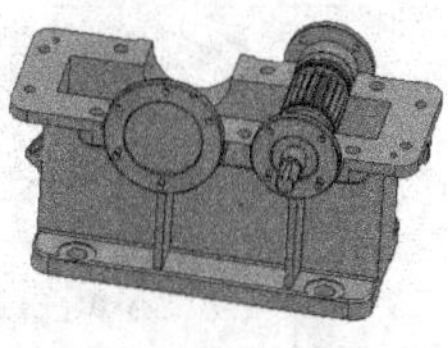

步骤	(28)轴承端盖(插入或同轴)	(29)轴承(配合)	(30)轴承(对齐或同轴)
装配约束	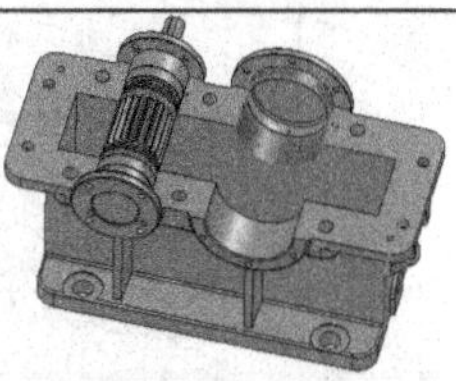		

步骤	(31)挡油环(插入或同轴)	(32)挡油环(配合)	(33)从动齿轮(对齐或同轴)
装配约束			

续表

步骤	(34)从动齿轮(配合)	(35)从动齿轮(配合)	(36)垫片(对齐或同轴)
装配约束	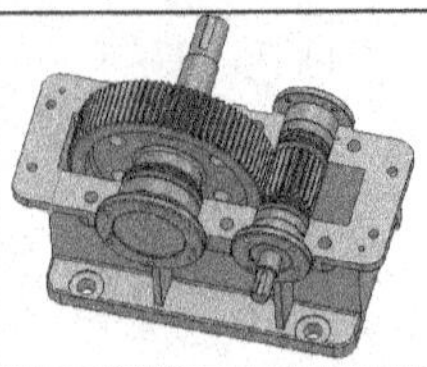	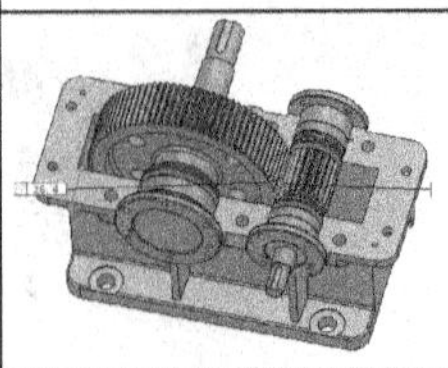	

步骤	(37)垫片(插入或同轴)	(38)垫片(插入或同轴)	(39)轴承端盖(对齐或同轴)
装配约束			

步骤	(40)轴承端盖(插入或同轴)	(41)轴承端盖(配合)	(42)轴承(对齐或同轴)
装配约束			

步骤	(43)轴承(配合)	(44)挡油环(配合)	(45)挡油环(对齐或同轴)
装配约束		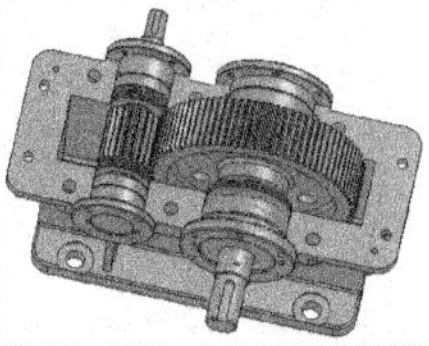	

步骤	(46)箱盖(配合)	(47)箱盖(配合)	(48)箱盖(配合)
装配约束	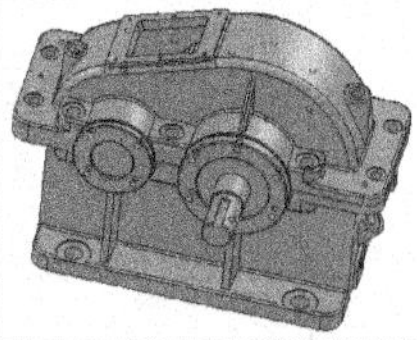	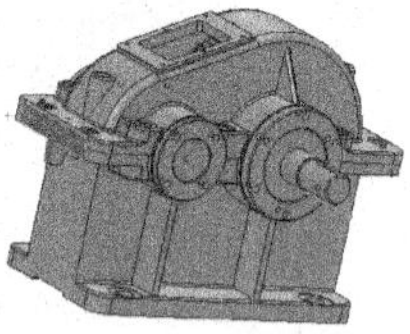	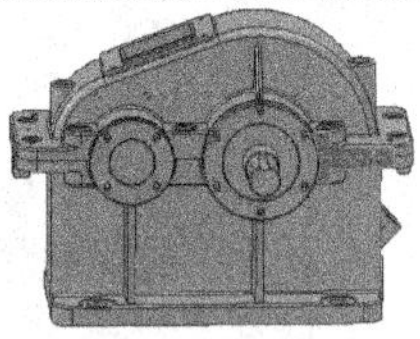

步骤	(49)窥视孔垫片(配合)	(50)窥视孔垫片(配合)	(51)窥视孔垫片(同轴)
装配约束	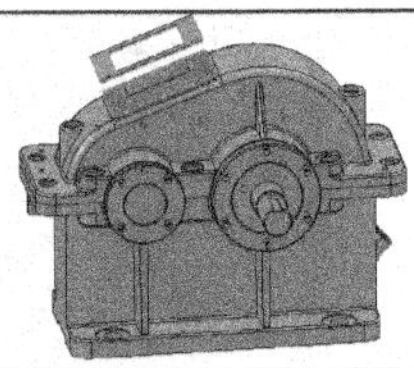	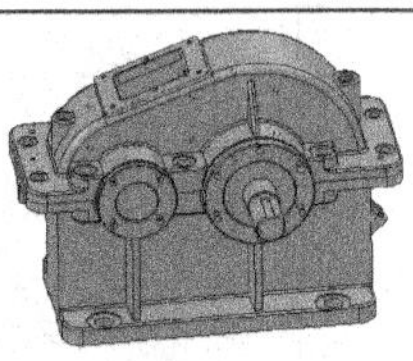	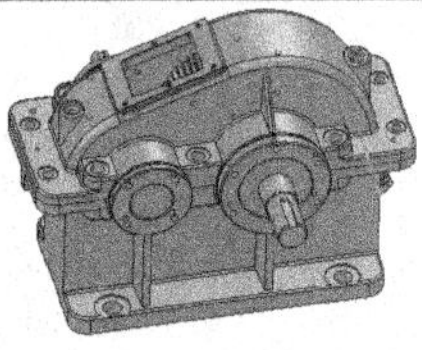

步骤	(52)窥视孔盖(配合)	(53)窥视孔盖(对齐或同轴)	(54)窥视孔盖(对齐或同轴)
装配约束	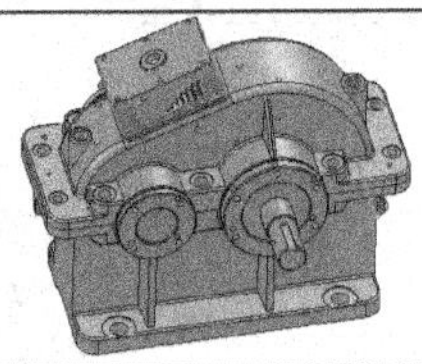	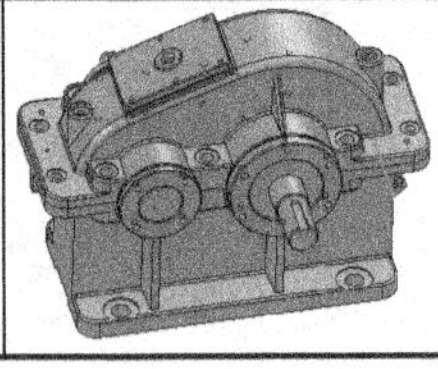	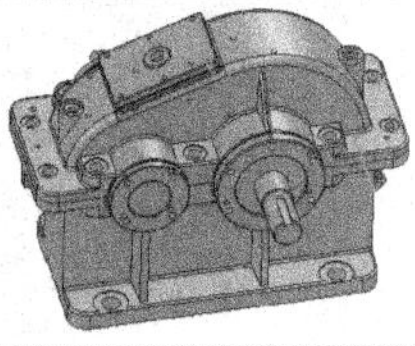

续表

步骤	(55)游标尺(配合)	(56)游标尺(插入或同轴)	(57)螺钉(配合)
装配约束	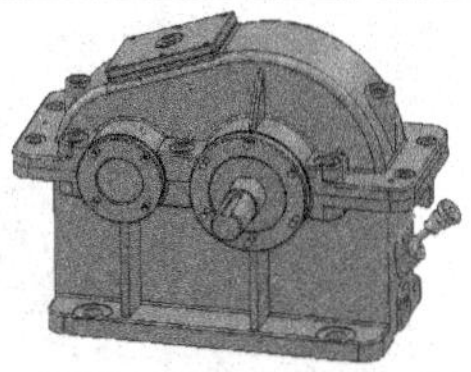	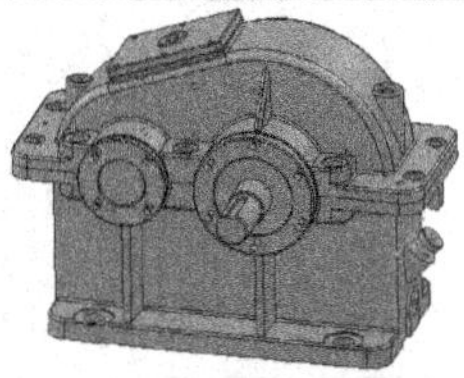	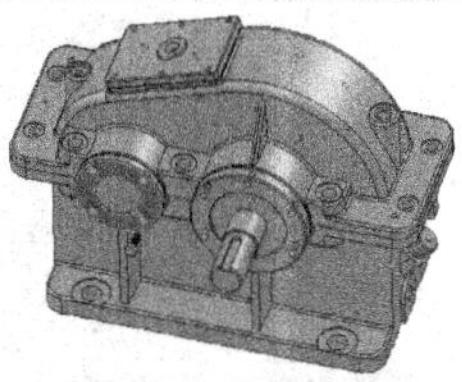

步骤	(58)螺钉(插入或同轴)	(59)螺钉(重复)	(60)M16 螺钉(配合)
装配约束	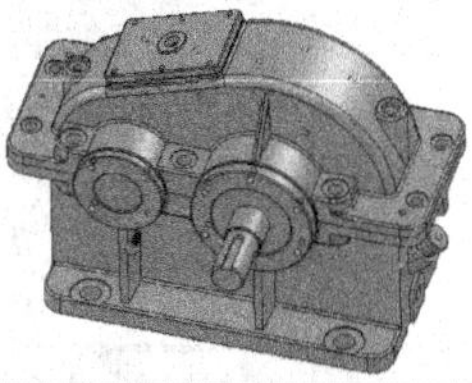	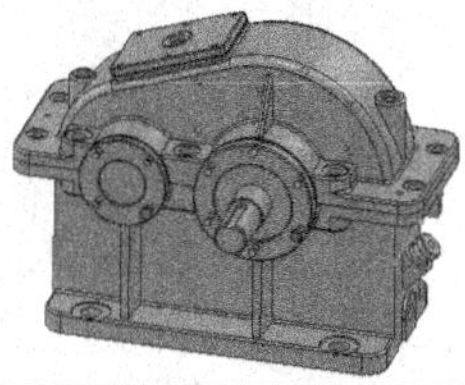	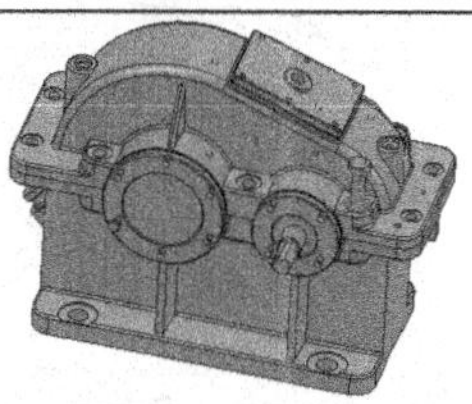

步骤	(61)M16 螺钉(插入或同轴)	(62)M16 螺钉(重合)	(63)垫片 16(对齐或同轴)
装配约束	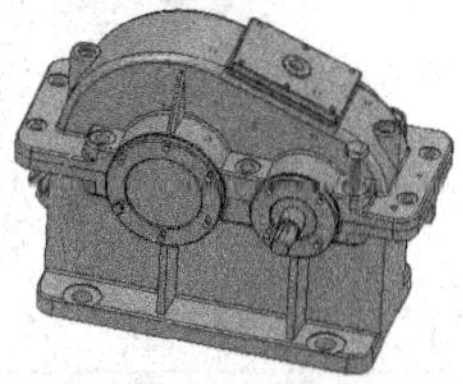	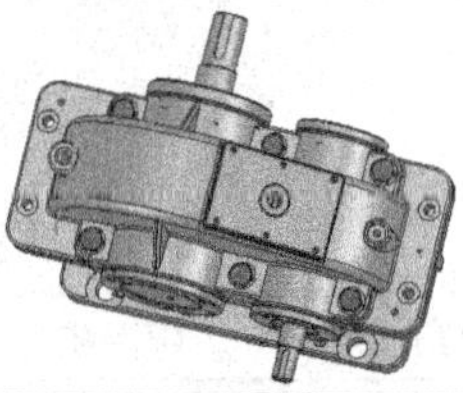	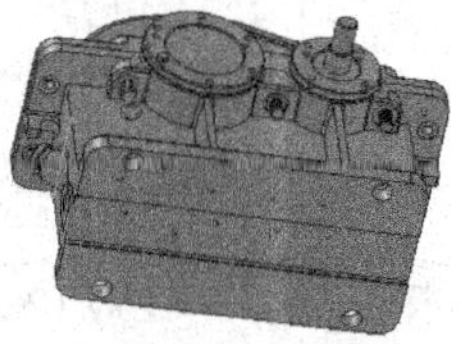

步骤	(64)垫片 16(插入或同轴)	(65)垫片 16(重复)	(66)M16 螺母(配合)
装配约束		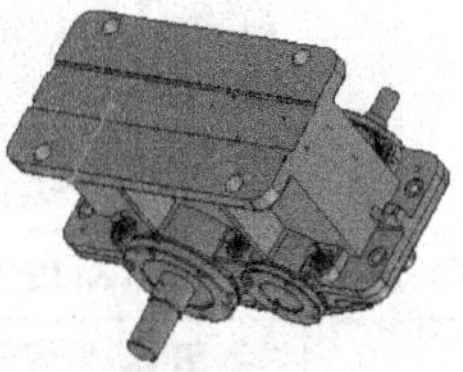	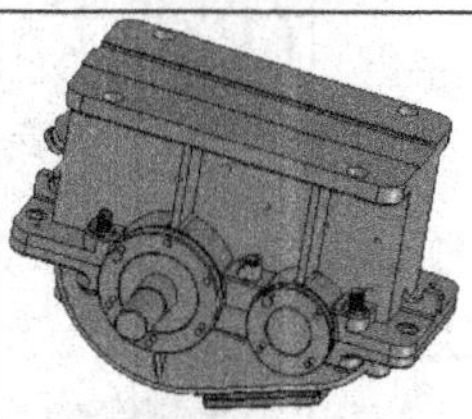

步骤	(67)M16 螺母(插入或同轴)	(68)M16 螺母(重复)	(69)起盖螺钉(配合)
装配约束	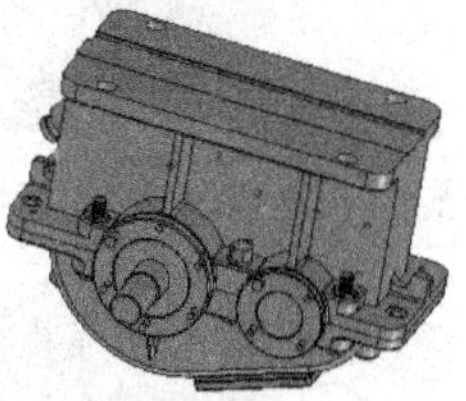		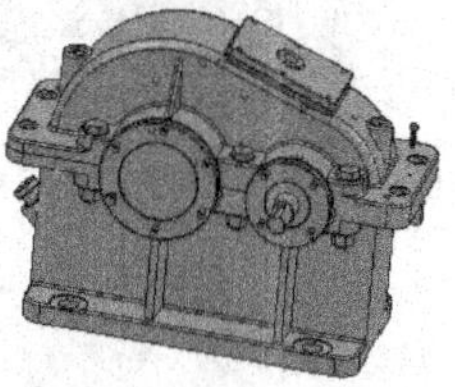

步骤	(70)起盖螺钉(插入或同轴)	(71)吊环螺钉(配合)	(72)吊环螺钉(对齐或同轴)
装配约束	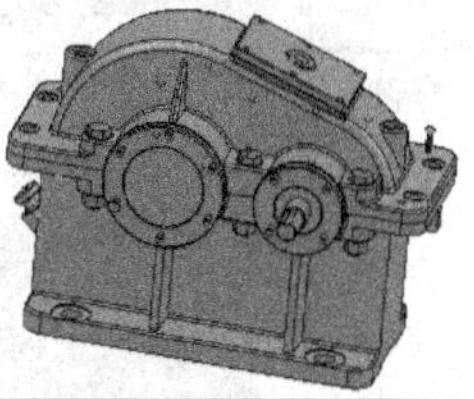	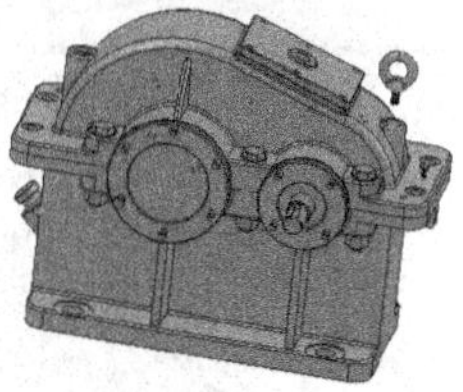	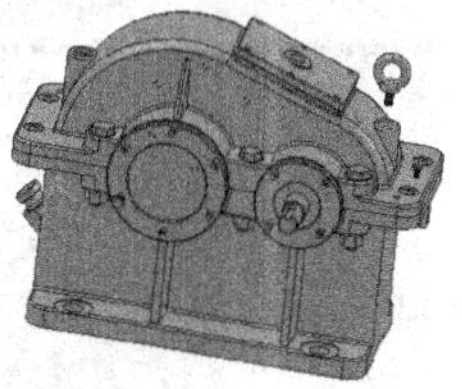

续表

步骤	(73)吊环螺钉(重复)	(74)M6 螺钉(配合)	(75)M6 螺钉(对齐或同轴)
装配约束	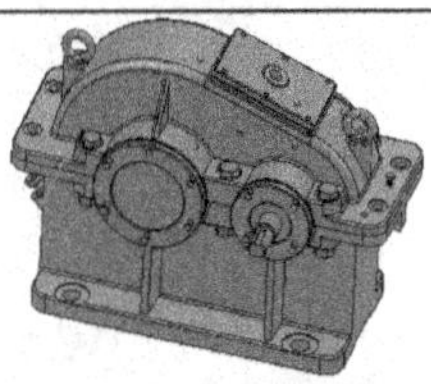		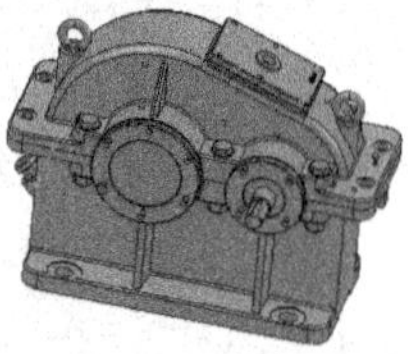

步骤	(76)M6 螺钉(阵列)	(77)定位销(配合)	(78)定位销(对齐或同轴)
装配约束	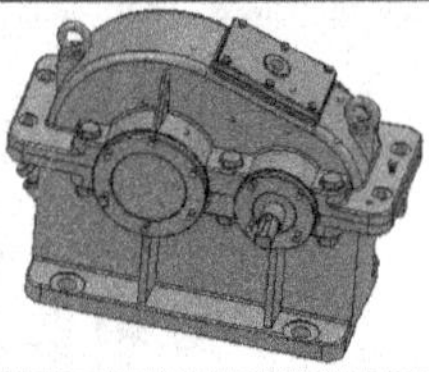	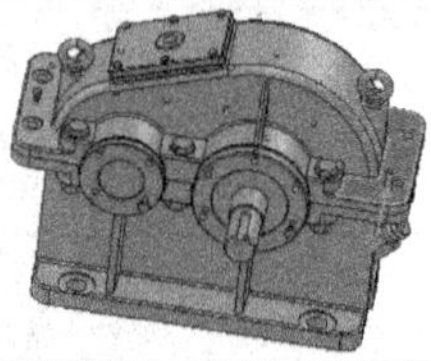	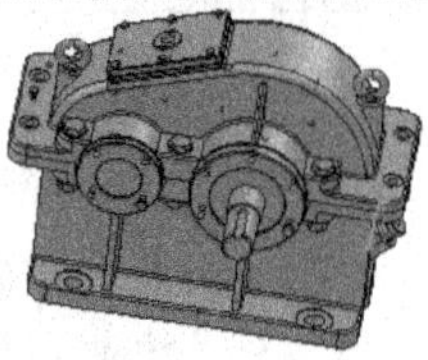

步骤	(79)定位销(重复)	(80)M12 螺钉(配合)	(81)M12 螺钉(对齐或同轴)
装配约束	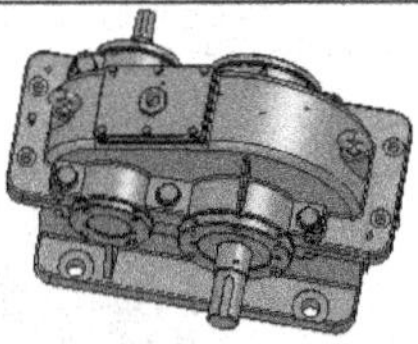	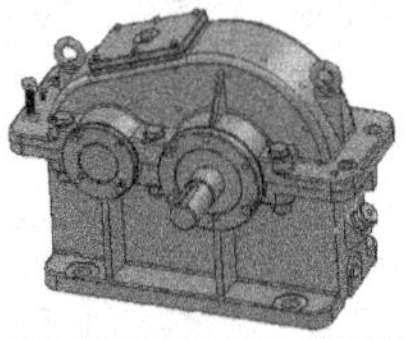	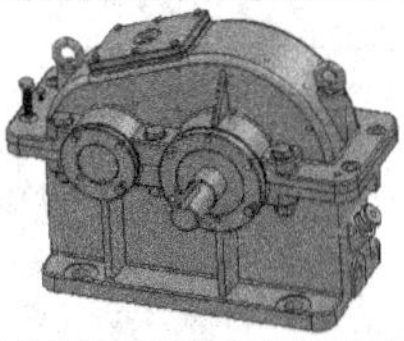

步骤	(82)M12 螺钉(重复)	(83)垫片 12(配合)	(84)垫片 12(对齐或同轴)
装配约束	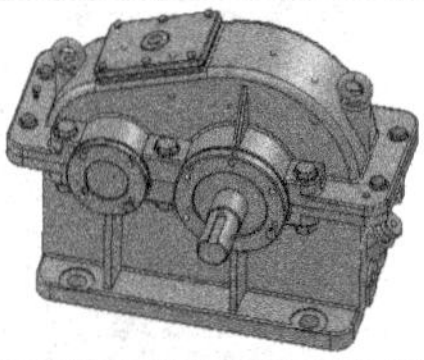	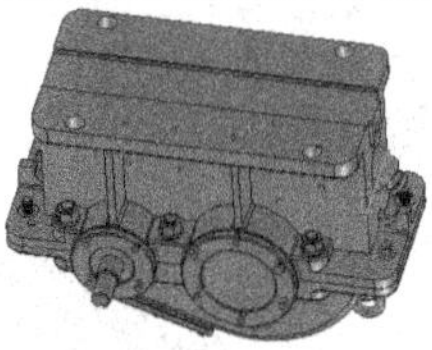	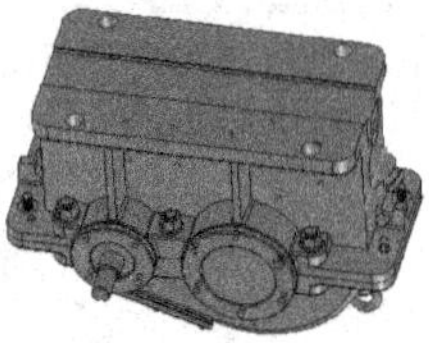

步骤	(85)垫片 12(重复)	(86) M12 螺母(配合)	(87) M12 螺母(对齐或同轴)
装配约束	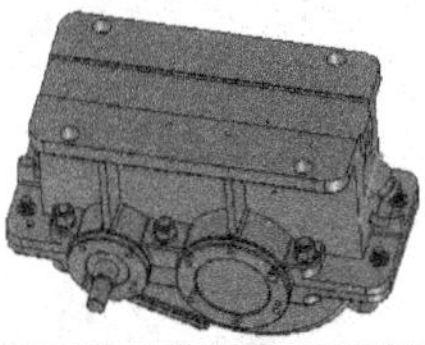	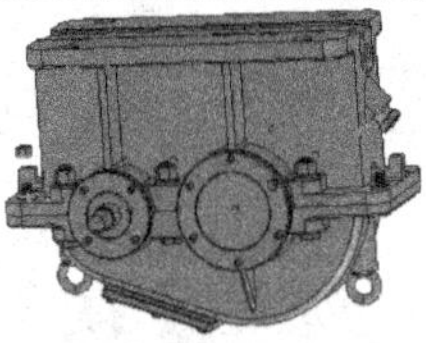	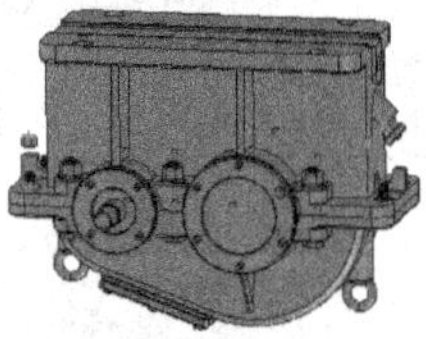

步骤	(88) M12 螺母(重复)	(89)通气螺塞(配合)	(90)通气螺塞(对齐或同轴)
装配约束	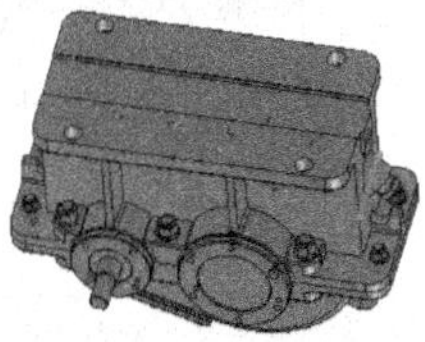	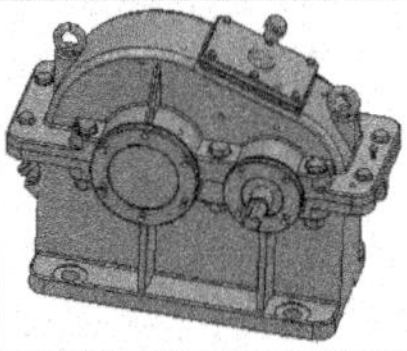	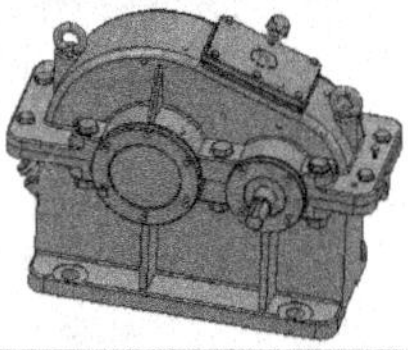

步骤	(91)放油螺塞(配合)	(92)放油螺塞(对齐或同轴)	(93)完成
装配约束	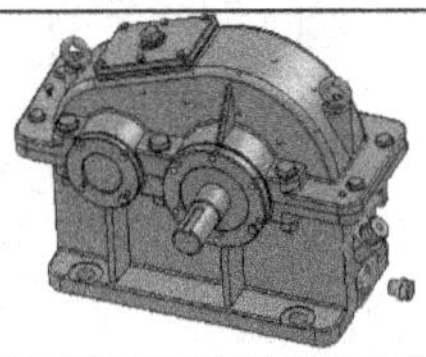	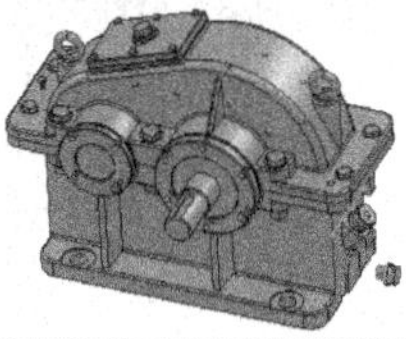	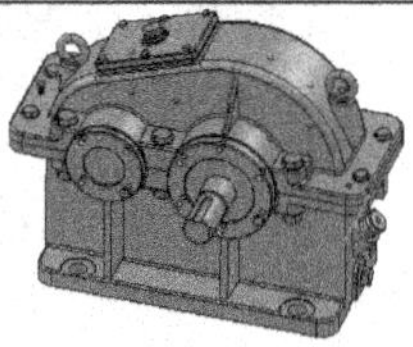

16) 减速器工程图

根据第 4 章和第 5 章工程图出图步骤和方法将各零件导出零件图,并在 AutoCAD 中作后期处理(参见第 3 章内容),处理后的工程图纸如图 7.22 至图 7.36 所示。

本 章 小 结

本章简要介绍了齿轮泵、台虎钳和一级减速器的建模过程、装配过程。通过本章的学习,初学者可以了解 UG NX、Creo、AutoCAD 软件辅助设计的基本流程和基本过程。

习 题

7.1 阅读图 7.37 所示的端盖零件图,应用三维软件建模(图 7.38),并反求出图示工程图。

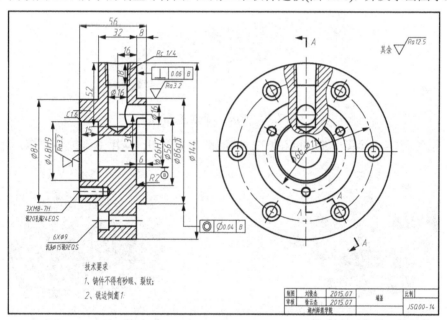

图 7.37 端盖零件图

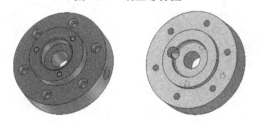

图 7.38 端盖三维建模图

7.2 阅读图 7.39 所示轴承零件图，应用三维软件建模(图 7.40)，并反求出图示工程图。

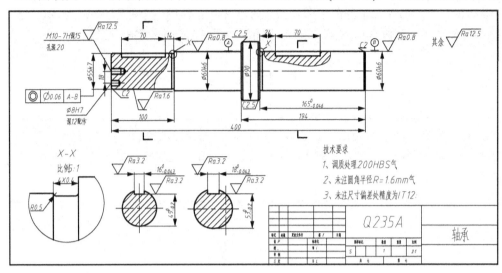

图 7.39 轴承零件图

图 7.40 轴承三维建模图(1)

7.3 按照图 7.41 至图 7.50 所示的三维装配图和零件图，应用三维软件建模，并反求出图示工程图，尺寸自定。

图 7.41 轴承三维建模图(2)

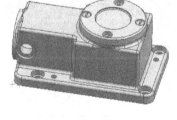

图 7.42 轴承三维建模图(3)

图 7.43 凸轮三维建模图

图 7.44 轴承端盖三维建模图

图 7.45　轴三维建模图

图 7.46　轴承三维建模图(4)

图 7.47　柱套三维建模图

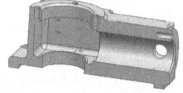

图 7.48　泵体三维建模图

图 7.49　柱塞三维建模图

图 7.50　泵套三维建模图

第 8 章　机械 CAD 及其相关领域的发展

 本章学习目标

通过本章的学习，了解 CAD/CAM 技术的基本概念，熟悉我国 CAD/CAM 技术现状及其发展趋势。了解数字化制造技术的起源和发展阶段，熟悉数字化制造技术的主要内容。

 本章教学要求

能力目标	知识要点	权重	自测分数
了解 CAD/CAM 技术的概念	CAD 技术、CAPP 技术、CAM 技术的定义及主要功能	20%	
我国 CAD/CAM 技术现状	引进、跟踪、发展 3 个阶段	30%	
CAD/CAM 技术的发展趋势	集成化、网络化、智能化、虚拟化、并行工程	30%	
数字化制造技术概念		10%	
数字化制造技术的起源与发展		10%	

 引例

在机械产品设计过程中，常常需要引用各种工程设计手册或设计规范中的数据资料。在传统的设计中，这些数据是通过人工查寻来获取的，这既烦琐，也易于出错。若利用计算机技术对工程数据实施有效的管理，则不仅可以提高设计的自动化程度和效率，而且还可有效地减少出错率。例如齿轮的模数是决定齿轮尺寸的一个基本参数，为便于制造、检验和互换使用，齿轮的模数值已经标准化(表 8-1)。在进行齿轮设计时，需要从标准模数系列表中选择合适的值。而选用模数时，应优先选用第一系列，其次是第二系列，括号内的模数尽可能不用。用户可以采用计算机辅助设计手段对上述规则做出处理，从而进行齿轮设计。如何应用计算机系统对齿轮模数等工程数据进行高效、快速的选择和处理，这就是本章需要解决的问题。

表 8-1 齿轮标准模数系列表(GB/T 1357—2008)　　　　(单位：mm)

第一系列	0.1	0.12	0.15	0.2	0.25	0.3	0.4	0.5	0.6	0.8
	1	1.25	1.5	2	2.5	3	4	5	6	8
	10	12	16	20	25	32	40	50		
第二系列	0.35	0.7	0.9	1.75	2.25	2.75	(3.25)	3.5	(3.75)	4.5
	(6.5)	7	9	(11)	14	18	22	28	(30)	36

工程数据一般多为表格、线图、经验公式等。在计算机辅助设计过程中，需要首先将这些数据转换为计算机能够处理的形式，以便使用过程中通过应用程序进行检索、查寻和调用。常用的工程数据计算机处理方法有程序化处理、文件化处理和解析化处理等，而对于大量复杂的工程数据则需采用数据库技术进行存储和管理。

8.1 CAD/CAM 数据交换的意义及发展

CAD/CAM(Computer Aided Design and Computer Aided Manufacturing)技术是制造工程技术与计算机技术相互结合、相互渗透而发展起来的一项综合性应用技术。20 世纪 50 年代末，由于计算机技术的发展和一些发达国家的航空和军事工业的需要，CAD/CAM 技术迅速发展起来。CAD/CAM 技术在 1989 年被美国工程科学院评为当代最杰出的十项工程技术之一。CAD/CAM 技术涉及的学科多、知识密集、综合性强、经济效益高，是当今世界发展最快的技术之一。本节主要介绍机械 CAD/CAM 技术的基本概念、发展历史、发展趋势。

8.1.1 CAD/CAM 技术的基本概念

机械产品从零件图设计、工艺设计、数控编程、加工、装配、检测等阶段与计算机技术相结合，便有了计算机辅助设计与制造，即 CAD/CAM。CAD/CAM 技术的工作流程如图 8.1 所示。

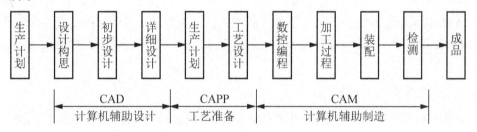

图 8.1　CAD/CAM 技术的工作流程图

由图 8.1 可知，CAD 的概念涉及设计构思、结构设计和优化设计、计算机绘图；CAPP 的概念涉及生产计划、工艺设计、生成工艺卡片；CAM 的概念涉及数控编程、零件制造、零件装配和质量控制。

CAD(Computer Aided Design，计算机辅助设计)是指工程技术人员以计算机为工具，用各自的专业知识，对产品进行的总体设计、绘图、分析和编写技术文档等设计活动的总称。一般认为，CAD 的功能主要包括草图设计、零件设计、装配设计、有限元分析等。

CAPP(Computer Aided Process Planning，计算机辅助工艺设计)是指工程技术人员以计算机为工具，根据产品设计给出的信息，对产品的加工方法和制造过程进行的工艺设计。一般认为，CAPP 的功能包括毛坯设计、加工方法选择、工艺路线制定、工序设计和工时定额计算等。其中，工序设计又包含装夹设备的选择或设计，加工余量分配，切削用量选择，机床、刀具、和夹具的选择，必要的工序图生成等。

CAM(Computer Aided Manufacturing，计算机辅助制造)一般指工程技术人员以计算机为工具，完成从毛坯到产品制造过程中的直接和间接的各种活动，包括工艺准备、生产作业计划制定、物流过程的运行控制、生产控制、质量控制等方面的内容。

8.1.2 我国 CAD/CAM 技术现状

我国在 20 世纪 70 年代就开始了对 CAD/CAM 的研究，20 世纪 80 年代，我国进行了大规模的 CAD/CAM 技术研究与开发，国家对 CAD/CAM 技术十分重视。我国 CAD/CAM 技术的研究与开发大致经历了 3 个阶段：引进、跟踪、研发阶段，自主开发和快速成长阶段，产业化、系统化发展阶段。纵观我国机械制造业，CAD/CAM 技术应用现状主要呈现以下几个特点。

1. 起步晚，市场份额小

我国 CAD/CAM 技术应用从 20 世纪 80 年代开始，"七五"期间，国家对 24 个重点机械产品进行了 CAD/CAM 的开发研制工作，为我国 CAD/CAM 技术的发展奠定了一定的基础。通过国家科委实施的 863 计划中的 CIMS 主题，促进了 CAD/CAM 技术的研究和发展。"九五"期间，国家科学技术委员会又颁发了《1995—2000 年我国 CAD/CAM 应用工程发展纲要》，将推广、应用 CAD/CAM 技术作为改造传统企业的重要战略措施。尤其是机械行业，自 1995 年以来，相继开展了"CAD 应用 1215 工程"和"CAD 应用 1550 工程"，前者是树立 12 家"甩图板"的 CAD 应用典型企业，后者是培育 50～100 家 CAD/CAM 应用的示范企业，扶持 500 家，继而带动 5000 家企业的计划。通过国家这些重大举措，我国 CAD/CAM 技术的研发与应用取得了较大进步，但由于一些企业经济实力不足，技术人才短缺，CAD/CAM 技术不能够完全应用到生产实践中去。国内的一些科研机构、高校和软件公司开发出的 CAD/CAM 软件，在包装方面与发达国家相比存在差距，虽已投放市场，但份额较小。

2. 应用范围窄、层次浅

CAD/CAM 技术在企业中的应用在 CAD 方面主要包括二维绘图、三维造型、装配造型、有限元分析和优化设计等，其中，二维绘图技术在企业应用情况较好，这一方面得益于国家大力推进"甩图板"工程，另一方面是由于二维绘图技术解决的是所有企业的共性问题。三维造型软件由于早期没有推出微机版本，需要在工作站环境中工作，投资较大，所以采用的企业相对少一些，应用情况好的也相对少一些。尽管目前早已推出比较成熟稳定的微机版本，但大多数企业并未认识到其优势所在，仍然固守于二维绘图；基于三维造型技术的装配造型也因此很少应用。有限元分析和优化设计则普及率更低，原因是这些系统都进行了一定的理论假设，所以其结果的可靠性稍低，应用难度也较大，只用于某些必须的场合。

在 CAM 方面，目前企业普遍应用的只是数控程序编制，华中数控系统、南京 SKY 系统、日本 FUNUC 系统、德国 SIEMENS 系统在国内企业中应用得已经非常广泛，而广义的 CAM 只有少数大型企业采用，在中小企业中极少应用。其主要原因有：①中小企业采用的多是单一功能的 CAD/CAM 软件，难以达到 CAD/CAM 的功能集成；②尽管有些企业配备了高水平的集成软件，也花巨资引进了配套设备，但由于缺少高素质的技术人员，配备的软件和设备没有得到有效利用，只利用了极少一部分功能。

3. 功能单一，经济效益并不明显

CAD/CAM 技术在企业中的应用仅是单元的智能技术应用，是从企业生产的各个侧面来提高效率，推进自动化。采用单一功能的 CAD/CAM 技术其效果是相当有限的，只有将 CAD、CAPP、CAM 等技术集成在一起，综合应用在设计与制造过程中，才能产生显著经济效益。

我国机械制造业要想跟上时代的步伐，必须把握好机械 CAD/CAM 技术的正确发展方向。

(1)进一步普及机械行业 CAD/CAM 技术，努力提高其应用水平。在国家各项举措的大力推动下，我国机械制造企业一定要重视 CAD/CAM 技术的推广应用，应把推广应用 CAD/CAM 技术看作企业发展的生命线，在资金投入和人才引进上不惜一切代价，为 CAD/CAM 技术在生产实践中应用创造必备的条件，促进我国 CAD/CAM 技术的应用水平迈上一个新的台阶。

(2)在 CAD/CAM 软件的选用上，坚持高、中、低档并存。高档 CAD/CAM 软件实现了 CAD、CAE(计算机辅助工程分析)、CAPP(计算机辅助工艺过程设计)、CAM、PDM(产品数据管理)和 PPC(生产计划与控制)等技术的高度集成，基本能实现设计制造及生产管理的一体化，实现"无纸制造"，典型代表有 I-DEAS、Creo、Unigraphic(UG)和 CATIA 等国外开发的软件，但相对来说，投资较大，对人员的素质要求较高。我国大型企业具备这些条件，而且也大多购置了这样的软件及相应设备，问题是其功能未能充分应用，今后一定要有所突破。中、低档 CAD/CAM 软件功能单一或部分集成，主要特点是价格便宜，实用性强，微机平台，易学易用，对人员素质要求不很高，大多数企业都具备应用条件。

(3)加大创新力度，不断开发具有特色的国内 CAD/CAM 软件。开发 CAD/CAM 软件的最终目的是应用 CAD/CAM 技术，科研单位不仅要紧跟时代潮流，跟踪国际上的最新动态，加快对于引进国外 CAD/CAM 软件的二次开发应用步伐，同时要结合国情、遵守各国规范，面向国内机械制造业发展的需要，加大科技创新力度，研发出方便实用、更具特色、更有竞争力的 CAD/CAM 产品，促进我国机械制造业 CAD/CAM 技术的快速发展。

8.1.3 CAD/CAM 技术的发展趋势

CAD/CAM 技术经历了 50 多年的发展历程，现已成为一种应用广泛的高新技术，并产生了巨大的生产力，有力地推动着制造业的技术进步和产业发展。目前 CAD/CAM 技术正继续向集成化、网络化、智能化和虚拟化方向发展。

1. 集成化 CAD/CAM 技术

集成化仍是当前 CAD/CAM 技术发展的一个重要方向。CAD/CAM 技术可认为是将单一的 CAD、CAE、CAPP、CAM 模块集成为一个系统，设计人员可利用 CAD 所建立的产品模型在 CAE 模块内进行运动学和动力学分析，自动生成产品的数据模型存放在系统数据库中，再由 CAPP、CAM 模块对产品系统数据库进行工艺设计及数控加工编程，从而使产品设计、制造和分析测试作业一体化。

CAD/CAM 技术集成化的另一个方向为计算机集成制造(Computer Integrated Manufacturing，CIM)。CIM 的最终目标是以企业为对象，借助于计算机和信息技术，使企业的经营决策、产品开发生产准备到生产实施及销售过程中有关人、技术、经营管理三要素及其形成的信息流、物流、价值流有机集成，并优化运行，从而达到产品上市快、高质、低耗、环境清洁，进而为企业赢得市场竞争的目的。

2. 网络化 CAD/CAM 技术

计算机网络特别是 Internet 正在以惊人的深度和广度影响着 CAD/CAM 技术。通过计算机网络可将分散在不同地点的 CAD/CAM 系统工作站和服务器按一定网络拓扑结构连接起来，可实现不同设计信息快捷、可靠地交换，共享网络的软、硬件资源，加速了设计进程，降低了产品开发设计成本。

3. 智能化 CAD/CAM 技术

将人工智能技术、专家系统应用于 CAD/CAM 系统中，形成智能的 CAD/CAM 系统，使其具有人类专家的经验和知识，具有学习、推理、联想和判断功能及智能化的视觉、听觉、语言能力，从而解决那些以前必须由人类专家才能解决的问题。

智能化 CAD/CAM 系统能够模拟人类专家的思维方式，模拟人类专家如何运用自己所拥有的知识与经验来解决问题的方法和过程，在产品设计过程中适时地给出智能化提示，告诉设计人员当前设计存在的问题，下一步该做什么，给予设计人员如何解决现有问题的提示，能够给予设计人员有效的帮助。

4. 虚拟化 CAD/CAM 技术

虚拟现实(Virtual Reality，VR)技术是利用计算机创建的一种可以自然交互虚拟环境的技术，使操作者具有沉浸感、自主性和交互性。

基于 VR 技术的 CAD/CAM 系统有两个显著特点：其一，将设计者在 CAD/CAM 环境下的活动提升到人机融合为一体的交互活动，构成了智能化的设计系统，充分发挥了设计者的智慧和决策作用；其二，在设计过程中，可对虚拟产品进行多方位的分析、评价和修改，保证了产品的结构合理性，降低了产品成本，缩短了产品的开发周期。

5. 并行工程

并行工程(Concurrent Engineering)是随着 CAD/CAM 和 CIMS 技术的发展而提出的一种新哲理和系统工程方法。这种方法的思路就是并行地、集成地开展产品设计、开发及加工制造。它要求产品开发人员在设计阶段就应考虑产品整个生命周期的所有要求，包括质量、成本、进度、用户要求等，以便最大限度地提高产品开发效率及一次成功率。

8.2 现代数字化制造技术

8.2.1 数字化制造技术概念

数字化制作技术的术语性定义是在数字化技术和制造技术融合的背景下，并在虚拟现实、计算机网络、快速原型、数据库和多媒体等支撑技术的支持下，根据用户的需求，迅速收集资源信息，对产品信息、工艺信息和资源信息进行分析、规划和重组，实现对产品设计和功能的仿真以及原型制造，进而快速生产出达到用户要求性能的整个产品制造的全过程。

通俗地说，数字化就是将许多复杂多变的信息转变为可以度量的数字、数据，再以这些数字、数据建立起适当的数字化模型，把它们转变为一系列二进制代码，引入计算机内部，进行统一处理，这就是数字化的基本过程。计算机技术的发展使人类第一次可以利用极为简洁的"0"和"1"编码技术，来实现对一切声音、文字、图像和数据的编码、解码。各类信息的采集、处理、储存和传输实现了标准化和高速处理。数字化制造就是指制造领域的数字化，它是制造技术、计算机技术、网络技术与管理科学的交叉、融和、发展与应用的结果，也是制造企业、制造系统与生产过程、生产系统不断实现数字化的必然趋势，其内涵包括3个层面：以设计为中心的数字化制造技术、以控制为中心的数字化制造技术、以管理为中心的数字化制造技术。

8.2.2 数字化制造技术的起源与发展

1. NC 机床(数控机床)的出现

1952年，美国麻省理工学院首先实现了三坐标铣床的数控化，数控装置采用真空管电路。1955年，第一次进行了数控机床的批量制造。当时主要是针对直升飞机的旋翼等自由曲面的加工。

2. CAM 处理系统 APT(自动编程工具)出现

1955年，美国麻省理工学院(MIT)伺服机构实验室公布了APT(Automatically Programmed Tools)系统。其中的数控编程主要是发展自动编程技术。这种编程技术是由编程人员将加工部位和加工参数以一种限定格式的语言(自动编程语言)写成所谓的源程序，然后由专门的软件转换成数控程序。

3. 加工中心的出现

1958年，美国 K&T 公司研制出带 ATC(自动刀具交换装置)的加工中心。同年，美国UT 公司首次把铣钻等多种工序集中于一台数控铣床中，通过自动换刀方式实现连续加工，成为世界上的第一台加工中心。

4. CAD 软件的出现

1963年于美国出现了 CAD 的商品化的计算机绘图设备，进行二维绘图。20 世纪 70 年代，出现了三维的 CAD 表现造型系统，中期出现了实体造型。

5. FMS(柔性制造系统)系统的出现

1967 年,英国莫林斯公司首次根据威廉森提出的 FMS 基本概念,研制了"系统 24"。其主要设备是六台模块化结构的多工序数控机床,目标是在无人看管条件下,实现昼夜 24h 连续加工,但最终由于经济和技术上的困难而未全部建成。同年,美国的怀特·森斯特兰公司建成 Omniline I 系统,它由八台加工中心和两台多轴钻床组成,工件被装在托盘上的夹具中,按固定顺序以一定节拍在各机床间传送和进行加工。这种柔性自动化设备适于少品种、大批量生产中使用,在形式上与传统的自动生产线相似,所以又称柔性自动线。日本、前苏联、德国等也都在 20 世纪 60 年代末至 70 年代初,先后开展了 FMS 的研制工作。

6. CAD/CAM(计算机辅助设计/计算机辅助制造)的融合

进入 20 世纪 70 年代,CAD、CAM 开始走向共同发展的道路。由于 CAD 与 CAM 所采用的数据结构不同,在 CAD/CAM 技术发展初期,主要工作是开发数据接口,沟通 CAD 和 CAM 之间的信息流。不同的 CAD、CAM 系统都有自己的数据格式,都要开发相应的接口,不利于 CAD/CAM 系统的发展。在这种背景下,美国波音公司和 GE 公司于 1980 年制定了数据交换规范 IGES(Initia Graphics Exchange Specifications),从而实现了 CAD/CAM 的融合。

7. CIMS(计算机集成制造系统) 的出现和应用

20 世纪 80 年代中期,出现 CIMS(Computer Integrated Manufacturing System)计算机集成制造系统,波音公司将其成功应用于飞机设计、制造、管理,将原需 8 年的定型生产缩短至 3 年。

8. CAD/CAM 软件的空前繁荣

20 世纪 80 年代末期至今,CAD/CAM 一体化三维软件大量出现,如 CADAM、CATIA、UG、I-DEAS、Creo、ACIS、MASTERCAM 等,并应用到机械、航空航天、汽车、造船等领域。

8.2.3 数字化制造技术的主要内容

1. CAD——计算机辅助设计

CAD 在早期是英文 Computer Aided Drawing (计算机辅助绘图)的缩写,随着计算机软、硬件技术的发展,人们逐步的认识到单纯使用计算机绘图还不能称之为计算机辅助设计。真正的设计是整个产品的设计,它包括产品的构思、功能设计、结构分析、加工制造等,二维工程图设计只是产品设计中的一小部分。于是 CAD 的缩写由 Computer Aided Drawing 改为 Computer Aided Design,CAD 也不再仅仅是辅助绘图,而是协助创建、修改、分析和优化的设计技术。

2. CAE——计算机辅助工程分析

CAE (Computer Aided Engineering)通常指有限元分析和机构的运动学及动力学分析。有限元分析可完成力学分析(线性、非线性、静态、动态),场分析(热场、电场、磁场等),

频率响应和结构优化,等等。机构分析能完成机构内零部件的位移、速度、加速度和力的计算,机构的运动模拟及机构参数的优化。

3. CAM——计算机辅助制造

CAM 能根据 CAD 模型自动生成零件加工的数控代码,对加工过程进行动态模拟,同时完成在实现加工时的干涉和碰撞检查。CAM 系统和数字化装备结合可以实现无纸化生产,为 CIMS 的实现奠定基础。CAM 中最核心的技术是数控技术。通常零件结构采用空间直角坐标系中的点、线、面的数字量表示,CAM 就是用数控机床按数字量控制刀具运动,完成零件加工。

4. CAPP——计算机辅助工艺规划

世界上最早研究 CAPP 的国家是挪威,始于 1966 年,并于 1969 年正式推出了世界上第一个 CAPP 系统 AutoPros,并于 1973 年正式推出商品化 AutoPros 系统。美国是 20 世纪 60 年代末开始研究 CAPP 的,并于 1976 年由 CAM-I 公司推出颇具影响力的 CAP-I's Automated Process Planning 系统。

5. PDM——产品数据库管理

随着 CAD 技术的推广,原有技术管理系统难以满足要求。在采用计算机辅助设计以前,产品的设计、工艺和经营管理过程中涉及的各类图纸、技术文档、工艺卡片、生产单、更改单、采购单、成本核算单和材料清单等均由人工编写、审批、归类、分发和存档,所有的资料均通过技术资料室进行统一管理。自从采用计算机技术之后,上述与产品有关的信息都变成了电子信息。简单地采用计算机技术模拟原来人工管理资料的方法往往不能从根本上解决先进的设计制造手段与落后的资料管理之间的矛盾。要解决这个矛盾,必须采用 PDM 技术。

PDM(产品数据管理)是从管理 CAD/CAM 系统的高度上诞生的先进的计算机管理系统软件。它管理的是产品整个生命周期内的全部数据。工程技术人员根据市场需求设计的产品图纸和编写的工艺文档仅仅是产品数据中的一部分。PDM 系统除了要管理上述数据外,还要对相关的市场需求、分析、设计与制造过程中的全部更改历程、用户使用说明及售后服务等数据进行统一有效的管理。

PDM 关注的是研发设计环节。

6. ERP——企业资源计划

企业资源计划系统是指建立在信息技术基础上,对企业的所有资源(物流、资金流、信息流、人力资源)进行整合集成管理,采用信息化手段实现企业供销链管理,从而达到对供应链上的每一环节实现科学管理。

ERP 系统集信息技术与先进的管理思想于一身,成为现代企业的运行模式,反映时代对企业合理调配资源,最大化地创造社会财富的要求,成为企业在信息时代生存、发展的基石。在企业中,一般的管理主要包括 3 方面的内容:生产控制(计划、制造)、物流管理(分销、采购、库存管理)和财务管理(会计核算、财务管理)。

7. RE——逆向工程技术

对实物做快速测量,并反求为可被 3D 软件接受的数据模型快速创建数字化模型

(CAD),进而对样品做修改和详细的设计,达到快速开发新产品的目的,属于数字化测量领域。

8. RP——快速成型

快速成型(Rapid Prototyping)技术是 20 世纪 90 年代发展起来的,被认为是近年来制造技术领域的一次重大突破,其对制造业的影响可与数控技术的出现相媲美。RP 系统综合了机械工程、CAD、数控技术,激光技术及材料科学技术,可以自动、直接、快速、精确地将设计思想物化为具有一定功能的原型或直接制造零件,从而可以对产品设计进行快速评价、修改及功能试验,有效地缩短了产品的研发周期。

8.2.4 数字化制造技术的未来发展方向

(1) 利用基于网络的 CAD/CAE/CAPP/CAM/PDM 集成技术,实现产品全数字化设计与制造。

在 CAD/CAM 应用过程中,利用产品数据管理 PDM 技术实现并行工程,可以极大地提高产品开发的效率和质量,企业通过 PDM 可以进行产品功能配置,利用系列件、标准件、借用件、外购件以减少重复设计,在 PDM 环境下进行产品设计和制造,通过 CAD/CAE/CAPP/CAM 等模块的集成,实现产品无图纸设计和全数字化制造。

(2) CAD/CAE/CAPP/CAM/PDM 技术与企业资源计划、供应链管理、客户关系管理相结合,形成制造企业信息化的总体构架。

CAD/CAE/CAPP/CAM/PDM 技术主要用于实现产品的设计、工艺和制造过程及其管理的数字化;企业资源计划 ERP 以实现企业产、供、销、人、财、物的管理为目标;供应链管理 SCM 用于实现企业内部与上游企业之间的物流管理;客户关系管理 CRM 可以帮助企业建立、挖掘和改善与客户之间的关系。上述技术的集成可以整合企业的管理,建立从企业的供应决策到企业内部技术、工艺、制造和管理部门,再到用户之间的信息集成,实现企业与外界的信息流、物流和资金流的顺畅传递,从而有效地提高企业的市场反应速度和产品开发速度,确保企业在竞争中取得优势。

(3) 虚拟设计、虚拟制造、虚拟企业、动态企业联盟、敏捷制造、网络制造以及制造全球化,将成为数字化设计与制造技术发展的重要方向。

虚拟设计、虚拟制造技术以计算机支持的仿真技术为前提,形成虚拟的环境、虚拟设计与制造过程、虚拟的产品、虚拟的企业,从而大大缩短产品的开发周期,提高产品设计开发的一次成功率。特别是网络技术的高速发展,企业通过国际互联网、局域网和内部网,组建动态联盟企业,进行异地设计、异地制造,然后在最接近用户的生产基地制造成产品。

(4) 以提高对市场快速反应能力为目标的制造技术将得到超速发展和应用。

瞬息万变的市场促使交货期成为竞争力诸多因素中的首要因素。为此,许多与此有关的新观念、新技术在 21 世纪将得到迅速的发展和应用。其中,有代表性的是并行工程技术、模块化设计技术、快速原型成形技术、快速资源重组技术、大规模远程定制技术、客户化生产方式等。

(5) 制造工艺、设备和工厂的柔性、可重构性将成为企业装备的显著特点。

先进的制造工艺、智能化软件和柔性的自动化设备、柔性的发展战略构成未来企业竞争的软、硬件资源。个性化需求和不确定的市场环境，要求克服设备资源沉淀造成的成本升高风险，制造资源的柔性和可重构性将成为21世纪企业装备的显著特点。将数字化技术用于制造过程，可大大提高制造过程的柔性和加工过程的集成性，从而提高产品生产过程的质量和效率，增强工业产品的市场竞争力。

【例】"云制造"的模具协同制造模式。

由于现阶段"云制造"还是一种理念，基于"云制造"的模具协同制造模式，还有许多层面的问题亟待研究。例如在运行机制方面，需要探索制造资源共享的商业模式、推动机制等基本问题；在实现的关键技术方面，为了实现模具云制造的理念和完善的商业模式，还需要探索其中的模具云制造平台的运行原理等实现技术。下面通过某汽车覆盖件模具的设计制造过程为例，探讨在这种新的模式下模具设计制造思路及其实施技术，并以案例分析进一步描述其工作流程，如图8.2所示。

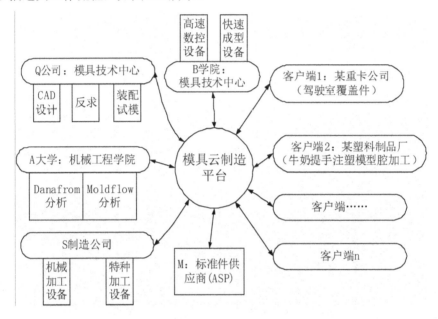

图8.2 模具云制造工作过程示意图

某重卡公司要开发某款新车驾驶室，通过模具云制造平台发布客户端请求后，模具云制造平台根据连接到该平台的各种软、硬资源，经过匹配后，推荐由Q公司模具技术中心进行定制并签署合同，生成模具云制造服务。Q公司接到平台下达的任务后，在云制造平台的引导下联合A大学机械工程学院和B学院模具技术中心进行重卡驾驶室设计制造。由Q公司根据该重卡公司提供的产品实物进行二维扫描，以此来获得其"点云"，利用Imageware软件对"点云"进行缝补重构，将重构后的数字模型导入CAD软件下进行修改(进行新产品的开发)，然后将修改后的样件数字模型导入CAD软件的模具设计与制造模块进行驾驶室覆盖件模具的结构设计；设计好的覆盖件模具经由云制造平台递交给A大学机械工程学院CAE分析中心进行覆盖件的Dynaform板料成形分析及ANSYS有限元仿真分析；将经由A大学分析无误后的模型通过云制造平台传至S模具制造公司和B学院模具技术中心分别进行驾驶室覆盖件模具的工艺零件和结构零件的协同制造。同时，对于该模具所需的标准件则由云制造平台发布需求信息,通过招标后由 M 客户端提供其所需标准件(导柱、导套、螺钉、销钉、弹性元件);所有该模具零部件经检测无误后,由模具云制造平台协调后同期回到 Q 公司模具中心进行装配、调试,经试模制造成品无误后,由模具云制造平台确认合同执行完毕。上述企业和研究所及大学在模具云制造平台智能调度协调下,同步完成该驾驶室覆盖件模具的开发和生产任务。

其中,CAD、CAE 相关软资源在 Q 公司模具中心和 A 大学机械工程学院;机加设备和特种加工、高速加工制造资源在 S 公司和 B 学院模具技术中心。模具云制造服务平台将各个层的资源通过该平台进行智能调度来完成模具的设计、制造过程,实现分布资源同步参与上述过程。案例体现了模具云制造平台将"分散的各种资源集中使用"的思想,阐述了该平台"多对一"的模式,即多个分布式资源为一个用户或任务服务。

参 考 文 献

[1] http://www.autodesk.com.cn. AutoDesk 中国.

[2] 金清肃．机械设计课程设计[M]．武汉：华中科技大学出版社，2007．

[3] 大连理工大学工程图学教研室编．机械制图 [M].6 版．北京：高等教育出版社，2007．

[4] 大连理工大学工程图学教研室编．机械制图习题集[M].6 版．北京：高等教育出版社，2007．

[5] 关振宇，刘源，唐宏宾．UG 中文版实用教程[M]．北京：人民邮电出版社，2009．

[6] 濮良贵．机械设计[M]．北京：高等教育出版社，2006．

[7] http://proe.icax.org/．Creo 官网．

[8] 钱可强，何铭新．机械制图[M].6 版．北京：高等教育出版社，2010．

[9] 钱可强，何铭新．机械制图习题集[M].5 版．北京：高等教育出版社，2010．

[10] 单忠臣．机械 CAD/CAM[M]．北京：中央广播电视大学出版社，2002．

[11] 李咏红．CAD 二次开发方法研究与实现[D]．成都：电子科技大学，2004．

[12] 牛文杰，刘衍聪．"机械 CAD 基础"课程教学改革研究[J]．东华大学学报：自然科学版，2010，36(4)：451-456．

[13] 宋凤莲，钟良伟．Creo Wildfire 4.0 基础教程[M]．北京：北京大学出版社，2009．

[14] 王之栎．机械设计综合课程设计[M]．北京：机械工业出版社，2003．

[15] 王征．中文版 AutoCAD 2009 实用教程[M]．北京：清华大学出版社，2009．

[16] 肖辉进．机械 CAD/CAM[M]．成都：电子科技大学出版社，2007．

[17] 徐翔斌，蔡志钢．UG NX 5.0 中文版基础教程[M]．北京：北京大学出版社，2009．

[18] 吴勤保．机械 CAD/CAM[M]．重庆：重庆大学出版社，2004．

[19] 魏生民，朱喜林．机械 CAD/CAM[M]．武汉：武汉理工大学出版社，2004．

[20] 王贤坤．机械 CAD/CAM 技术、应用与开发[M]．北京：机械工业出版社，2001．

[21] 宋峨，李世国．Creo 二次开发中的界面设计技术[J]．机械设计与制造，2005(5):56-58．

[22] 黄仕君．AutoCAD 二次开发在直齿圆柱齿轮参数化绘图中的应用[J]．煤矿机械，2010(07):233-235．

[23] 李强，秦波，包柏峰．基于云制造的模具协同制造模式探讨[J]．锻压技术，2011, 36(3):140-143．

北京大学出版社教材书目

◇ 欢迎访问教学服务网站 www.pup6.cn，免费查阅下载已出版教材的电子书(PDF 版)、电子课件和相关教学资源。

◇ 欢迎征订投稿。联系方式：010-62750667，童编辑，13426433315@163.com，pup_6@163.com，欢迎联系。

序号	书　名	标准书号	主　编	定价	出版日期
1	机械设计	978-7-5038-4448-5	郑江，许瑛	33	2007.8
2	机械设计	978-7-301-15699-5	吕宏	32	2009.9
3	机械设计	978-7-301-17599-6	门艳忠	40	2010.8
4	机械原理	978-7-301-11488-9	常治斌，张京辉	29	2008.6
5	机械原理	978-7-301-15425-0	王跃进	26	2010.7
6	机械原理	978-7-301-19088-3	郭宏亮，孙志宏	36	2011.6
7	机械原理	978-7-301-19429-4	杨松华	34	2011.8
8	机械设计基础	978-7-5038-4444-2	曲玉峰，关晓平	27	2008.1
9	机械设计课程设计	978-7-301-12357-7	许瑛	35	2009.5
10	机械设计课程设计	978-7-301-18894-1	王慧，吕宏	30	2011.5
11	机电一体化课程设计指导书	978-7-301-19736-3	王金娥 罗生梅	35	2012.1
12	机械工程专业毕业设计指导书	978-7-301-18805-7	张黎骅，吕小荣	22	2011.6
13	机械创新设计	978-7-301-12403-1	丛晓霞	32	2010.7
14	TRIZ 理论机械创新设计工程训练教程	978-7-301-18945-0	蒯苏苏，马履中	45	2011.6
15	TRIZ 理论及应用	978-7-301-19390-7	刘训涛，曹贺 陈国晶	35	2011.8
16	创新的方法——TRIZ 理论概述	978-7-301-19453-9	沈萌红	28	2011.9
17	AutoCAD 工程制图	978-7-5038-4446-9	杨巧绒，张克义	20	2011.4
18	工程制图	978-7-5038-4442-6	戴立玲，杨世平	27	2011.1
19	工程制图	978-7-301-19428-7	孙晓娟，徐丽娟	30	2011.8
20	工程制图习题集	978-7-5038-4443-4	杨世平，戴立玲	20	2008.1
21	机械制图(机类)	978-7-301-12171-9	张绍群，孙晓娟	32	2009.1
22	机械制图习题集(机类)	978-7-301-12172-6	张绍群，王慧敏	29	2007.8
23	机械制图(第 2 版)	978-7-301-19332-7	孙晓娟，王慧敏	38	2011.8
24	机械制图习题集(第 2 版)	978-7-301-19370-7	孙晓娟，王慧敏	22	2011.8
25	机械制图与 AutoCAD 基础教程	978-7-301-13122-0	张爱梅	35	2007.11
26	机械制图与 AutoCAD 基础教程习题集	978-7-301-13120-6	鲁杰，张爱梅	22	2007.12
27	AutoCAD 2008 工程绘图	978-7-301-14478-7	赵润平，宗荣珍	35	2009.1
28	工程制图案例教程	978-7-301-15369-7	宗荣珍	28	2009.6
29	工程制图案例教程习题集	978-7-301-15285-0	宗荣珍	24	2009.6
30	理论力学	978-7-301-12170-2	盛冬发，闫小青	29	2010.8
31	材料力学	978-7-301-14462-6	陈忠安，王静	30	2011.1
32	工程力学(上册)	978-7-301-11487-2	毕勤胜，李纪刚	29	2008.6
33	工程力学(下册)	978-7-301-11565-7	毕勤胜，李纪刚	28	2008.6
34	液压传动	978-7-5038-4441-8	王守城，容一鸣	27	2009.4
35	液压与气压传动	978-7-301-13129-4	王守城，容一鸣	32	2009.4
36	液压与液力传动	978-7-301-17579-8	周长城等	34	2010.8
37	液压传动与控制实用技术	978-7-301-15647-6	刘忠	36	2009.8

38	金工实习(第2版)	978-7-301-16558-4	郭永环，姜银方	30	2011.1
39	机械制造基础实习教程	978-7-301-15848-7	邱　兵，杨明金	34	2010.2
40	公差与测量技术	978-7-301-15455-7	孔晓玲	25	2010.7
41	互换性与测量技术基础(第2版)	978-7-301-17567-5	王长春	28	2010.8
42	机械制造技术基础	978-7-301-14474-9	张　鹏，孙有亮	28	2011.6
43	先进制造技术基础	978-7-301-15499-1	冯宪章	30	2009.8
44	机械精度设计与测量技术	978-7-301-13580-8	于　峰	25	2008.8
45	机械制造工艺学	978-7-301-13758-1	郭艳玲，李彦蓉	30	2008.8
46	机械制造工艺学	978-7-301-17403-6	陈红霞	38	2010.7
47	机械制造基础(上)——工程材料及热加工工艺基础(第2版)	978-7-301-18474-5	侯书林，朱　海	40	2011.1
48	机械制造基础(下)——机械加工工艺基础(第2版)	978-7-301-18638-1	侯书林，朱　海	32	2011.3
49	工程材料及其成形技术基础	978-7-301-13916-5	申荣华，丁　旭	45	2010.7
50	工程材料及其成形技术基础学习指导与习题详解	978-7-301-14972-0	申荣华	20	2009.3
51	机械工程材料及成形基础	978-7-301-15433-5	侯俊英，王兴源	30	2009.7
52	机械工程材料	978-7-5038-4452-3	戈晓岚，洪　琢	29	2011.6
53	机械工程材料	978-7-301-18522-3	张铁军	36	2011.1
54	工程材料与机械制造基础	978-7-301-15899-9	苏子林	32	2009.9
55	控制工程基础	978-7-301-12169-6	杨振中，韩致信	29	2007.8
56	机械工程控制基础	978-7-301-12354-6	韩致信	25	2008.1
57	机电工程专业英语(第2版)	978-7-301-16518-8	朱　林	24	2011.5
58	机床电气控制技术	978-7-5038-4433-7	张万奎	26	2007.9
59	机床数控技术(第2版)	978-7-301-16519-5	杜国臣，王士军	35	2011.6
60	数控机床与编程	978-7-301-15900-2	张洪江，侯书林	25	2010.11
61	数控加工技术	978-7-5038-4450-7	王　彪，张　兰	29	2008.2
62	数控加工与编程技术	978-7-301-18475-2	李体仁	34	2011.1
63	数控编程与加工实习教程	978-7-301-17387-9	张春雨，于　雷	37	2011.9
64	数控加工技术及实训	978-7-301-19508-6	姜永成，夏广岚	33	2011.9
65	现代数控机床调试及维护	978-7-301-18033-4	邓三鹏等	32	2010.11
66	金属切削原理与刀具	978-7-5038-4447-7	陈锡渠，彭晓南	29	2008.1
67	金属切削机床	978-7-301-13180-0	夏广岚，冯　凭	32	2008.5
68	精密与特种加工技术	978-7-301-12167-2	袁根福，祝锡晶	29	2010.8
69	逆向建模技术与产品创新设计	978-7-301-15670-4	张学昌	28	2009.9
70	机械CAD基础	978-7-301-20023-0	徐云杰	34	2012.2
71	CAD/CAM技术基础	978-7-301-17742-6	刘　军	28	2010.9
72	CAD/CAM技术案例教程	978-7-301-17732-7	汤修映	42	2010.9
73	Pro/ENGINEER Wildfire 2.0 实用教程	978-7-5038-4437-X	黄卫东，任国栋	32	2007.7
74	Pro/ENGINEER Wildfire 3.0 实例教程	978-7-301-12359-1	张选民	45	2008.2
75	Pro/ENGINEER Wildfire 3.0 曲面设计实例教程	978-7-301-13182-4	张选民	45	2008.2
76	Pro/ENGINEER Wildfire 5.0 实用教程	978-7-301-16841-7	黄卫东，郝用兴	43	2011.10
77	Pro/ENGINEER Wildfire 5.0 实用教程	978-7-301-20133-6	张选民	52	2012.3
78	SolidWorks三维建模及实例教程	978-7-301-15149-5	上官林建	30	2009.5
79	UG NX6.0 计算机辅助设计与制造实用教程	978-7-301-14449-7	张黎骅，吕小荣	26	2009.6
80	Cimatron E9.0 产品设计与数控自动编程技术	978-7-301-17802-7	孙树峰	36	2010.9

81	Mastercam 数控加工案例教程	978-7-301-19315-0	刘 文，姜永梅	45	2011.8
82	应用创造学	978-7-301-17533-0	王成军，沈豫浙	26	2010.7
83	机电产品学	978-7-301-15579-0	张亮峰等	24	2009.8
84	品质工程学基础	978-7-301-16745-8	丁 燕	30	2011.5
85	设计心理学	978-7-301-11567-1	张成忠	48	2011.6
86	计算机辅助设计与制造	978-7-5038-4439-6	仲梁维，张国全	29	2007.9
87	产品造型计算机辅助设计	978-7-5038-4474-4	张慧姝，刘永翔	27	2006.8
88	产品设计原理	978-7-301-12355-3	刘美华	30	2008.2
89	产品设计表现技法	978-7-301-15434-2	张慧姝	42	2009.8
90	产品创意设计	978-7-301-17977-2	虞世鸣	38	2010.11
91	工业产品造型设计	978-7-301-18313-7	袁涛	39	2011.1
92	化工工艺学	978-7-301-15283-6	邓建强	42	2009.6
93	过程装备机械基础	978-7-301-15651-3	于新奇	38	2009.8
94	过程装备测试技术	978-7-301-17290-2	王毅	45	2010.6
95	过程控制装置及系统设计	978-7-301-17635-1	张早校	30	2010.8
96	质量管理与工程	978-7-301-15643-8	陈宝江	34	2009.8
97	质量管理统计技术	978-7-301-16465-5	周友苏，杨 飒	30	2010.1
98	测试技术基础(第 2 版)	978-7-301-16530-0	江征风	30	2010.1
99	测试技术实验教程	978-7-301-13489-4	封士彩	22	2008.8
100	测试技术学习指导与习题详解	978-7-301-14457-2	封士彩	34	2009.3
101	可编程控制器原理与应用(第 2 版)	978-7-301-16922-3	赵 燕，周新建	33	2010.3
102	工程光学	978-7-301-15629-2	王红敏	28	2009.9
103	精密机械设计	978-7-301-16947-6	田 明，冯进良等	38	2010.3
104	传感器原理及应用	978-7-301-16503-4	赵 燕	35	2010.2
105	测控技术与仪器专业导论	978-7-301-17200-1	陈毅静	29	2010.6
106	现代测试技术	978-7-301-19316-7	陈科山，王燕	43	2011.8